普通高等教育材料专业规划教材

板带材冷轧自动化

张浩宇　主　编

孙　杰　副主编

中国铁道出版社有限公司

CHINA RAILWAY PUBLISHING HOUSE CO., LTD.

内 容 简 介

本书论述了当前最先进的板带材冷轧自动化生产工艺及自动化控制技术,包括冷轧主令控制、液压伺服控制、冷轧厚度与张力控制、冷轧板形检测技术、冷轧板形控制、冷轧过程控制、冷轧在线数学模型、模型自适应与轧制规程优化等,论述了它们的控制原理和实现方法等,并展示了板带材冷轧自动化控制技术的工业应用实例。

本书适合作为普通高等院校材料类和自动化类专业教材,也可供材料、自动化和机械领域科研院所、高等院校和各材料加工企业的人员参考,尤其适合从事轧制过程自动化控制的研究人员与工程技术人员参考。

图书在版编目(CIP)数据

板带材冷轧自动化/张浩宇主编. —北京:中国铁道
出版社有限公司,2019.8
普通高等教育材料专业规划教材
ISBN 978-7-113-26002-6

Ⅰ.①板… Ⅱ.①张… Ⅲ.①板材轧机-带材轧机-
冷轧机-自动化-高等学校-教材 Ⅳ.①TG333.7

中国版本图书馆 CIP 数据核字(2019)第 131499 号

书　　　名：板带材冷轧自动化
作　　　者：张浩宇

策　　划： 初　祎　李志国　　　**编辑部电话：** 010-63589185 转 2058
责任编辑： 初　祎　徐盼欣
封面设计： 刘　颖
责任校对： 张玉华
责任印制： 郭向伟

出版发行： 中国铁道出版社有限公司 (100054,北京市西城区右安门西街 8 号)
网　　址： http://www.tdpress.com/51eds/
印　　刷： 三河市宏盛印务有限公司
版　　次： 2019 年 8 月第 1 版　　2019 年 8 月第 1 次印刷
开　　本： 787 mm×1 092 mm　1/16　**印张：** 18.75　**字数：** 430 千
书　　号： ISBN 978-7-113-26002-6
定　　价： 45.00 元

前　言

板带材冷轧过程涉及材料成形、控制理论与控制工程、计算机科学、机械等多个学科领域，是一个典型的多学科综合交叉的冶金工业流程，具有多变量、强耦合、高响应、非线性、高精度等特点。20 世纪 60 年代起，计算机控制系统开始广泛应用于轧制过程，而德国西门子、日本日立等几家大电气公司掌握着轧制自动化的核心技术，基本垄断了世界高端板带冷连轧自动化控制技术市场。迄今为止，我国引进的冷连轧生产线计算机控制系统已经囊括了世界上所有掌握核心技术的公司。出于对自己核心技术的保密，引进系统中一些关键模型及控制功能通常采用"黑箱"的形式，制约着我国新功能和新产品的开发以及以后的系统升级改造。

近年来，我国在冷轧自动化领域的自主创新取得明显进展，无论在装机水平、生产能力还是产品质量方面都有了大幅度的提高。本书编者有幸作为核心人员参与建设了国内第一条完全自主开发全线控制系统应用软件并自主调试的冷连轧机组，即迁安市思文科德薄板科技有限公司的 1 450 mm 酸洗冷连轧机组的自动控制系统研制与开发工作。依托于该生产线的开发工作，并结合国外先进的冷轧自动化控制技术，完成了本书的编写工作。本书论述了当前最先进的板带材冷轧自动化控制技术，对使我国拥有酸洗冷连轧自动控制系统的自主知识产权、打破国外技术垄断、节省巨额技术引进费用、增强我国在轧制控制系统方面的核心竞争力具有现实意义。

本书适合作为普通高等院校材料类和自动化类专业教材，也可供材料、自动化和机械领域科研院所、高等院校和各材料加工企业的人员参考，尤其适合从事轧制过程自动化控制的研究人员与工程技术人员参考。

本书由张浩宇任主编，由孙杰任副主编。具体编写分工如下：第 1、10 章由东北大学孙杰编写，第 2、5 章由东北大学秦皇岛分校张欣编写，第 3、4 章由沈阳工业大学张浩宇编写，第 6 章由燕山大学王鹏飞编写，第 7、8、9 章由燕山大学陈树宗编写。全书由张浩宇和孙杰统稿定稿，由沈阳工业大学陈立佳教授和东北大学张殿华教授主审。

感谢国家重点研发计划资助项目（2017YFB0304100）、国家自然科学基金项目（51774084、51634002）和轧制技术及连轧自动化国家重点实验室开放课题基金（2018RALKFKT010）的大力支持。

由于编者水平所限，书中不妥之处敬请读者批评指正。

编　者
2019 年 2 月

目　　录

第1章 板带材冷轧生产工艺及自动化概述

冷轧板带材属于高附加值金属产品,其尺寸精度、表面质量、机械性能及工艺性能均优于热轧板带材,是机械制造、汽车、建筑、电子仪表、家电、食品等行业必不可少的原材料。工业发达国家在金属行业结构上的一个明显变化是在保持板带比持续提高的前提下,高附加值的深加工冷轧板带产品显著增加。发达国家热轧板带材转化为冷轧板带材和涂镀层板的比例高达90%以上。

随着我国经济发展以及产业结构逐步升级,制造业产能迅速扩张,国内市场对冷轧板带产品的需求量巨大,并将长期保持增长的态势。在冷轧板带产品产量增加的同时,下游行业对板带产品质量提出了越来越高的要求。为了提高冷轧板带材产品的质量,对冷轧生产设备特别是自动化控制系统提出了越来越高的要求。

1.1 板带材冷轧生产工艺

1.1.1 板带材冷轧生产工艺特点

板带材冷轧生产具有以下工艺特点。

1. 加工硬化

由于冷轧是在金属的再结晶温度以下进行,且冷轧过程中会产生较大的累积变形,故在冷轧过程中会产生加工硬化,使材料的变形抗力增大、塑性降低。加工硬化超过一定程度后,轧件将因过分硬脆而不适于继续冷轧。因此,板带材经冷轧一定道次后,往往要经软化处理(再结晶退火、固溶处理等),使轧件恢复塑性,降低变形抗力,以便继续轧薄,或进行冲压、折弯或拉伸等其他深加工。

2. 工艺冷却和润滑

冷轧过程中产生的剧烈变形热和摩擦热使轧件和轧辊温度升高,这将影响板带材的表面质量和轧辊寿命;轧辊温度过高也会使油膜破裂,使冷轧不能顺利进行。因此,为了保证冷轧的正常进行,对轧辊及轧件应采取有效的冷却措施。通常情况下,冷轧时采用乳化液作为冷却剂。此外,乳化液还起到工艺润滑的作用。冷轧中使用工艺润滑的主要目的是减小金属的变形抗力,这不但有助于保证在已有的设备能力条件下实现更大的压下,而且可使轧机能够经济可行地生产厚度更薄的产品。在轧制某些品种时,采用工艺润滑还可以起到防止金属粘辊的作用,改善带材的表面质量。

3. 大张力轧制

在冷轧过程中,较大的张力可以改变金属在变形区的主应力状态,减小单位压力,便于轧制更薄的产品和降低能耗。同时,张力能防止带材在轧制过程中跑偏,使带材能准确地进入轧辊和卷取,保证带材的平直度。另外,张力还起到调整冷轧机主电机负荷的作用,从而提高轧机的生产效率。

随着冷轧生产技术的发展,板带材冷轧已淘汰了过去的单张或半成卷生产方法,取而代之的是成卷生产方法。以板带材为例,冷轧板带材的生产流程主要由酸洗、冷轧、脱脂、退火、平整、精整和涂镀等工艺组成。具有代表性的冷轧板带材产品是金属镀层薄板(包括镀锡板、镀锌板等)、深冲钢板等。各种冷轧产品生产流程如图 1.1 所示。

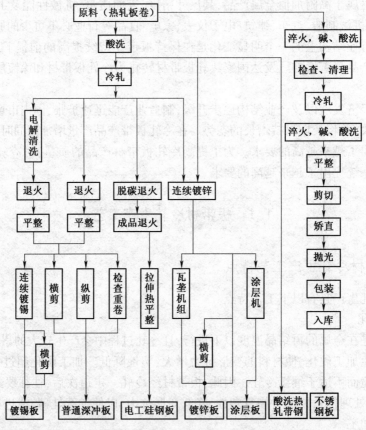

图 1.1　各种冷轧产品生产流程

冷轧板带材最初是以可逆轧制方式进行生产的,但该类轧机速度低,生产过程中需要频繁停车、穿带、启车等,导致产量低。为了大规模、高效率地生产优质冷轧板带材产品,开始在采用多机架连续式轧制方式的冷连轧机上进行生产。但可逆式冷轧机的生产方式灵活,且产品规格跨度大,使得该类轧机无法被替代。目前,板带材冷轧是在可逆式冷轧机和冷连轧机这两类轧机上进行生产的。

1.1.2　可逆式冷轧生产工艺

可逆式轧制是指轧件在轧机上往复进行多道次的压下变形,最终获得成品厚度的轧制过程。可逆式轧机的设备组成较为简单,由钢卷运送及开卷设备、轧机、前后卷取机和卸卷装置组成。有的轧机根据工艺要求在轧制前或轧制后增设重卷卷取机。20 世纪 60 年代之前,冷连轧生产能力尚未形成规模时,世界各国偏重于发展可逆轧制而大量建造可逆式冷轧机。为了追求产量,在 1962 年以后,各国的冷连轧生产得到了迅速发展。但是,实践证明可逆式冷轧机的生产方式灵活,其作用是冷连轧机不能替代的。因此,可逆轧机仍是现代板带材冷轧生产的重要组成部分。

可逆式冷轧机的形式多种多样。常见的配置形式是单机架可逆式冷轧机和双机架可逆式冷轧机,其轧机形式有四辊式、六辊式、MKW 型八辊式和森吉米尔二十辊式等,可根据轧制品种和规格进行选用。

四辊或六辊可逆式冷轧机是通用性很强的冷轧机,因而在冷轧生产中占有较大的比重。其轧制品种十分广泛,除了冲压用冷轧板外,还可轧制镀锡原板,硅钢片,不锈钢板,高强合金钢板,各类铜、铝和钛等有色金属合金板带,产品厚度为 0.15 ~ 3.5 mm,宽度为 600 ~ 1 550 mm,最宽达 1 880 mm,年生产能力约为 10 万~30 万 t/a。下面以国内某 1 700 mm 单机架可逆式冷轧机为例说明可逆式轧机的生产工艺。

单机架可逆式冷轧机各种产品的生产工艺流程如图 1.2 所示。

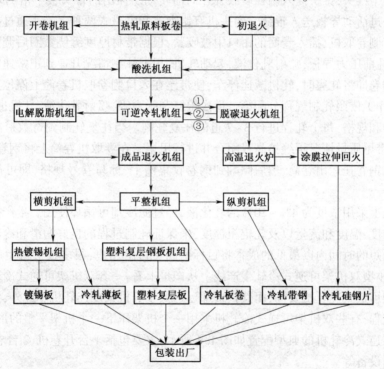

图 1.2　单机架可逆式冷轧机各种产品的生产工艺流程

冷轧原料由半连轧或连轧热轧机组供给,热轧钢卷单卷质量较小。钢卷可在拼卷机组上切去头尾进行焊接拼卷,以提高冷轧工序的生产能力。热轧带材在冷轧前必须经过酸洗,目的在于去除带材表面的氧化铁皮,使冷轧带材表面光洁,并保证轧制生产顺利进行。热轧带材经酸洗后在可逆式轧机上进行奇数道次的可逆轧制,获得所需厚度的冷轧带材卷。

图 1.3 是某 1 700 mm 单机架可逆式冷轧机的机组组成示意图。机组设备由链式输送机、开卷机、勾头机、三辊矫直机、轧机、前后卷取机、卸卷小车和卸卷斜坡道等组成。轧机由机架、支撑辊及油膜轴承、工作辊及滚动轴承、液压平衡装置、压下装置和传动主电机等组成。

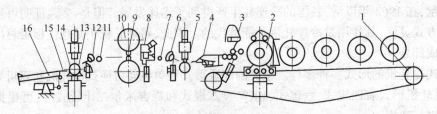

图 1.3　某 1 700 mm 单机架可逆式冷轧机的机组组成

1—链式输送机;2—开卷机;3—勾头机;4—活动导板;5—右卷取机;6—机前导板;
7—机前游动辊;8—压板台;9—工作辊;10—支撑辊;11—机后游动辊;12—机后导板;
13—左卷取机;14—卸卷小车;15—卸卷翻钢机;16—卸卷斜坡道

经酸洗的热轧钢卷由中间库吊放到链式输送机的鞍座上,输送链把钢卷顺序运送到开卷位置上进行开卷。开卷机为双推头胀缩式,锥头下方的液压升降台上升托起钢卷并使其孔径对准合拢的两个锥头,锥头插入内径后胀开并向前转动。伸出的带头被下落的勾头机引入到三辊矫直机经过活动导板送入辊缝。勾头机有钳夹式和电磁式两种。带头通过抬高或闭合的辊缝到达出口侧卷取机,插入卷筒的钳口中被咬紧,根据带材厚度缠绕数圈后调整好辊缝和张力,然后压下轧前压力扳板,喷射乳化液,起动轧机,根据轧制情况升速到正常速度进行第一道次轧制。当钢卷即将轧完时,轧机减速停车,使带尾在入口侧卷取机卷筒上停位。卷筒钳口咬住带尾后,操作工依照轧制规程分配第二道次辊缝和张力等,喷射乳化液,轧机进行换向轧制。

根据钢种和规格,每个轧程进行 3～7 道的往复轧制。当往复轧制到奇数道次并达到成品厚度时,根据带尾质量情况辊缝抬高或闭合并进行甩尾。在卷取机卷筒上将钢卷用捆带扎牢,由卸卷小车把钢卷托运出卷筒,然后倾翻到钢卷收集槽上,标写卷号规格,即可吊运到下面的工序继续生产。

在该轧机上采用浓度为 4%～10% 的乳化液,经过滤冷却可循环使用。生产操作中通过调节乳化液的浓度、温度和流量以及轧辊粗糙度,来保证轧制过程的良好润滑和冷却条件。

为了在最短的时间内以最低的成本将目标产品交付给用户,很多板带材生产企业建设了经济、灵活的小型双机架可逆式冷轧生产线。从产量上看,一套双机架可逆式冷轧机生产效率较两台单机架可逆式冷轧机要高,而其投资却远远低于五机架冷连轧机。此外,为了缩减板带材后续生产流程,有些双机架可逆式冷轧机采用一个机架压下一个机架平整的形式。

双机架可逆式冷轧机的典型配置如图 1.4 所示,主要包括 1 台开卷机、2 台卷取机、2 台冷轧机及其附属设备等。

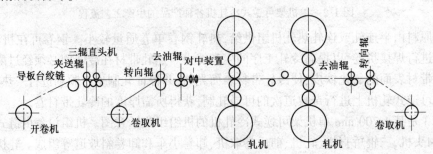

图 1.4　双机架可逆式冷轧机的典型配置

1.1.3　连续式冷轧生产工艺

单机架可逆式轧机由于轧制速度低(最高轧制速度仅为 12 m/s)、轧制道次多、生产能力低,只适于小批量、多品种及特殊钢材的轧制。因此,当产品品种规格较为单一、年产量高时,宜选用生产效率与轧制速度都高的多机架连续式冷轧方式。目前,无论是在我国还是在其他发达国家,冷连轧机已承担起了薄板带材的主要生产任务。

板带材冷连轧机组的机架数目,根据成品带材厚度不同而异,一般由 3～6 个机架组成。当生产厚度 1.0～1.5 mm 的冷轧汽车板时,常选用三或四机架冷连轧机组;对于厚度为 0.25～0.4 mm 的带材产品,一般采用五机架冷连轧机(四机架只能轧制 0.4～1.0 mm 的板、带产品);当成品带材厚度小于 0.18 mm 时,则采用六机架冷连轧机组,但一般最多不超过 6 个机架。目前,五机架冷连轧机已经成为主流机种,所有新建的冷连轧机组几乎全部采用 5 个机架。

对于极薄产品或薄的不锈钢及硅钢板、带产品,一般采用多辊式(如森吉米尔)轧机进行轧制。近年来,这些多辊式轧机已开始实现连续式轧制。

为了使冷轧生产达到高产、优质、低成本,在冷轧机的设计制造和操作上做了极大努力,并取得了很大的成就。目前,按照冷轧带材生产工序及联合的特点,冷连轧机可分为以下三类。

第一类是单一全连续轧机。该类型轧机是在常规冷连轧机的前面,设置焊机、活套等机电设备,使冷轧带材不间断地轧制。这种单一轧制工序的连续化称为单一全连续轧制。世界上最早实现这种生产的厂家是日本钢管福山钢厂,于 1971 年 6 月投产。川崎千叶钢厂将四机架常规冷连轧改造成单一全连续轧机,该机组于 1988 年投产,改造后生产效率得到大幅提高。

第二类是联合式全连续轧机。将单一全连续轧机再与其他生产工序的机组联合,称为联合式全连续轧机。若单一全连续轧机与后面的连续退火机组联合,即为退火联合式全连续轧机;若全连续轧机与前面的酸洗机组联合,即为酸洗联合式全连续轧机。这种轧机最早是在 1982 年新日铁广畑厂投产的。目前世界上酸洗联合式全连续轧机较多,发展较快,是全连续的一个发展方向。

第三类是全联合式全连续轧机。单一全连续轧机与前面酸洗机组和后面连续退火机组(包括清洗、退火、冷却、平整、检查工序)全部联合起来,即为全联合式全连续轧机,如图 1.5 所示。全联合式全连续轧机最早由新日铁广畑厂于 1986 年新建投产,为使整个机组能够同步顺利生产,采用了先进的自动控制系统,投产后一直正常生产,板厚精度控制在 ±1% 以内。过去冷轧板带从投料到产出成品需 12 天,而采用全联合式全连续轧机只要 20 min。

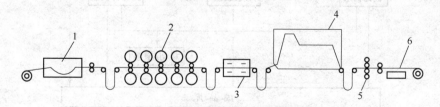

图 1.5　全联合式全连续轧机

1—酸洗机组;2—冷连轧机;3—清洗机组;4—连续式退火炉;5—平整机;6—表面检查横切分卷机组

全联合式全连续轧机组的出现,是冷连轧机发展上的一个飞跃。它既具有单一全连轧机组的许多共同优点,同时又可省去许多重复设备和车间面积,特别是可缩短生产周期。

随着轧制工序的连续化,冷连轧生产中的辅助工序也起了极大的变化,出现了一系列连续机组,如连续酸洗、连续电镀锌、连续热镀锌、连续镀锡、连续退火、连续横剪及连续纵剪机组等,使冷轧的生产率得到了极大的提高,一个现代化的冷连轧厂年产量可达 100 万~250 万 t。

以冷连轧带材产品为例。以热轧带材为原料,因其表面有氧化铁皮,所以在冷轧前要把氧化铁皮清除掉,故酸洗是冷轧生产的第一工序。酸洗后即可轧制,轧制到一定厚度,由于带材的加工硬化,必须进行中间退火,使带材软化。退火之前由于带材表面有润滑油,必须把油脂清洗干净,否则在退火中带材表面形成油斑,造成表面缺陷。经过脱脂的带材,在带有保护性气体的炉中进行退火。退火之后的带材表面是光亮的,所以在进一步的轧制和平整时无须酸洗。带材轧至所需尺寸和精度后,通常进行最终退火。为获得平整光洁的表面及均匀的厚度尺寸和调节机械性能,要经过平整。带材经过平整之后,根据订货要求进行剪切。成张交货要横切,成卷交货必要时则纵切。一般用途冷轧带材的生产工序是:酸洗、冷轧、退火、平整、剪切、检查缺陷、分类分级以及成品包装。带材冷连轧生产工艺流程如图 1.6 所示。

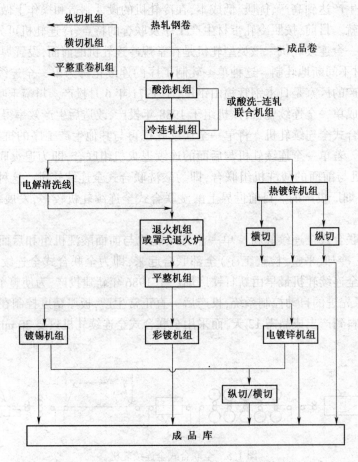

图 1.6 带材冷连轧生产工艺流程

目前,在带材冷连轧生产中,最常采用的联合式全连轧机组是酸洗-冷连轧机组,即将热轧钢卷在酸洗入口首尾焊接,使带材以"无头"形式连续通过酸洗-冷连轧,在轧机出口处进行剪接,获得冷连轧带材产品。

1)酸洗

由于热轧卷终轧温度高达 800~900 ℃,因此其表面生成的氧化铁皮层必须在冷轧前去除。目前冷连轧机组都配有连续酸洗机组。连续式酸洗有塔式及卧式两类,指的是机组中部酸洗段是垂直还是水平布置,机组入口和出口段则基本相同。

塔式的酸洗效率高,但容易断带和跑偏,并且要求厂房太高(21~45 m),因此目前还是以卧式为主。

以某 1 450 mm 酸洗-冷连轧机组的酸洗段设备为例。典型酸洗-冷连轧机组的酸洗段设备组成如图 1.7 所示。酸洗机组的设备主要包括入口段设备、工艺段设备和出口段设备。

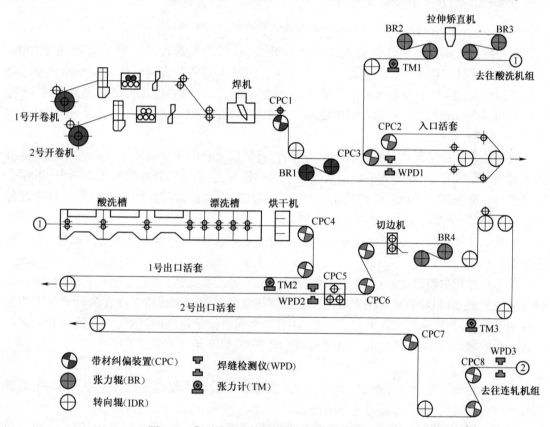

图 1.7　典型酸洗-冷连轧机组的酸洗段设备组成

入口段设备主要包括开卷机、直头机、入口双层剪、转向夹送辊、激光焊机和张力辊等。工艺段设备主要包括焊缝检测仪、纠偏辊、活套、转向辊、张力辊、破鳞拉矫机、酸洗槽及漂洗槽和带材烘干装置等。出口段设备主要包括纠偏辊、转向辊、焊缝检测仪、月牙剪、圆盘剪、张力辊和活套等。

2)冷连轧

图 1.8 为典型酸洗-冷连轧机组的冷轧段设备组成。冷轧段设备包括张力辊、纠偏辊、入口剪、焊缝检测仪、5 个六辊轧机、机架间设备(穿带导板、防缠导板和张力辊等)、飞剪、夹送辊

和卡罗塞尔卷取机等。

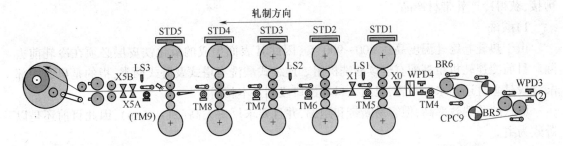

图 1.8　典型酸洗-冷连轧机组的冷轧段设备组成

经过酸洗处理后的热轧带卷连续进入冷轧段，轧机以低速加速至稳定轧制速度（20~35 m/s），稳定轧制段占整个轧制过程的 95% 以上；在带材即将轧完时轧机自动开始减速以使焊缝能以低速（2~3 m/s）进入各个机架，以免损坏轧辊，当焊缝到达轧机出口飞剪处时，飞剪进行剪切，卸卷小车上升，卷筒收缩以便卸卷小车将钢卷卸出并送往输出步进梁，最终由吊车吊至下一工序。

有些冷连轧机组不是和酸洗串联在一起的，而是以单独的冷连轧机形式存在。这类机组为了实现"无头"轧制，在冷连轧机前后增加了许多设备，包括两套开卷机和入口活套（以保证连续供料）、夹送辊、矫直辊、剪切机、焊机和张力辊等，这与前面所述的酸洗机组入口段设备类似。此外，为了连接入口段和冷连轧机组，还需加上一些导向辊、纠偏辊、张力辊及 S 辊等。为了实现全连续轧制，还需在冷连轧机组出口段加上夹送辊、飞剪及两台张力卷取机（或卡罗塞尔卷取机）。

冷连轧过程中需要注意：焊缝进入各机架时机组要适当减速，以免焊缝磕伤轧辊；连续式冷连轧或酸洗-轧机联合机组都需要增加动态变规格的功能以及适用于存在带材情况下的快速换辊装置；冷连轧采用大张力方式轧制，并对工艺润滑给予特别的注意，以保证具有稳定而且较小的摩擦力（轧辊与轧件间），这可以减小轧制力，保证足够大的压下率。

3）退火

由于冷连轧过程带材存在加工硬化，因此根据成品的要求需增加退火工序（有些精整处理线中含有退火段，则不必通过专门的退火工序）。

退火有罩式炉退火（成卷）和连续退火线两种，前者较为灵活，设备投资少，因此用得较为广泛，但对于某些要求表面好的成品则必须采用连续退火线。

连续退火线包含了电解清洗、退火、冷却、平整及重卷多个工序。

连续退火机组从设备组成看与其他处理线相同，包括入口段设备、工艺段设备和出口段设备。其中入口段设备和出口段设备与酸洗线大同小异，工艺段则根据不同的处理要求布置不同的工艺设备。对于连续退火线，其工艺段包括清洗及退火，退火段可以是竖式的或水平式的。

近年来有一种联合趋势，即将多个操作（例如退火、平整、张力矫直、切边等）合在一个机组中使需要先后处理的工序在一个机组中一次完成,避免多次重复开卷和卷取。

4)平整

为了获得良好的板形及较高的表面光洁度,平整是一个重要的工序。平整实际上是一种 1%~5% 小压下率的二次冷轧,并实现恒延伸率控制,使带材板形改善,机械性能提高。除采用四辊平整机外,目前在精整处理线中所用的张力矫直机亦能明显改善板形。

5)精整

精整包括横切、纵切、平整、重卷等机组。精整处理线是进一步提高冷轧带材附加值的重要工序,亦是为冷轧产品适用于各种用途而进行的深加工处理。

6)镀层

镀层包括镀锡、镀锌、镀锌铝以及彩镀等,是冷轧产品进一步深加工的主要工序。由于冷轧产品镀层后的用途各异,因而亦将影响镀层机组设备的组成以及工艺段的布置。

仅就镀锌而言,就有 GAIVanized steel 镀层(以锌为主,含 0.05%~0.2% 铝,在 406~493 ℃ 温度范围操作)、GAIValume(镀层铝的质量分数为 55%、锌的质量分数为 43.5%、硅的质量分数为 1.5%,在 560~610 ℃ 温度范围内进行操作)、Galfan(5% 铝,0.1% mushmetal,其余为锌,在 406~482 ℃ 范围内进行操作)以及 Aluminized steel(即 100% 用铝,在 704 ℃ 温度操作)等。不同成分镀层产品用于不同领域(汽车、建筑、家电等)。镀锌线除了入口段和出口段外,工艺段往往还包括清洗、退火、镀锌、平整(平整机和张力矫直)、化学处理等工序。

其他镀锡及彩镀线亦有多种配置,以适用于各种用途,其差别亦仅仅在工艺段的布置上。

1.2 板带材冷轧生产设备

1.2.1 冷轧机主要机型

随着对冷轧板带材板形的要求越来越高,冷轧机机型在结构上有了许多变化。目前常用的冷轧机机型已形成两大主流:东方以日立为代表的 HC 系列;西方以西马克为代表的 CVC 系列。CVC 轧机、PC 轧机、HC/UC 轧机、VC 轧机和森吉米尔轧机都是以厚度和板形控制能力强大为主要特征的新一代高技术板带轧机,也是当前板带轧机中的主流轧机机型。不同的机型包涵了各自独特的机座设计、辊型设计、工艺制度和控制模型。

1. HC/UC 轧机

20 世纪 70 年代初日本日立公司与新日铁合作发明了六辊 HC 轧机,并在 HC 轧机的基础上衍生出了 HCW、HCM、HCMW 等机型。其中应用较多的为 HCMW 六辊轧机和 HCW 四辊轧机。HCMW 轧机在原有 HCM 六辊轧机的基础上,增加了工作辊轴向横移,并通过配置单锥度的工作辊实现对带材的边部减薄控制。HCW 四辊轧机则是在四辊轧机的基础上增加了工作辊横移控制的功能。HCW、HCM、HCMW 轧机的板形控制机构如图 1.9 所示。

在生产中,为了轧制更宽更薄及精度更高的带材,需要采用小辊径工作辊,并增加高次板形缺陷的控制手段。日本日立公司于 1981 年研制开发出了 UC 轧机,它在 HC 轧机的基础上,通过采用小辊径的工作辊,同时增加了中间辊弯辊的控制手段。随后又开发出了 UCM、UCMW 等板形控制能力更强的机型。图 1.10 所示为 UCM 轧机板形调节机构。

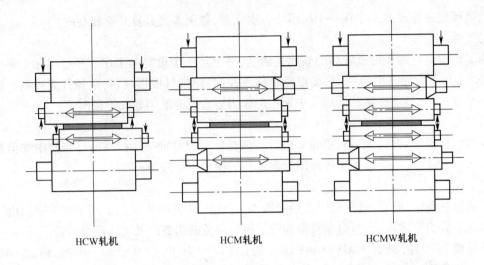

HCW轧机　　　　　HCM轧机　　　　　HCMW轧机

图 1.9　HCW、HCM 以及 HCMW 轧机的板形控制机构

　　HC/UC 类轧机通过上下工作辊或中间辊沿相反方向的相对横移,改变了工作辊与支撑辊或工作辊与中间辊的接触长度,使工作辊与支撑辊或工作辊与中间辊在带宽范围之外脱离接触,从而可有效地消除有害接触弯矩,由此工作辊弯辊的控制效果得到了大幅增强,同时显著地降低了边部减薄程度。通过轧机工作辊或中间辊的横移,可适应轧制带宽的变化,实现轧机的较大横向刚度,有利于板形控制。此外,六辊 HC/UC 类轧机采用小辊径工作辊轧制,可以实现大压下轧制。大压下轧制减少了轧制道

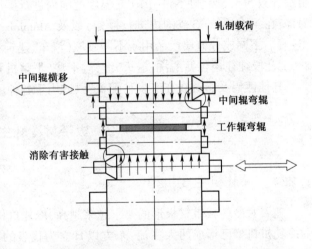

图 1.10　UCM 轧机板形调节机构

次,可以在材料硬化且边部开裂之前轧到所设定的厚度,抑制了边裂缺陷。

2. CVC 轧机

　　CVC 技术是德国西马克公司于 1982 年研制成功的一种新型板形控制技术。CVC 技术的创新主要在于辊型及其配套的控制模型的创新。对于四辊轧机而言,以工作辊作为辊型的载体;对于六辊轧机而言,以中间辊作为辊型的载体。CVC 轧辊的含义就是连续可变凸度轧辊。图 1.11 给出了 CVC 轧辊的辊系布置及工作原理。两个外形相同的 S 形轧辊相互倒置 180° 布置,通过两辊沿相反方向的对称移动,得到连续变化的不同凸度辊缝形状,其效果相当于配置了一系列不同凸度的轧辊。这里将图 1.11(a)所示零凸度时的横移距离定为 0,相当于初始辊型为 0 的常规工作辊;当上辊向右、下辊向左移动时,形成负的辊缝形貌,相当于初始辊型为正的常规工作辊;图 1.11(b)所示为正凸度,规定此时横移距离为正值;图 1.11(c)所示为负凸度,此时,两辊形成正的辊缝形貌,相当于初始辊型为负的常规工作辊。

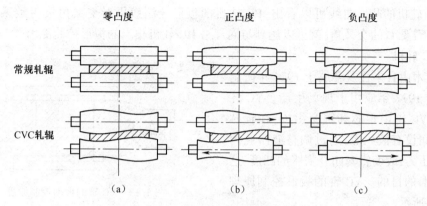

零凸度　　　正凸度　　　负凸度

常规轧辊

CVC 轧辊

（a）　　　　（b）　　　　（c）

图 1.11　CVC 轧辊的辊系布置及工作原理

　　CVC 辊型设计的关键是确定横移量与相应的等效凸度,这是 CVC 辊型设计的本质。CVC 窜动的轧辊较不窜动的轧辊长,这样,尽管轧辊轴向窜动了,但是辊间接触长度不变。不像 HC/UC 类轧机可以通过横移来消除辊间的有害接触区,增大轧机的刚度,CVC 技术提供的是低横向刚度的辊缝,整个辊系抵抗轧制力波动的能力较弱,属于柔性辊缝调节策略型的板形控制技术。另外,由于 CVC 工作辊形成的是抛物线无载辊缝,无论窜辊位置如何,只能避免二阶形状误差,对高次板形缺陷没有调控能力,并且其凸度调整范围比较小,尤其是轧制窄带材时,板形控制效果并不理想。为此,在常规 CVC 控制技术的基础上,又发展出了 SmartCrown 和 CVC⁺等板形控制技术。

3. PC 轧机

　　PC(pair crossed)轧机是 1979 年由日本三菱公司和新日铁联合研制成功的四辊轧机。它通过调节轧辊交叉角的大小,改变轧辊的等效凸度来控制板带材的板形和板凸度。与普通四辊轧机相比,具有较强的板形和板凸度控制能力。

　　PC 轧机通过轧辊的交叉,形成一个中凹的空载辊缝,其等效凸度与交叉角度和板宽均呈二次方的比例关系。如图 1.12 所示,上下辊系交叉,与 x 轴均成 θ 角,取投影交叉点 O 为坐标原点,带材宽度为 b,O 点处的辊缝值为 S_c。假设:

　　(1)上下工作辊为尤凸度的平辊,直径为 D_w;

　　(2)垂直于 x 轴的轧辊断面简化为圆形,而非椭圆形断面。

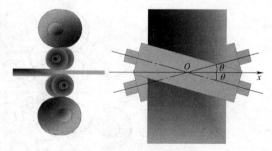

图 1.12　PC 轧机的工作原理

　　设 C_x 为水平方向任一点 x 处的辊缝凸度值,S_x 表示 x 处的辊缝值,则有:

$$C_x = S_x - S_c = \sqrt{(2x \cdot \tan \theta)^2 + (D_w + S_c)^2} - D_w - S_c \tag{1.1}$$

将式(1.1)进一步化简为:

$$C_x = \frac{2x^2 \cdot \theta^2}{D_w + S_c} \tag{1.2}$$

由 PC 轧机的凸度曲线可以看出,PC 轧机的板形控制效果对交叉角极为敏感。通常的 PC 轧机只需要 1° 的交叉角,就可以达到与同规格 HC 轧机相当的板形控制能力。

4. VC 轧机

VC 技术由日本住友金属于 1974 年研制成功,并于 1977 年应用于现场生产。VC 轧机所用的 VC 辊由辊芯和辊套组成,在辊芯和辊套之间设有液压腔,通过调整液压腔内高压油的压力,改变辊套向外膨胀的凸度,达到控制板形的目的。VC 辊的板形控制原理如图 1.13 所示。

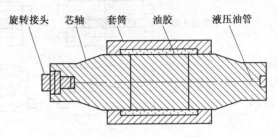

图 1.13　VC 辊的板形控制原理

VC 辊的辊套和辊芯两端在一定长度内采用过盈配合,一方面对高压油起密封作用,另一方面在承受轧制力时传递所需的扭矩,保证轧辊的整体刚度,在工作时,辊芯和辊套作为一个整体旋转。VC 辊的主要特点是可以改善板形控制、可在线改变凸度以及换辊后不需要对轧辊进行预热。

5. 森吉米尔轧机

多辊轧机于 20 世纪 30 年代问世。森吉米尔轧机由于工作辊直径小、刚度大,广泛应用于冷轧不锈钢、硅钢、高精度及极薄带材和有色金属的高精度带材轧制。

森吉米尔轧机具有良好的各向刚性,可承受较大的轧制力和水平带材张力,轧制能耗低、成品精度高、轧制规格薄,轧制不锈钢的轧机 90% 以上都是森吉米尔轧机。另外,森吉米尔轧机还有一个突出特点就是整体牌坊,号称零凸度。森吉米尔轧机辊系分为上下两组,分别由 1 对工作辊、2 对第一中间辊、3 对第二中间辊和 4 对支撑辊组成,如图 1.14 所示。由于森吉米尔轧机具有 20 根轧辊,因此也被称为 20 辊轧机。

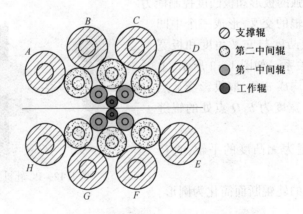

图 1.14　森吉米尔 20 辊轧机辊系图

森吉米尔轧机上下 2 对第一中间辊为一端带锥度并可轴向横移的轧辊,主要用于调节带材边部的板形。上下 3 对第二中间辊中的边部 2 对第二中间辊为传动辊,其余为随动辊。上下 4 对支撑辊的结构与其他辊不同,采用分段轴承、多点支撑结构;其余辊均采用直接叠放的方式,无固定支撑。其中 B、C 支撑辊具有内外双偏心结构,其余 6 个支撑辊采用单偏心结构。

B、C 辊内偏心及其余 6 个辊的偏心用于支撑辊的整体位置调整,这些偏心具体功能为:B、C 辊压下以实现轧制厚度的调整;G、F 辊主要用于调整下辊系的高度以调整轧制线高度和快速打开辊缝,便于穿带和更换工作辊;A、D、H、E 四辊主要用于补偿轧辊直径变化引起的辊系位置的变化。B、C 支撑辊外偏心可分段单独调节,用于复杂板形的控制。

1.2.2　冷轧机设备组成形式

根据不同的工艺要求,冷轧机出现了不同的设备组成形式。

1. 单机架可逆式冷轧机

单机架可连式冷轧机最常见的设备组成形式如图 1.15 所示,左右两侧(从操作侧看)分别设置有卷取机,同时在轧机左侧设置有开卷机,道次数设置为奇数,在一个轧程内,在左侧开卷机上卷,成品用右侧卷取机收卷卸卷。

新建的现代化轧机全部选用了液压来提高轧制力,不同的是轧制力液压缸的安装位置,分为液压压下(轧制力液压缸安装在轧机上方)和液压压下(轧制力液压缸安装在轧机下方)两种。当采用四辊轧机形式时,工作辊设置有弯辊装置,实现工作辊的正负弯辊或者正弯辊。当采用六辊轧机形式时,中间辊一般设置有轧辊横移装置,并同时设置弯辊装置,以提高板形控制能力。

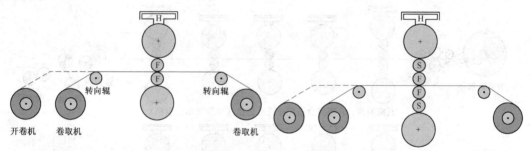

图 1.15　单机架可逆式冷轧机设备组成形式

H—液压压下;F—弯辊;S—轧辊横移

2. 冷连轧机

冷连轧机设备组成形式上产生了一系列方案(见图 1.16),主要有以下几种:

(1)传统的五机架四辊形式。五机架已经成为冷连轧机最主流的组成形式,新建的现代化冷连轧机几乎全部选用五机架形式,因为五机架最利于轧制负荷分配,在轧机负荷有余的情况下还可以将第五机架作为平整机使用。卷取机有双卷曲和卡罗塞尔卷取两种形式。配置液压压下和工作辊弯辊装置。

(2)CVC 四辊轧机(设置有轧辊横移装置),可以是部分或全部轧机采用 CVC 技术。

(3)混合型冷连轧机,采用 CVC 轧机、HC 六辊轧机(设置有中间辊横移装置和中间辊弯辊装置)或传统四辊轧机的组合。可以是部分或全部轧机采用 HC 六辊轧机,常见方案为 5 号机架采用 HC 六辊轧机以优化成品板形,或 1 号机架和 5 号机架均采用 HC 六辊轧机,以在 1 号机架提高厚度消差能力和提高对成品板形的控制能力。

(4)五机架全六辊冷轧机。可 5 个机架全部采用 HC 六辊轧机,这种轧线的冷连轧产品的厚度控制精度还是板形控制上均具有优势。

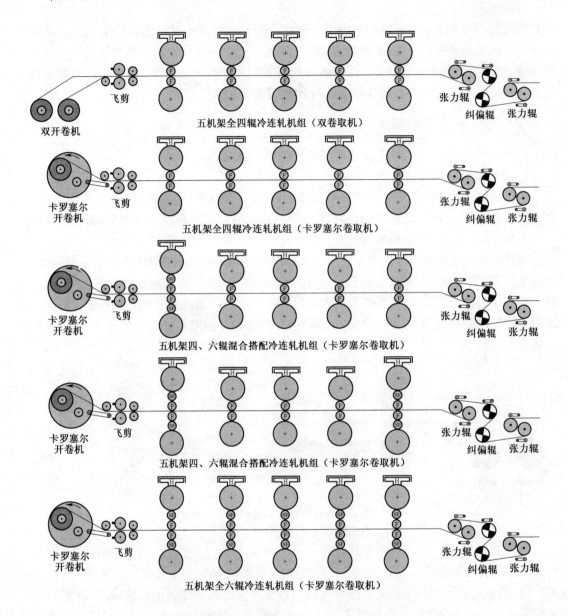

五机架全四辊冷连轧机组（双卷取机）

五机架全四辊冷连轧机组（卡罗塞尔卷取机）

五机架四、六辊混合搭配冷连轧机组（卡罗塞尔卷取机）

五机架四、六辊混合搭配冷连轧机组（卡罗塞尔卷取机）

五机架全六辊冷连轧机组（卡罗塞尔卷取机）

图 1.16　冷连轧机设备组成形式

1.3　板带材冷轧机自动化控制技术

冷轧机自动化控制技术是建立一个完善的自动化控制系统,该系统针对冷轧机上众多的设备分别对其动作进行控制,使冷轧机上所有设备实现协调的动作,最终实现冷轧机按照操作命令稳定高效地生产高质量板带材产品。例如:提供轧制力和实现辊缝开闭的液压缸的动作,是由伺服阀开口度变化进而影响腔内进出油流而实现的。冷轧机自动化控制系统的任务就是依据该液压缸内油压或活塞杆位置,实时对开口度进行设定,以使该液压缸按照操作命令进行单体动作或在轧制过程中保证合理地辊缝和轧制力,以轧出高质量的产品。

　　因冷轧机在线设备众多,自动化控制系统需要针对每个设备建立相应的控制闭环,并将所有设备动作协调起来。在轧制每一种规格的板带材前,对每个设备的初始状态进行设定,在轧制过程中依据在线的检测仪表,对每个设备的状态进行动态调节,最终实现稳定高效生产高质量产品的目的。

1.3.1　分级式计算机控制系统

　　20 世纪 60 年代以来,计算机技术获得巨大发展,并在工业控制领域取得显著成效。美国首先将计算机用于带材热连轧生产控制,并获得成功。在此基础上,60 年代末带材冷连轧机组实现了计算机控制。最初冷轧机的控制系统主要由一台中小型计算机对生产过程进行集中控制,将生产管理到轧制过程的实时控制融于一体。这种方法容易造成各功能模块工作不匹配,计算机系统软件与应用软件维护困难。一旦某个控制环节出现问题,将造成整个生产线停机,严重影响轧机生产效率。70 年代末期,随着计算机技术的快速发展,现代化冷轧生产线全部采用分布式计算机,实行分级控制。

　　目前,现代化的冷轧生产线均采用分为三级的分布式计算机控制系统。一级机(Level-1,L1)作为基础自动化级,直接与轧机在线设备进行对话,针对每个设备对其进行专门的闭环控制,完成轧机的速度调节、辊缝调节、厚度调节、张力调节和板形调节等功能。二级机(Level-2,L2)为过程控制级,最主要的任务是进行轧制规程的选择与计算,进而根据轧制规程对一级机进行初始状态设定,此外还完成与上下级的通信、带材的跟踪、数学模型的自学习以及记录与打印报表等。三级机(Level-3,L3)作为生产管理级,负责生产计划的输入以及产品数据的管理。整个冷轧计算机控制系统的组成和功能如图 1.17 所示。L1 因直接实现对在线设备的控制,是必不可少的;L2 因对 L1 进行初始设定,可提高生产效率和产品成材率,也是自动化控制系统非常重要的部分;目前很多新建的现代化冷轧生产线都配备了 L3,并且很多早期建造的生产线在升级改造后也增加了 L3 功能。

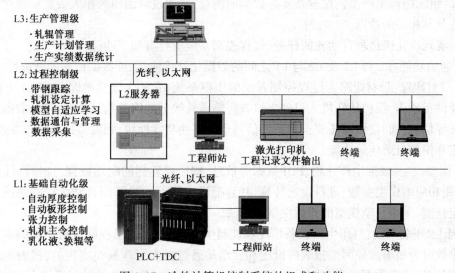

图 1.17　冷轧计算机控制系统的组成和功能

在整个计算机控制系统中,计算机之间采用网络进行互联,常见的网络结构有:树状结构、总线结构、星状结构及环状结构等。选用哪种网络结构取决于网络的存取方式、传输延迟时间、信息吞吐量、网络扩展的灵活性、可靠性以及成本等因素。

1.3.2　生产管理控制级

生产管理控制计算机(L3)主要用来完成冷连轧机组生产计划的编排、不同生产工序的协调和生产实绩数据管理等功能。L3 计算机要根据原料钢卷和成品钢卷确定出初始 PDI(prime data input)数据,这些数据是过程控制参数计算的初始信息。PDI 数据包括钢卷号、钢种、原料厚度、宽度、卷重、长度、原料板形、成品厚度、成品板形、带材特殊控制要求以及钢卷的化学元素等。

L3 计算机还需提供轧辊信息,如工作辊、中间辊和支撑辊的长度、直径、粗糙度、凸度和换辊次数等。L3 计算机通过以太网将轧辊数据和 PDI 数据传送给 L2 进行参数计算。此外,L3 计算机还将完成合同管理、质量管理、物流管理以及生产数据统计等功能。

1.3.3　过程控制级

冷连轧机过程控制系统位于工厂生产管理系统(L3)和基础自动化(L1)之间,因此也称二级控制系统(L2)。过程控制级的主要任务是完成冷轧机生产过程的轧制规程与轧机设定参数计算、过程监视、过程数据收集及过程的控制和调节。该控制系统能够自动运行的先决条件是要知道每时每刻带材在轧机中的位置,从而准确匹配所需要的参数和数据。

过程控制系统首先根据三级机传来的生产计划,将来料的原始数据及其相关的成品数据、轧辊数据等存储在系统中。根据生产计划的顺序,来料依次被放到入口鞍座上,过程机根据基础自动化发送的检查信号,自动启动跟踪功能,并在画面上显示出每卷带材的位置。入口段操作工核对来料的钢卷号与入口段操纵台画面显示的钢卷号是否一致,若正确无误,则按下应答键,该钢卷即进入过程控制序列。在轧制生产过程中,跟踪功能根据设定点的不同位置,启动设定计算,组织协调生产工艺过程及实际数据的测量,并通过画面向操作人员显示带材实际运行的位置及其相关的数据。

为了实现冷轧机过程自动化的任务,过程控制系统应具有如下功能:

(1)通信功能:L2 与 L3 及 L2 与 L1 之间的数据相互传输,保证数据传递的准确性。

(2)带材跟踪:带材跟踪为过程控制系统的中枢系统,它的主要功能是根据 L1 上传的跟踪信息及设备动作,维护从轧机入口到出口鞍座整条轧线上的钢卷物理位置、带材数据记录及带材状态等信息;同时,跟踪还要根据事件信号启动其他功能模块,触发数据采集与发送、轧机自动设定和模型自适应等功能。

(3)模型设定:根据生产计划、PDI 数据等信息,按照要轧制的钢卷数据,选择最佳的轧制规范,采用相应的模型参数,进行设定计算,并且把设定值下发给基础自动化控制系统。为了提高设定精度,采用数学模型的自适应学习算法。

(4)记录报表系统:打印生产设备情况和轧制生产信息,以便工程师分析产品的生产状况和出现事故时分析事故原因。报表的设定和启动是通过报表管理画面实现的,报表主要包括钢卷轧制信息、生产数据报表(班报/日报/月报)、轧机停机、轧制中的故障及断带记录、换辊记录、能源介质统计及产品质量评估等。

（5）故障记录系统：用于记录故障和操作信息，为分析和排除故障提供可靠的依据。

其中，模型设定是连轧机组过程控制的重要组成内容，也是整个工艺控制的核心。模型计算精度决定了控制系统精度，进而决定了产品的产量和质量。本书将对 L2 系统进行详细介绍。

1.3.4　基础自动化

基础自动化（L1）一般由可编程控制器作为控制器。L1 直接与轧机在线设备进行对话，针对每个设备基于传感器的反馈对其进行专门的闭环控制。在冷轧机 L1 系统中，核心的控制功能如下所示。

1. 轧机主令控制

轧机主令控制完成的功能包括：

（1）设定值处理。与 L2 系统进行数据通信，接收 L2 下发的设定值，对其进行处理，并将设定值在合适的时间发给 L1 其他功能单元。

（2）全线协调。协调全线其他功能单元，进而协调全线设备的动作，对全线进行统筹管理。

（3）轧线速度控制。设定主令速度，与主辅传动系统进行通信，下发速度命令。

（4）带材跟踪。在线带材跟踪，实现自动剪切等功能。

（5）动态变规格。在跟踪焊缝位置的基础上，在相应的变规格位置发送设定值及变规格命令。

2. 液压伺服控制

液压伺服控制对轧机高压伺服设备进行控制，完成的功能包括：

（1）液压辊缝控制。基于操作侧和传动侧安装的轧制力液压缸上安装的位置传感器和压力传感器的反馈，对它们的位置或者力进行闭环控制，实现高精度高响应的辊缝和轧制力控制。

（2）液压弯辊控制。基于工作辊或中间辊的弯辊缸上安装的压力传感器，对它们输出的力进行闭环控制，实现高精度、高响应的工作辊或中间辊弯辊力控制。

（3）液压轧辊横移控制。基于轧辊横移位置传感器的反馈，对轧辊横移缸的位置进行闭环控制，实现高精度、高响应的轧辊横移位置控制。

（4）辊缝零位标定及轧机刚度测试。完成辊缝零位标定和轧机刚度测试的顺序控制。

3. 厚度和张力控制

厚度和张力控制对产品纵向厚度精度和张力进行自动控制，具体包括：

（1）基于测厚仪和测速仪等仪表配置情况，设置前馈 AGC、监控 AGC、秒流量 AGC、压力 AGC 或各种 AGC 的组合，以轧机速度或辊缝作为调节手段，实现高精度的产品厚度自动控制。

（2）以入出口卷取机或张力辊输出转矩作为调节手段，对轧机入出口张力进行间接控制。

（3）基于张力辊提供的实际张力反馈，以轧机速度或辊缝作为调节手段，对机架间张力进行高精度的闭环控制。

4. 板形控制

板形控制实现对产品板形的自动控制,具体包括:

(1)板形测量机构即板形辊信号的处理,提供板形控制所需的反馈信号,实时对板形进行评价。

(2)以液压弯辊系统、液压轧辊横移系统、辊缝倾斜和分段冷却作为调节手段,实现产品板形的高精度控制。

本书将对以上 L1 的核心控制功能进行详细介绍。

此外,L1 还需要完成一些辅助控制功能,包括:①轧机自动换辊控制;②轧线入口与出口单体设备的顺序控制;③工艺润滑的乳化液控制;④高压和低压公辅系统控制等。

第2章　冷轧主令控制

对于单机架冷轧机而言,由于其设备组成相对简单,主令控制的概念相对弱化。然而,冷连轧机组在工作时由多个机架协同进行轧制,再加上辅助设备众多,需要由主令控制系统协调全线所有设备以保证轧制顺利完成,因此,主令控制技术是冷连轧生产过程控制的重要环节,对冷连轧生产的稳定性尤其重要。主令控制系统从过程自动化系统接收钢卷的轧制规程,通过实时跟踪带材位置向其他控制系统下发轧制规程数据,同时协调酸洗与轧机的工作状态,保证轧制过程的顺利运行。高效、稳定的主令控制系统是冷连轧机组质量与产量的保证,本章将主要对冷连轧机主令控制技术进行详细的介绍。

冷连轧机组主令控制系统用于确保轧机区入口张力辊组到出口卷取机之间带材生产的正常运行,根据当前带材的位置和轧机运行模式协调传动控制、工艺控制和辅助设备动作,并监控生产线的运行状态,对故障及时处理。轧机主令控制系统主要包括预设定值处理、主令速度计算、动态变规格、轧机区域带材跟踪、带尾自动定位、自动剪切、卷取机控制、断带检测、主轴定位等功能。轧机主令控制系统与其他功能的关系如图2.1所示。

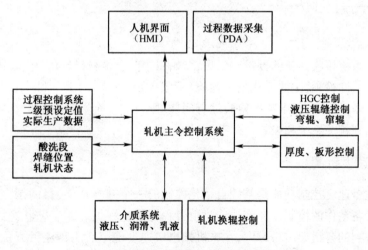

图 2.1　轧机主令控制系统与其他功能的关系

2.1　轧机速度控制

2.1.1　预设定值处理

预设定值处理功能包括预设定数据读入、数据有效性检查和预设定数据分配三部分,具体处理过程如图2.2所示。设定值处理功能打开一个负责接收新设定值的时窗,当下一卷带材设定值变成当前卷带材设定值时时窗打开,在焊缝要进入轧机前时窗关闭,具体接收时间点与设定数据的有效性和轧机完成减速或停车的时间有关。下卷带材设定值和中间设定值存储在设定值存储器中,如果在时窗中没有接收到新的设定值报文,那么系统请求停车。

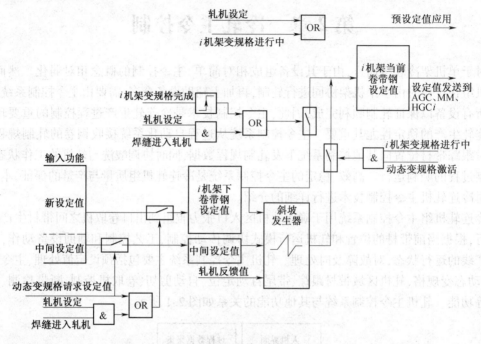

图 2.2　设定值处理过程

基础自动化系统接收到新的预设定值后,开始对当前卷带材设定值、中间设定值和下卷设定值进行数据有效性检验,主要完成超限检验(下限<预设定值<上限)和数值连续性检验(例如,$h_0 > h_1 > h_2 > h_3 > h_4 > h_5$)。如果数据检验没有问题,则设定一个数据有效的标志,根据焊缝位置将设定值发送到相关系统和设备。

2.1.2　主令速度计算

轧机区域主令速度控制功能是基础自动化控制的一个基本功能,目的是完成对某一操作模式对应传动设备动作的控制。速度设定是由过程计算机根据轧制工艺状况以及设备能力,按照负荷分配得到的各机架出口厚度,在末机架出口速度确定后用秒流量方程反推出各机架速度设定值。基础自动化系统接收过程计算机提供的初始速比,正常轧制过程中以第 3 机架为中间机架,由秒流量相等原理根据相邻两个机架的前滑值与后一机架的入口实际厚度、出口设定厚度实时修正速比。

1. 设备编号

主令速度控制的主要任务是启动及协调各传动设备的运行,因此需要给每个传动装置分配唯一的编号。表 2.1 列出了某冷连轧机组轧机区域传动设备的编号信息。

对于点动操作模式,根据来自操作台的请求信号确认最后一个参与动作的传动设备编号,只要当前设备编号小于该值,则此设备将参与动作。对于穿带、运行、缺陷、保持、减速、顺控等操作模式,所有设备都将跟随主令斜坡一起动作。

表 2.1 某冷连轧机组、轧机区域传动设备编号

编 号	名 称	编 号	名 称
1	No. 6 张力辊组 1 号辊	13	3 号机架
2	No. 6 张力辊组 2 号辊	14	4 号机架
3	No. 6 张力辊组 3 号辊	15	5 号机架
4	No. 6 张力辊组 4 号辊	21	板形辊
6	8 号纠偏辊压辊	22	出口下夹送辊
7	入口夹送辊	23	出口上夹送辊
11	1 号机架	24	转向辊
12	2 号机架	26	A/B 芯轴

2. 机架速度设定

冷连轧机厚度自动控制(automatic gauge control,AGC)系统的部分功能是采用修正机架速度的方式实现厚度控制的,也就是说轧机主传动是 AGC 系统的执行器,且需要执行 AGC 系统输出的机架速度修正量。因此,在对各机架速度进行设定时需考虑 AGC 系统输出的机架速度修正量。然而,在某些冷连轧机自动化控制系统中,AGC 的调节量不是以机架速度修正量的形式直接下发至相应机架的主传动系统,而是以相应机架"出口厚度修正量"的形式输出。AGC 在输出主控制量的同时,还将输出相应机架的前滑补偿量与转矩补偿量。速度修正控制对以上修正量进行管理、运算及信号转换等控制,最终实现高效合理的执行。以某 1 450 mm 冷连轧机的厚度自动控制系统为例,其输出的各机架修正量如表 2.2 所示。

表 2.2 AGC 输出的各机架修正量

AGC \ 区域	入口张力辊	1 号机架	2 号机架	3 号机架	4 号机架	5 号机架
1 号机架前馈 AGC	TC	SC;SF;TC	—	—	—	—
1 号机架监控 AGC	TC	SC;SF;TC	—	—	—	—
2 号机架秒流量 AGC	—	—	HC;SF;TC	—	—	—
5 号机架前馈 AGC	—	—	—	—	—	HC;SF;TC
5 号机架监控 AGC 压下模式	—	—	—	—	—	HC;SF;TC
5 号机架监控 AGC 平整模式	—	—	—	—	HC;SF;TC	—
末机架轧制力补偿	—	—	—	—	—	HC

注:TC 为转矩补偿量;SC 为辊缝修正量;SF 为前滑补偿量;HC 为出口厚度修正量。

表 2.2 中,1 号机架前馈 AGC、1 号机架监控 AGC、2 号机架秒流量 AGC、5 号机架前馈 AGC、5 号机架监控 AGC 和末机架轧制力补偿等厚度控制功能将在后面章节进行详细介绍。

机架速度设定控制功能设置有前滑补偿单元、速比修正单元以及速度设定单元,并采用逐级优化速度设定值的控制方式,最终实现 AGC 系统修正量的执行,如图 2.3 所示。

前滑补偿单元根据本卷带材的前滑预设定值以及 AGC 输出的前滑补偿量,计算当前的前滑值。AGC 输出的出口厚度修正量进入速比修正单元,结合当前的前滑实际值,生成当前机

架间速度比设定值。当前机架间速度比设定值送入速度设定单元,再结合 AGC 输出的转矩补偿量,生成当前各机架的速度设定值。传动速度设定单元将当前机架速度设定值进行信号转换后下发给机架主传动系统。最终,经过逐级优化控制实现 AGC 对速度的修正。

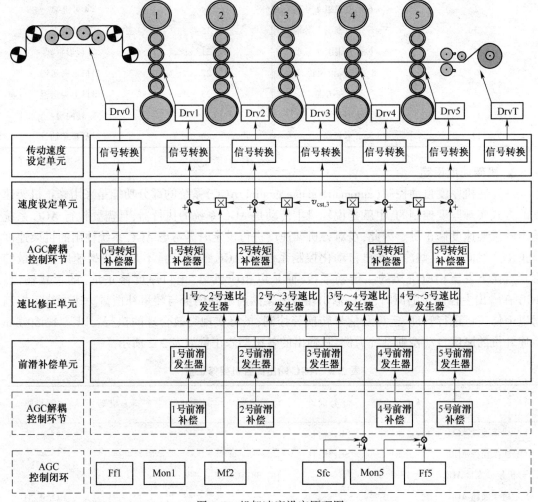

图 2.3 机架速度设定原理图

1) 前滑补偿单元

在轧制开始前,当前卷带材的前滑预估值由速度、厚度和张力等重要轧制参数的预设定值计算得出,而在轧制过程中,这些重要轧制参数的变化也会造成实际前滑值的变化。为了准确获得当前的前滑值,在各机架的前滑发生器中设置了前滑修正计算环节。以第 i 机架($i=1,2,3,4,5$)为例,对前滑修正计算环节进行分析。

通过张力实际值与张力预设定值之间的偏差,计算得出针对张力的前滑修正值的传递函数表达式如式(2.1)所示。

$$f_{\text{td},i}(s) = k_{\text{td,en},i} \cdot \frac{\partial f_i}{\partial T_{\text{en},i}} \cdot \frac{T_{\text{pre,en},i}(s) - T_{\text{act,en},i}(s)}{1+s} + k_{\text{td,ex},i} \cdot \frac{\partial f_i}{\partial T_{\text{ex},i}} \cdot \frac{T_{\text{pre,ex},i}(s) - T_{\text{act,ex},i}(s)}{1+s}$$

$$(2.1)$$

式中　　　　　$f_{\mathrm{td},i}$——第 i 机架针对张力的前滑修正值；

$k_{\mathrm{td,en},i}$、$k_{\mathrm{td,ex},i}$——第 i 机架针对入口和出口张力的前滑修正控制因子；

$\partial f_i/\partial T_{\mathrm{en},i}$、$\partial f_i/\partial T_{\mathrm{ex},i}$——第 i 机架前滑对第 i 机架前后张力的偏微分，$\mathrm{kN^{-1}}$；

$T_{\mathrm{pre,en},i}$、$T_{\mathrm{pre,ex},i}$——第 i 机架入口和出口张力的预设定值，kN；

$T_{\mathrm{act,en},i}$、$T_{\mathrm{act,ex},i}$——第 i 机架入口和出口张力的实际值，kN。

通过厚度实际值与厚度预设定值之间的偏差，计算得出针对厚度的前滑修正值的传递函数形式表达式（2.2）所示。

$$
\begin{aligned}
f_{\mathrm{hd},i}(s) = {} & k_{\mathrm{hd,en},i} \cdot \frac{\partial f_i}{\partial H_{\mathrm{en},i}} \cdot \frac{H_{\mathrm{pre,en},i}(s) - H_{\mathrm{act,en},i}(s)}{1+s} + \\
& k_{\mathrm{hd,ex},i} \cdot \frac{\partial f_i}{\partial H_{\mathrm{ex},i}} \cdot \frac{H_{\mathrm{pre,ex},i}(s) - H_{\mathrm{act,ex},i}(s)}{1+s}
\end{aligned} \tag{2.2}
$$

式中　　　　　$f_{\mathrm{hd},i}$——第 i 机架针对厚度的前滑修正值；

$k_{\mathrm{hd,en},i}$、$k_{\mathrm{hd,ex},i}$——第 i 机架针对入口和出口厚度的前滑修正控制因子；

$\partial f_i/\partial H_{\mathrm{en},i}$、$\partial f_i/\partial H_{\mathrm{ex},i}$——第 i 机架前滑对第 i 机架厚度的偏微分，$\mathrm{mm^{-1}}$；

$H_{\mathrm{pre,en},i}$、$H_{\mathrm{pre,ex},i}$——第 i 机架入口和出口厚度的预设定值，mm；

$H_{\mathrm{act,en},i}$、$H_{\mathrm{act,ex},i}$——第 i 机架入口和出口厚度的实际值，mm。

基于轧线速度的反馈，计算得出针对速度的前滑修正值如式（2.3）所示。

$$
f_{\mathrm{vd},i} = k_{\mathrm{vd},i} \cdot \frac{\Delta f_{i,\max}}{V_{\mathrm{act,ex},5}} \tag{2.3}
$$

式中　　$f_{\mathrm{vd},i}$——第 i 机架针对速度的前滑修正值；

$k_{\mathrm{vd},i}$——第 i 机架针对速度的前滑修正控制因子；

$\Delta f_{i,\max}$——在最大与最小轧制速度区间内第 i 机架前滑值的最大变化量。

经过 AGC 输出的前滑补偿量附加后，各机架当前的前滑值如式（2.4）所示。

$$
\begin{aligned}
f_{\mathrm{act},1} &= f_{\mathrm{pre},1} + f_{\mathrm{td},1} + f_{\mathrm{hd},1} + f_{\mathrm{vd},1} + f_{\mathrm{ff1,cor},1} + f_{\mathrm{mon1,cor},1} \\
f_{\mathrm{act},2} &= f_{\mathrm{pre},2} + f_{\mathrm{td},2} + f_{\mathrm{hd},2} + f_{\mathrm{vd},2} + f_{\mathrm{mf2,cor},2} \\
f_{\mathrm{act},3} &= f_{\mathrm{pre},3} + f_{\mathrm{td},3} + f_{\mathrm{hd},3} + f_{\mathrm{vd},3} \\
f_{\mathrm{act},4} &= f_{\mathrm{pre},4} + f_{\mathrm{td},4} + f_{\mathrm{hd},4} + f_{\mathrm{vd},4} + f_{\mathrm{mon5,cor},4} \\
f_{\mathrm{act},5} &= f_{\mathrm{pre},5} + f_{\mathrm{td},5} + f_{\mathrm{hd},5} + f_{\mathrm{vd},5} + f_{\mathrm{ff5,cor},5} + f_{\mathrm{mon5,cor},5}
\end{aligned} \tag{2.4}
$$

式中　$f_{\mathrm{act},1},\cdots,f_{\mathrm{act},5}$——1 号~5 号机架当前的前滑值；

$f_{\mathrm{pre},1},\cdots,f_{\mathrm{pre},5}$——1 号~5 号机架前滑预估值；

$f_{\mathrm{td},1},\cdots,f_{\mathrm{td},5}$——1 号~5 号机架针对张力的前滑修正值；

$f_{\mathrm{hd},1},\cdots,f_{\mathrm{hd},5}$——1 号~5 号机架针对厚度的前滑修正值；

$f_{\mathrm{vd},1},\cdots,f_{\mathrm{vd},5}$——1 号~5 号机架针对速度的前滑修正值。

2）速比修正单元

AGC 输出的出口厚度修正量在此单元参与控制，这些出口厚度修正量只是用于实现机架速度修正过程的中间变量，所以，它们并不改变全线秒流量的预设定以及 AGC 的厚度控制基准。此外，相应机架的出口厚度修正量只对下游机架有效。例如：2 号机架的出口厚度修正量只改变1号～2号机架间出口厚度比,并不影响2号～3号机架间出口厚度比。

根据前滑补偿单元的输出,可得第 i 与第 $i-1$ 机架当前的前滑比如式(2.5)所示。

$$R_{\text{slp},i(i-1)} = \frac{1 + f_{\text{act},i}}{1 + f_{\text{act},i-1}}$$ (2.5)

式中 $R_{\text{slp},i(i-1)}$ ——第 i 与第 $i-1$ 机架当前的前滑比;

$f_{\text{act},i-1}$ ——第 $i-1$ 机架当前的前滑值。

经过 AGC 出口厚度修正量控制后,第 i 与第 $i-1$ 机架当前的出口厚度比设定值如式(2.6)所示。

$$R_{\text{ref,hex},i(i-1)} = \frac{H_{\text{pre,ex},i} + H_{\text{agc,cor},i}}{H_{\text{pre,ex},i-1}}$$ (2.6)

式中 $R_{\text{ref,hex},i(i-1)}$ ——第 i 与第 $i-1$ 机架当前的出口厚度比设定值;

$H_{\text{agc,cor},i}$ ——AGC 对第 i 机架出口厚度修正量,mm;

$H_{\text{pre,ex},i-1}$ ——第 $i-1$ 机架出口厚度的预设定值,mm。

基于冷轧过程的金属秒流量恒定原理,并结合式(2.5)和式(2.6),各机架间的当前速度比设定值如式(2.7)所示。

$$R_{\text{ref,sr},12} = R_{\text{slp},12} \cdot \frac{H_{\text{pre,ex},2} + H_{\text{mf2,cor},2}}{H_{\text{pre,ex},1}}$$

$$R_{\text{ref,sr},23} = R_{\text{slp},23} \cdot \frac{H_{\text{pre,ex},3}}{H_{\text{pre,ex},2}}$$

$$R_{\text{ref,sr},34} = R_{\text{slp},34} \cdot \frac{H_{\text{pre,ex},4} + H_{\text{mon5,sheet,cor}} + H_{\text{sfc,cor}}}{H_{\text{pre,ex},3}}$$ (2.7)

$$R_{\text{ref,sr},45} = R_{\text{slp},45} \cdot \frac{H_{\text{pre,ex},5} + H_{\text{mon5,tin,cor}} + H_{\text{ff5,cor},5}}{H_{\text{pre,ex},4}}$$

式中 $R_{\text{ref,sr},12}, \cdots, R_{\text{ref,sr},45}$ ——1号～2号到4号～5号机架间的当前速度比设定值;

$R_{\text{slp},12}, \cdots, R_{\text{slp},45}$ ——1号～2号到4号～5号机架间的当前前滑比;

$H_{\text{pre,ex},1}, \cdots, H_{\text{pre,ex},5}$ ——1号～5号机架出口厚度预设定值,mm。

3)速度设定单元

在对各机架速度进行设定时,以3号机架为中心机架(3号机架速度设定值不变),1号和2号机架采用逆流调速的方式,4号和5号机架采用顺流调速的方式,并结合 AGC 输出的相应机架的转矩补偿量,生成最终的各机架速度设定值,如式(2.8)所示。

$$v_{\text{ref},1} = R_{\text{ref,sr},12} \cdot v_{\text{ref},2} + v_{\text{ff1,cor},1} + v_{\text{mon1,cor},1}$$

$$v_{\text{ref},2} = R_{\text{ref,sr},23} \cdot v_{\text{ref},3} + v_{\text{mf2,cor},2}$$

$$v_{\text{ref},3} = v_{\text{cst},3}$$ (2.8)

$$v_{\text{ref},4} = v_{\text{ref},3} / R_{\text{ref,sr},34} + v_{\text{mon5,cor},4}$$

$$v_{\text{ref},5} = v_{\text{ref},4} / R_{\text{ref,sr},45} + v_{\text{mon5,cor},5} + v_{\text{ff5,cor},5}$$

式中 $v_{\text{ref},1}, \cdots, v_{\text{ref},5}$ ——1号～5号机架的当前速度设定值,mm/s;

$v_{\text{cst},3}$ ——中心机架速度恒定值,mm/s。

3. 自动降速

由于轧机入口的带材来自酸洗出口活套,而酸洗出口的带材速度与酸洗出口活套套量有关:对于当前卷轧制带材,套量越少,轧制速度越慢。所以,轧机主令速度的设定必须考虑酸洗出口活套剩余带材长度。除此之外,影响轧机主令速度的因素还有:

(1)传动设备速度与电流:正常轧制过程中,如果有一个传动设备的速度或者电流达到限幅值,轧机将自动降速;

(2)焊缝位置:焊缝进入轧区后,轧机自动降速到过焊缝速度,稳定后焊缝距离第一机架入口 2~3 m;

(3)带材缺陷位置:酸洗区圆盘剪操作室可以进行带材表面缺陷检查并启动缺陷跟踪,缺陷进入轧区后轧机自动降速,缺陷离开末机架 20 m 后轧机允许升速;

(4)手动干预:轧制状态不稳定或者现场有异常情况发生时,可以对主令速度进行手动干预,此模式的优先级最高。

轧机降速过程需要准确计算自动降速的剩余长度,依据降速所使用的 S 形函数(见图 2.4),剩余长度可以由如下公式计算:

$$L_1 = v_0 T - \frac{1}{6} A T^2 \tag{2.9}$$

$$L_2 = \left[\left(v_0 - \frac{1}{2} A T \right)^2 - \left(v + \frac{1}{2} A T \right)^2 \right] \bigg/ 2A \tag{2.10}$$

$$L_3 = v T + \frac{1}{6} A T^2 \tag{2.11}$$

式中　v_0——初始速度,m/s;

　　　v——目标速度,m/s;

　　　A——S 形斜坡加速度限幅,m/s²;

　　　T——S 形斜坡时间常数。

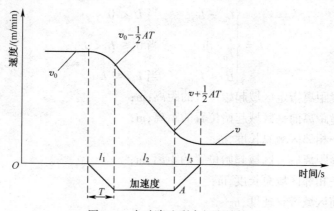

图 2.4　自动降速剩余长度计算

2.1.3　轧区带材跟踪

轧机区域带材跟踪根据功能可以划分为焊缝跟踪、剪切点跟踪和缺陷跟踪。焊缝跟踪是指焊缝位置跟踪,明确焊缝具体位于生产线哪一物理位置,通常采用焊缝检测仪、传动装置实际速度等信息进行运算,跟踪焊缝在生产线上的位置。剪切点跟踪基于焊缝位置与过程控制系统设定的剪切位置对剪切剩余长度进行实时监控,根据当前带材速度计算出剩余剪切时间,并触发剪切准备、穿带准备和自动剪切等控制功能。缺陷跟踪的目的是将酸洗段圆盘剪操作室到轧机出口卷取机上的带材缺陷全部映射到计算机中,主令控制系统可以同时跟踪 4 处缺陷位置,缺陷进入轧机区域触发自动降速,缺陷离开轧机区域触发自动升速。下面以焊缝跟踪为例,讨论如何实现轧机区域的跟踪。

1. 焊缝跟踪分区

轧机区域焊缝跟踪分区是按主机划分的,每个区域都有固定的起始位置和结束位置。某 1 450 mm 冷连轧机组轧机区域的焊缝跟踪分区信息如表 2.3 所示。

表 2.3 焊缝跟踪分区信息

区域号	名称	起始位置/mm	结束位置/mm
1	轧机入口区域	0	38 516
2	1 号~2 号机架之间	38 516	44 016
3	2 号~3 号机架之间	44 016	49 516
4	3 号~4 号机架之间	49 516	55 016
5	4 号~5 号机架之间	55 016	60 516
6	轧机出口区域	60 516	66 316

2. 焊缝位置计算

轧机区域焊缝跟踪有两种状态:焊缝进入轧区和焊缝未进入轧区。在焊缝未进入轧区时,轧机区域焊缝跟踪跟随着酸洗区域的焊缝跟踪,此时焊缝位置对轧机没有影响。随着轧制过程进行,当焊缝到达轧机入口 7 号纠偏辊时,开始轧机区域的焊缝跟踪。对于指定区域焊缝位置计算如式(2.12)所示,计算结果是相对于每个区域起始位置的距离。

$$L = \begin{cases} L_b - L_{bf} & \text{当 } L < 0 \\ \int_0^t v_s \mathrm{d}t & \text{当 } 0 \leq L < L_{nf} \\ L_n + L_{nf} & \text{当 } L_{nf} \leq L \end{cases} \tag{2.12}$$

式中　L——焊缝距离指定区域起始位置的距离,m;

　　　L_b——焊缝距离前一区域起始位置的距离,m;

　　　L_{bf}——前一相邻区域总长度,m;

　　　L_n——焊缝距离后一区域起始位置的距离,m;

　　　L_{nf}——后一相邻区域总长度,m;

　　　v_s——当前区域带材速度,m/s。

3. 焊缝跟踪效果

图 2.5 所示为 1 号机架焊缝跟踪的精度曲线,采样时间为焊缝进入 1 号机架前后 9 s 之间,图中 a 点为依据焊缝跟踪计算的焊缝位置到达 1 号机架,b 点为根据 1 号机架轧制力实际值判断的焊缝到达 1 号机架,a、b 之间的时间差为 0.477 s,距离为 0.35 m;图 2.6 所示为 5 号

机架焊缝跟踪的精度曲线,与图 2.5 为同一条焊缝,图中 e 点为依据焊缝跟踪计算的焊缝位置到达 5 号机架,f 点为根据 5 号机架轧制力实际值判断的焊缝到达 5 号机架,e、f 之间的时间差为 0.475 s,距离为 1.80 m。焊缝跟踪的特征点为冲孔位置,与实际焊缝相距 0.3~0.5 m。本例中来料厚度为 1.8 mm,4 号~5 号机架之间厚度均值约为 0.32 mm,因此,冲孔位置到达 5 号机架时,实际焊缝位置距离 5 号机架理论值为 1.97 m,从而可知,机架间焊缝跟踪误差约为 0.17 m,考虑到来料厚度偏差、机架间带材实际速度偏差与数据采集精度等影响因素,该误差值在允许范围之内。

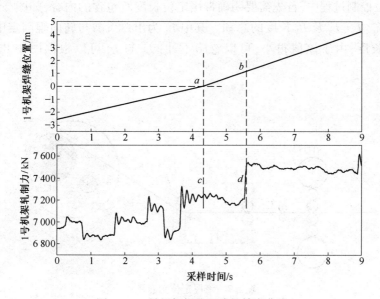

图 2.5　1 号机架焊缝跟踪的精度曲线

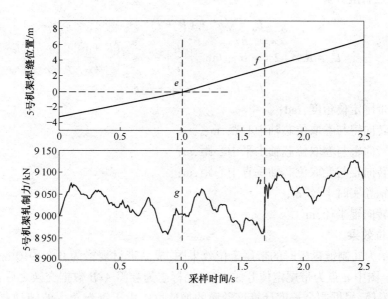

图 2.6　5 号机架焊缝跟踪的精度曲线

2.1.4 带尾自动定位

冷连轧生产过程要求钢卷在卷取机上完成卷取后，钢卷尾部须停留在卷取机一个相对固定的位置上，以便于后续的卸卷工作。适当的带尾定位，有利于打捆机打扎捆带，避免出口卸卷小车卸卷时造成松卷甩尾等现象。带尾定位最重要的控制对象是带尾剩余长度的计算，该长度须根据实时变化的钢卷直径计算。

1. 带尾定位长度组成

在带尾定位控制过程中，首先需要明确带尾定位长度所包含的内容，如图 2.7 所示，带尾定位长度 L 为 L_1、L_2、L_3 及 L_4 长度的总和。其中 L_1 为出口飞剪与转向辊固定中心距；L_2 为转向辊上带材长度，由于该值很小，可以忽略不计；L_3 与 L_4 可以根据图中几何关系计算得到。

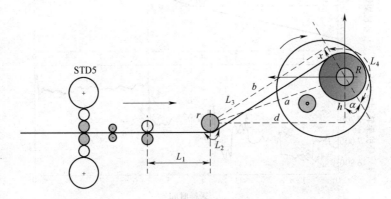

图 2.7　带尾定位示意图

2. 带尾定位长度计算

$$L_3 = \sqrt{a^2 + (R + r)^2} \tag{2.13}$$

$$L_4 = R \times \left(2\pi - \alpha - \tan^{-1}\left(\frac{d}{h}\right) - \cos^{-1}\left(\frac{R + r}{a}\right) \right) \tag{2.14}$$

$$L = L_1 + L_2 + L_3 + L_4 \tag{2.15}$$

式中　α ——带尾定位角度，rad；

　　　a ——转向辊与卷取位芯轴中心距，m；

　　　d ——转向辊与卷取位芯轴水平中心距，m；

　　　h ——转向辊与卷取位芯轴垂直中心距，m；

　　　R ——钢卷实时半径，m；

　　　r ——转向辊半径，m。

3. 带尾定位效果

图 2.8 所示为轧制镀锡板时的带尾定位效果图，成品带材规格为 0.2×910 mm，剪切速度为 220 m/min。图中 a 点为带尾定位开始点，启动标志为卷筒 A/B 数据交换之后，此时卷取位卷筒为非工作卷筒，根据剩余长度计算该卷筒的加速度。由于钢卷较大的转动惯量和定位过程较短的减速时间，要求传动装置有较高的响应速度。图中 b 点为带尾定位结束点，此时的定

位剩余长度为-0.024 m,角度偏差为-1.61°。表 2.4 为不同成品厚度和不同剪切速度下的带尾定位效果,可以看到最终的角度偏差不超过 5°,满足现场工艺性能要求。

表 2.4　带尾定位效果

编号	成品厚度/mm	剪切速度/(m/min)	剩余长度/m	角度偏差/(°)
1	0.20	220	-0.024	-1.61
2	0.23	220	-0.054	-2.52
3	0.30	200	0.004	0.43
4	0.87	240	0.001	0.06
5	0.87	260	0.015	1.01

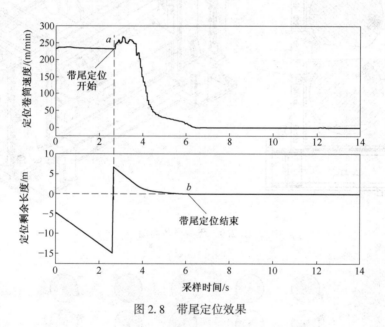

图 2.8　带尾定位效果

2.2　自动剪切控制

飞剪是冷连轧生产线上重要的生产设备之一。飞剪种类繁多,包括摆式飞剪、曲柄式飞剪、滚筒式飞剪等。现代冷连轧生产线多采用滚筒式飞剪。滚筒式飞剪由剪刃、刀夹、剪鼓和固定架组成,剪鼓由上剪鼓和下剪鼓组成,剪鼓装配剪刃,在圆柱滚子轴承上旋转。滚筒式飞剪结构简单,动态平衡性比较高,允许较高的剪切速度,一般用于剪切比较薄的带材产品。其设备简图如图 2.9 所示。

2.2.1　自动剪切控制原理

自动剪切过程基于轧机入口焊缝检测仪修正的焊缝跟踪对剪切位置和飞剪角度进行实时

监控,计算出剪切剩余长度、剪切角度、剪切速度和到达此速度所需的加速度值,其目的是获得良好的剪切精度。飞剪上安装有脉冲编码器和定位接近开关,用于检测和修正飞剪的旋转角度。飞剪调试之前,需要根据上辊刻度盘确认接近开关信号从有到无过程飞剪的旋转角度,同时定义飞剪启动位置为零度角位置,从而确认接近开关的位置和挡铁的位置。飞剪剪切过程包含以下几个步骤:启动—加速—剪切—减速—返回初始位置—停止,在完成这几个步骤过程中飞剪剪刃位置如图 2.10 所示。自动剪切控制原理如图 2.11 所示。

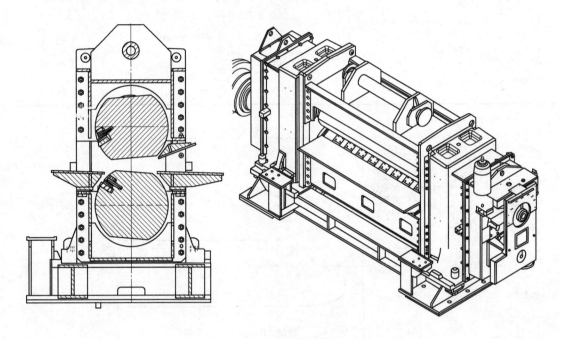

图 2.9　飞剪设备简图

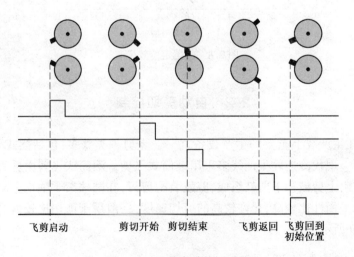

图 2.10　飞剪自动剪切过程

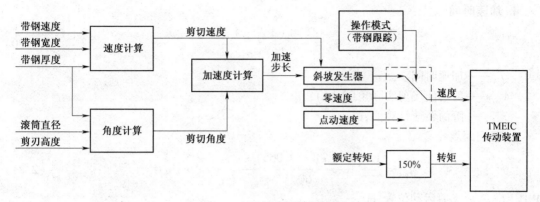

图 2.11　飞剪剪切控制原理

2.2.2　自动剪切参数计算

1. 剪切速度

剪切速度以出口卷取机卷筒的速度为基准,同时与带材的宽度、厚度、飞剪转矩、滚筒半径及剪刃高度有关,计算过程如下:

$$v_{cal} = \frac{1}{1\,000} \times \sqrt{\left(\frac{1\,000 \cdot v_{ex}}{60 \cdot r_{FB}}\right)^2 + \frac{P_{max}}{I}\left(\frac{B \cdot \tan\beta}{1\,000} + \frac{h}{1\,000} \cdot \varepsilon(1-\varepsilon)\right)} \cdot 60 \cdot r_{FB} \quad (2.16)$$

式中　v_{cal}——未经限幅的剪切线速度计算值,m/min;

$\quad\quad v_{ex}$——卷取机卷筒线速度,m/min;

$\quad\quad r_{FB}$——考虑剪刃高度的滚筒半径,mm;

$\quad\quad P_{max}$——传动电机最大功率,kW;

$\quad\quad I$——飞剪的转动惯量,kg·m^2;

$\quad\quad \beta$——常参数,$\beta = 0.001\,5$;

$\quad\quad \varepsilon$——常参数,$\varepsilon = 0.14$。

2. 速度限幅

$$v_{max} = 320 \text{ m/min} \quad (2.17)$$

$$v_{min} = \begin{cases} 200 \text{ m/min} & \text{当 } h < 0.4 \text{ mm} \\ 70 \text{ m/min} & \text{当 } 0.4 \text{ mm} \leqslant h < 1.46 \text{ mm} \\ 210 \text{ m/min} & \text{当 } h > 1.46 \text{ mm} \end{cases} \quad (2.18)$$

式中　v_{max}——飞剪最大速度,m/min;

$\quad\quad v_{min}$——飞剪最小速度,m/min。

3. 剪切角度

$$A_{cut} = 270 + A_{In} - \arccos\left(1 - \frac{h + l_B}{2 \cdot r_{FB}}\right)\frac{360}{2\pi} \quad (2.19)$$

式中　A_{cut}——剪切角度,(°);

$\quad\quad A_{In}$——初始角度,(°);

$\quad\quad l_B$——剪刃高度,mm。

4. 加速时间

$$T_A = \frac{2 \times (A_{cut} - A_{pos})}{360 \cdot r_{cal}} \qquad (2.20)$$

式中 T_A——加速时间,s;

      A_{pos}——剪切前飞剪实际角度,(°);

      r_{cal}——滚筒转速计算值,r/s。

5. 剪切距离

$$l_{cut} = \frac{1\,000 \cdot (T_A + 0.065) \cdot v_{ex}}{60} + r_{FB} \cdot \sin A_{cut} \qquad (2.21)$$

式中 l_{cut}——飞剪启动位置,m。

6. 减速过程

当飞剪到达剪切位置时($A_{act} = A_{cut}$)飞剪开始减速。飞剪速度小于 0.05 r/s 时开始飞剪定位过程,设定速度为 $v_{back} = -0.001\,2 \times (A_{act} - 360)$,上限值为 0.3 r/s,下限值为 0.007 r/s;加速度大小为 1.5 r/s²。当飞剪位置($A_{act} - 360$)小于 1° 时,飞剪以 1.5 r/s² 的加速度减速到零,自动剪切过程结束。

2.2.3 自动剪切控制效果

表 2.5 所示为不同成品厚度下自动剪切的控制效果。从现场采集的 5 组数据可以看出,实际测得的数据与计算结果偏差较小,使用上述计算方法,飞剪剪切精度可以控制在 ±500 mm 以内。虽然该方法在调试阶段需要测量的数据较多,但后期维护较为简单,稳定性高,完全能够满足现场工艺性能要求。

表 2.5 不同成品厚度下自动剪切的控制效果

类别	名称	1	2	3	4	5
钢卷数据	成品厚度/mm	0.38	0.42	0.50	0.98	1.18
	剪切速度/(m/min)	105.41	122.38	152.12	119.82	99.77
	带材宽度/mm	1219	1219	1220	1000	1000
计算结果	剪切角度/(°)	291.56	291.53	291.48	291.15	291.021
	设定速度/(m/min)	200.00	131.50	160.55	127.87	109.44
	设定加速度/(r/s²)	2.211	0.956	1.425	0.905	0.663
	加速时间/s	0.855	1.300	1.065	1.335	1.559
实际值	实际剪切角度/(°)	332.30	302.06	318.81	312.63	304.56
	实际速度/(m/min)	206.57	131.16	161.94	128.83	108.21
	加速时间/s	0.899	1.320	1.119	1.397	1.598

2.3 卷取机控制

卷取机用于将冷轧带材卷取成钢卷,常见的冷轧带材卷取机有实心卷筒式、四棱锥式、八棱锥式、四斜楔式、弓形块式等结构。目前,冷连轧生产线多采用卡罗塞尔卷取机,又称双卷筒旋转式卷取机,它由双卷筒及其传动系统、涨缩机构、转盘及其传动系统组成。卡罗塞尔卷取机以高效、连续的方式卷取带材,该结构设计紧凑,能够节省设备安装空间。

2.3.1 卷取机工作流程

卡罗塞尔卷取机有两个卷筒,在卷取过程中需要更换两个卷筒位置,当一个卷筒进行卷取时,另一个做卷取前的准备。在卷取位上的钢卷到达到预设定卷径时,飞剪前下夹送辊抬起,皮带助卷器升起抱紧助卷位卷筒,与此同时,位于卷取位的压辊压下,出口剪切顺控依据剩余剪切时间启动飞剪剪断带材。随后,卸卷小车进入卸卷位置并托住钢卷,压辊抬起,卷取位外支撑缩回,卷筒缩径机构动作使卷筒缩径。以上动作结束后,卸卷小车开始卸卷,此时助卷位卷筒正常卷取并做好旋转准备。转盘旋转顺控流程如图 2.12 所示。转盘顺时针旋转 180°(与轧制方向有关),穿带位卷筒定位到卷取位并高速卷取,原卷取位卷筒同时定位到穿带位进行穿带准备。当机组完成分卷后卷取位卷筒完成卸卷,同时穿带位卷筒完成穿带,转盘再次顺时针旋转 180°,完成卷筒定位,达到连续轧制生产目的。在顺控执行过程中,当任一步条件不具备时,将终止整个顺控。

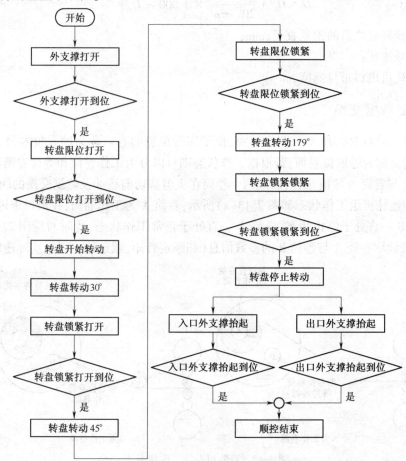

图 2.12 转盘旋转顺控流程

2.3.2 瞬时卷径计算

钢卷直径的变化直接影响带材张力、转动惯量和动态转矩变化,通过卷筒电机上配置的测速编码器可以实时准确地测量电机转速,在卷取过程中,钢卷每旋转一周,则直径相应增加 $2h$,所以:

$$D_c = D_0 + \frac{2hnT_c}{60 \times R_i} \tag{2.22}$$

式中 D_c——根据卷筒转速计算的钢卷瞬时直径,mm;

  D_0——卷筒初始直径,mm;

  n——卷筒电机实时转速,r/min;

  T_c——采样周期,s。

钢卷直径的计算精度直接影响后续的卸卷顺控与带材表面检查,为了保证卷径的准确计算,需要对上述计算值进行修正,修正之后的卷径如式(2.23)所示。现场实际测量表明,经修正后的卷径精度可以控制在±5 mm 之内。

$$D = D_c + \frac{T_c}{20}\left(\frac{60iv_x}{\pi n} \times 1\,000 - D_c\right) \tag{2.23}$$

式中 D——经补偿之后的钢卷直径,mm;

  i——减速比;

  v_x——轧机出口带材速度,m/s。

2.3.3 卷筒数据交换

轧机出口区域卷取机有 A、B 两个卷筒,位于穿带位置的卷筒称为助卷位卷筒,位于高速运行位置的卷筒称为卷取位卷筒,若根据工作状态则可以分为工作卷筒和等待卷筒,正常轧制过程中卷筒 A 与卷筒 B 轮流工作,因此两个卷筒在飞剪剪切前后涉及数据交换的问题。

假设此刻连轧机组工作状态如图 2.13(a)所示,卷筒 A 为工作卷筒,在出口未进行穿带准备之前,卷筒 B 一直处于停止状态,卷筒 A 一直处于正常工作状态,此时对应图 2.14 中的状态 1,主令系统读取卷筒 A 与卷筒 B 的参数信息(如额定转矩、减速比、直径、实际速度、实际转

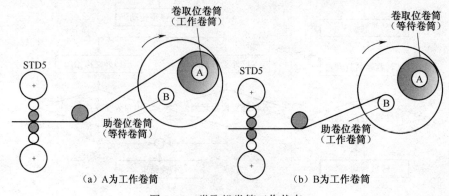

（a）A为工作卷筒   （b）B为工作卷筒

图 2.13　卷取机卷筒工作状态

矩等),根据这些信息计算速度、转矩、传动负荷补偿等设定值,之后发送给相应卷筒;带材剪切之后,卷筒 A 与卷筒 B 之间进行数据交换,此时对应图 2.14 中的状态 2,主令系统读取卷筒 A 与卷筒 B 的额定参数与实际值,并计算出此时的速度、转矩等设定值,但是计算出的设定值并不发送给相应的卷筒,等待两个循环周期后切换到状态 3,此时的工作状态如图 2.13(b)所示,带材穿带至助卷位芯轴,此时卷筒 B 为工作卷筒,卷筒 A 根据带尾剩余长度开始带尾定位。在一些特殊情况下,主令系统会根据当前状态自动进行数据交换,例如:如果两个卷筒都没有钢卷,即卷径为初始卷

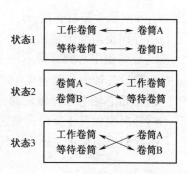

图 2.14 卷筒数据交换过程

径,则工作卷筒应该位于助卷位,否则需要进行数据交换;如果只有一个卷筒上有钢卷,则该卷筒应该是工作卷筒。

2.3.4 转盘旋转补偿

卷取机转盘补偿原理如图 2.15 所示。转盘旋转时需要附加额外的转动惯量,该补偿只用于芯轴的控制过程。需要计算卷取长度和额外的惯性补偿量,将补偿转矩转换为穿带位置芯轴相对于轮盘中心角度的变化量,通过下面的公式推导可以准确求出转矩补偿量。

$$Q_{rot} = J_{act} \times \frac{d\omega}{dt} = J_{act} \times \frac{2R_i}{D_c} \times \frac{dv_r}{dt} \qquad (2.24)$$

式中 Q_{rot} ——转盘旋转过程卷筒转矩补偿量,mm;

J_{act} ——卷筒实际转动惯量,kg·m²;

v_r ——卷取速度,m/min。

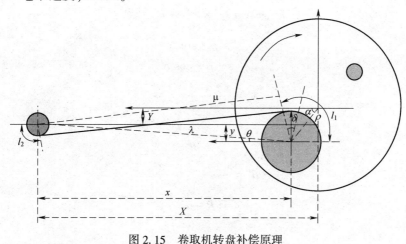

图 2.15 卷取机转盘补偿原理

图 2.15 所标注的参数含义如下所示:

(X,Y):导向辊相对于轮盘中心的位置坐标;

(x,y):导向辊相对于助卷位置芯轴中心的位置坐标;

l_1:穿带芯轴上带材长度,m;

l_2：导向辊上带材长度，m；

μ：导向辊与穿带芯轴之间带材的长度，m；

λ：导向辊中心到穿带芯轴中心的距离，m；

ρ：穿带芯轴中心到轮盘中心的距离，m；

α：穿带芯轴上带材覆盖部分的角度；

θ：导向辊相对于穿带位置芯轴的角度；

δ：导向辊与穿带芯轴中心线与带材在芯轴上切线的夹角。

$$\frac{\mathrm{d}v}{\mathrm{d}t} = \frac{\mathrm{d}^2 l}{\mathrm{d}t^2} = l'' \left(\frac{\mathrm{d}\alpha}{\mathrm{d}t} \right) + L' \frac{\mathrm{d}^2 \alpha}{\mathrm{d}t^2} \tag{2.25}$$

$$x = X - \rho \cdot \cos \alpha \tag{2.26}$$

$$y = Y - \rho \cdot \sin \alpha \tag{2.27}$$

$$\mu^2 = \lambda^2 - (D + d)^2 \tag{2.28}$$

$$\mu = \sqrt{\lambda^2 - (D + d)^2} \tag{2.29}$$

$$\theta = A\tan \left(\frac{y}{x} \right) \tag{2.30}$$

$$\delta = A\tan \left(\frac{D + d}{\mu} \right) \tag{2.31}$$

$$l = \mu + l_1 + l_2 = \mu + (D + d)(\delta - \theta) + \mathrm{cst} \tag{2.32}$$

$$l_1 = \left(\frac{\pi}{2} + \delta - \theta \right) \times D \tag{2.33}$$

$$l_2 = \left(\frac{\pi}{2} + \delta - \theta \right) \times d \tag{2.34}$$

$$\mathrm{cst} = \frac{\pi}{2} \times (D + d) \tag{2.35}$$

$$x' = \rho \cdot \sin \alpha \tag{2.36}$$

$$y' = -\rho \cdot \cos \alpha \tag{2.37}$$

$$\lambda' = \frac{x \cdot x' + y \cdot y'}{\lambda} \tag{2.38}$$

$$\mu' = \frac{(x \cdot x' + y \cdot y')}{\mu} \tag{2.39}$$

$$\theta' = \frac{x \cdot y' - y \cdot x'}{\lambda^2} \tag{2.40}$$

$$\delta' = -\frac{(R + r) \cdot \mu'}{\lambda^2} \tag{2.41}$$

$$l' = [\mu' + (R + r)(\delta' - \theta')] \tag{2.42}$$

$$\mu'' = \frac{\mu \cdot (x'^2 + x \cdot x'' + y'^2 + y \cdot y'') - (x \cdot x' + y \cdot y') \cdot \mu'}{\mu^2} \tag{2.43}$$

$$\theta'' = \frac{\lambda \cdot (x \cdot y'' - y \cdot x'') - 2 \cdot \lambda' \cdot (x \cdot y' - y \cdot x')}{\lambda^3} \tag{2.44}$$

$$\delta'' = - (R + r) \times \frac{\lambda^2 \times \mu'' - 2 \cdot \lambda \cdot \lambda' \cdot \mu'}{\lambda^4} \tag{2.45}$$

$$L'' = \mu'' + (R + r)(\delta'' - \theta'') \tag{2.46}$$

2.4　动态变规格

动态变规格(flying gauge change,FGC)是指在轧制过程中进行带材的规格变化,即在连轧机组不停机的条件下,通过对辊缝、速度、张力等参数的动态调整,实现相邻两卷带材的钢种、厚度、宽度等规格的变换。动态变规格流程如图 2.16 所示。

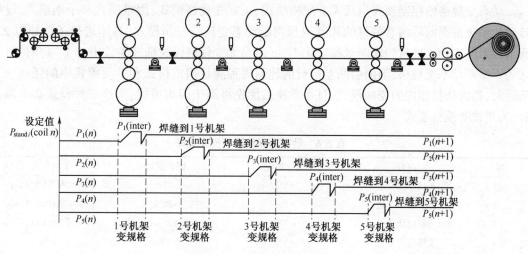

图 2.16　动态变规格流程

动态变规格可以将不同规格的原料带材轧成同种规格的成品带材,也可将不同规格的原料带材轧成不同规格的成品带材,还可将同规格带材分卷轧成不同规格的成品带材。动态变规格复杂之处在于短时间内调整辊缝和辊速,从而由当前卷轧制规程切换到下一卷轧制规程,必须按照一定的规律进行,否则带材的厚度、张力将发生较大的波动。

2.4.1　调节方法

动态规格变换过程中,为确保前带材和后带材均能够依照设定的参数值进行稳定轧制,要控制各个机架之间的秒流量相等。所以,在调节变规格机架速度和辊缝值的同时,对下游或者上游机架也需要级联调节。依照轧机焊缝沿着轧制线的移动次序,有"顺流调节"和"逆流调节"两种控制策略。当前,大多数冷连轧机组在动态规格变换时应用的是逆流调节法。

逆流调节指的是在轧机焊缝来到某一机架时,除了改变此机架的速度和辊缝以使前面各个机架保持旧带材的规程以外,还要逆着轧制线改变后面各机架的轧辊速度值和辊缝值,使其过渡为新带材的规程。在变规格点到 1 号机架时,改变 1 号机架辊缝和速度值以保持 1 号机架和 2 号机架之间的张力值不变,从而使前一卷带材保持稳定轧制;在变规格点到 2 号机架时,在改变 2 号机架的轧辊速度和辊缝值,同时确保 2 号机架和 3 号机架之间的张力不发生改变,这时要按照秒流量恒定的原则和确保 1 号机架和 2 号机架之间后一卷带材的轧制规程设定张力来改变 1 号机架的速度和辊缝值;在变规格点到 3 号机架时,改变 3 号机架的轧辊速度和辊缝值,同时变更 2 号机架的速度和辊缝值还有 1 号机架的速度值。依此类推,在轧机焊缝离开末机架时,连轧机便实现了两条带材轧制规程的全部改变。

逆流调节的优点是:

(1)能够确保前面各个机架依照前带材的轧制规程进行稳定地轧制;

(2)由于是逆着轧制线对各个机架的速度和辊缝值进行变更,所以降低了对速度调节和压下系统的快速性要求。

2.4.2 控制模式

动态变规格的控制模式包括无变规格模式、正常变规格模式、困难模式和手动模式,过程自动化系统根据前后两卷带材的轧制规程判断动态变规格控制模式,具体选择条件如表 2.6 所示。当前后两卷带材的轧制规程变化不大(满足无变规格模式选择条件中的 1~4)时,可以认为不需要动态变规格;当前后两卷带材的轧制规程满足困难模式和手动模式中的任何一个条件时,都将选择相应的控制模式,且手动模式优先级高于困难模式;当这三种模式都不满足时,为正常变规格模式。

表 2.6 动态变规格控制模式选择

编号	内容	无变规格模式	困难模式	手动模式
1	入口厚度变化	<5%	>17%	>25%或者>0.8 mm
2	出口厚度变化	<1%	>20%	>55%或者>0.5 mm
3	宽度变化	<5%	>100 mm	>200 mm
4	变形抗力变化	<5%	>20%	>25%
5	控制方式变化			压下模式变为平整模式

2.4.3 参数计算

1. 楔形区长度计算

动态变规格过程必然存在一个楔形区,如图 2.17 所示。楔形区是在第 1 机架产生的,随延伸率增大而增加,最长不能超过两个机架之间的距离,否则将会有两个机架同时变规格,使张力的控制更加困难。各机架楔形区长度为:

$$L_{\text{wedge},i} = L_{\text{wedge},1} \cdot \frac{h_1}{h_i} \tag{2.47}$$

$$L_{\text{wedge},1} = L_{\text{before}} + L_{\text{tolerance},1} + L_{\text{after}} + L_{\text{tolerance},2} \tag{2.48}$$

式中 $L_{\text{wedge},i}$——第 i 机架楔形区长度,m;

$L_{\text{wedge},1}$——第 1 机架楔形区长度,m;

h_i——第 i 机架出口厚度,mm;

L_{before}——过程自动化设定的变规格起始点与焊缝之间的距离,m;

$L_{\text{tolerance}}$——焊缝前后楔形区长度修正量,m;

L_{after}——过程自动化设定的变规格结束点与焊缝之间的距离,m。

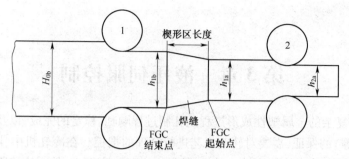

图 2.17　动态变规格流程

动态变规格楔形区内的带材厚度是不在厚度偏差范围之内的,所以需要保证楔形区内的带材长度尽可能得短,以减少带材头尾部厚度超差所造成的损失。在保证厚度不发生跳跃的情况下,通常取 1 号机架楔形区长度 0.5 m,同时保证 4 号~5 号机架间楔形区长度不超过两机架之间的距离。

2. 特征点跟踪

变规格特征点包括变规格起始点和变规格结束点,变规格起始点的位置反映的是焊缝在楔形区中的位置,通常将焊缝设置在楔形的中间位置。为了使各机架动态变规格的控制都从楔形区的起始点开始且在楔形区结束点结束,需要通过焊缝跟踪来实时跟踪楔形区的位置。以 1 号机架为例,$\alpha_1 > 0$ 说明本机架变规格开始,$\alpha_1 \geqslant 1$ 且 $\alpha_2 > 1$ 说明焊缝经过本机架,$\alpha_2 < 0$ 说明本机架变规格结束。

$$\alpha_1 = (L_{\text{weld},1} + L_{\text{before}} + L_{\text{tolerance},1})/L_{\text{before}} \tag{2.49}$$

$$\alpha_2 = (L_{\text{after}} - L_{\text{weld},1} + L_{\text{tolerance},2})/L_{\text{after}} \tag{2.50}$$

式中　α_1——焊缝前变规格斜坡;

$\quad\quad\alpha_2$——焊缝后变规格斜坡;

$\quad\quad L_{\text{weld},1}$——焊缝到 1 号机架的距离,m。

3. 设定值计算

楔形区是通过负载辊缝调节在 1 号机架中产生的,由 2 号~5 号机架再按时启动和停止压下来维持,同时调节速度来控制机架之间的张力不变,各机架的辊缝位置、轧辊速度和机架间张力从当前卷带材设定值逐架向下一卷带材设定值逐步转变。转变过程的设定值计算如下:

$$P_{R1} = P_{F1} + (1 - \alpha)(P_{(i)} - P_{F1}) \tag{2.51}$$

$$P_{R2} = P_{F2} + \alpha(P_{(n+1)} - P_{F2}) \tag{2.52}$$

$$\alpha = \alpha_1 + \alpha_2 \tag{2.53}$$

$$P_{(i)} = (P_{(n)} + P_{(n+1)})/2 \tag{2.54}$$

式中　P_{R1}——焊缝在机架前变规格设定值;

$\quad\quad P_{R2}$——焊缝在机架后变规格设定值;

$\quad\quad P_{F1}$——变规格开始时实际反馈值;

$\quad\quad P_{F2}$——焊缝到达机架时实际反馈值;

$\quad\quad P_{(i)}$——变规格设定中间值;

$\quad\quad P_{(n)}$——当前卷带材设定值;

$\quad\quad P_{(n+1)}$——下一卷带材设定值。

第3章 液压伺服控制

冷轧是一个复杂的金属塑性成形过程。轧制过程顺利、稳定的完成,以及轧制成品尺寸精度(厚度和板形等)的保证,需要对轧制工艺进行合理的把控。在冷轧机中,除了电机驱动外,其他几乎所有的设备均由液压驱动。其中,轧制力、辊缝、弯辊力、轧辊横移距离等关键轧制工艺参数均由液压伺服控制系统实现。因此,高性能的液压伺服控制系统是获得良好冷轧产品的保证。冷轧机中,液压伺服控制技术包括液压辊缝控制(hydraulic gap control,HGC)技术、液压弯辊控制(roll bending,RB)技术、液压轧辊横移控制(roll shifting,RS)技术以及伺服补偿控制技术,本章将针对上述液压伺服控制技术进行详细介绍。

3.1 液压辊缝控制

3.1.1 设备情况

液压辊缝控制系统由执行机构和控制系统组成,执行机构包括液压缸及其控制元件等。

一般来说,液压辊缝控制系统执行机构的液压缸有两个,安装后分别靠近轧机的操作侧和传动侧,在工作时,液压缸的活塞杆伸出后分别压在支撑辊的操作侧和传动侧轴承座上,以控制工作辊辊缝及产生轧制力。液压缸固定在牌坊窗口底部或顶部,根据液压缸安装位置不同,液压缸的活塞杆在作用于轧辊后产生轧制力时的伸出方向也不同,置于牌坊底部的配置形式称为液压压上,置于牌坊顶部的配置形式称为液压压下。

液压缸控制元件包括伺服阀和传感器等。伺服阀用于控制进入液压缸的液压油流量,然后通过液压缸及机架内的有关机构来控制上辊系的上下移动。传感器包括位置传感器和压力传感器。位置传感器用于实时测量液压缸活塞杆伸出的长度,压力传感器用于实时测量液压缸各腔内压力。

表 3.1 所示为某冷轧机的液压辊缝控制系统设备参数。

表 3.1 液压辊缝控制系统设备参数

名　称	参　数
液压缸	
活塞直径	ϕ800/640 mm
最大工作压力	25 MPa
有杆腔压力	正常操作:3 MPa;快泄操作:7 MPa
速度	3 mm/s(蓄能器作用下)
单缸最大轧制力	10 000 kN
行程	245 mm

名　称	参　数
位置传感器	
型号	Sony 磁尺
行程	245 mm
分辨率	1 μm
线性度	±3 μm
重复性	±1 μm
压力传感器	
型号	HYDAC
测量范围	0~35 MPa
分辨率	全行程 0.1%
线性度	±0.2%
重复性	±0.2%
伺服阀	
型式	2 级伺服阀
先导压力	18 MPa
额定流量	95 L/min

3.1.2　辊缝/轧制力测量

1. 辊缝测量

轧机操作侧和传动侧的 HGC 液压缸内均安装有一个位置传感器,用于测量液压缸的位置。该数字传感器根据液压缸位置的变化产生脉冲信号送入控制系统,为了精确地测量液压缸位置,对于该数字传感器的精度有严格要求,测量的分辨率至少为 1 μm。测量得到的两侧 HGC 液压缸实际位置值需要与辊缝处于零位时两侧 HGC 液压缸的位置值比较,换算当前实际两侧辊缝值。辊缝处于零位时两侧 HGC 液压缸的位置值需要在辊缝零位标定时进行测量,测量方法在后面小节进行介绍。

操作侧和传动侧辊缝值通过式(3.1)和式(3.2)计算。

$$S_{os,gap} = S_{act,os,sds} - S_{os,zero} \tag{3.1}$$

$$S_{ds,gap} = S_{act,ds,sds} - S_{ds,zero} \tag{3.2}$$

式中　$S_{os,gap}$——轧机操作侧辊缝值,mm;

$S_{ds,gap}$——轧机传动侧辊缝值,mm;

$S_{act,os,sds}$——操作侧 HGC 液压缸的位置测量值,mm;

$S_{act,ds,sds}$——传动侧 HGC 液压缸的位置测量值,mm;

$S_{os,zero}$——操作侧辊缝处于零位时 HGC 液压缸的位置值,mm;

$S_{ds,zero}$——传动侧辊缝处于零位时 HGC 液压缸的位置值,mm。

实际辊缝以两侧辊缝的平均值衡量,通过式(3.3)计算得出。

$$S_{gap} = \frac{S_{os,gap} + S_{ds,gap}}{2} \tag{3.3}$$

式中　S_{gap}——轧机的实际辊缝,mm。

辊缝倾斜值以两侧辊缝之间的差值进行衡量,通过式(3.4)计算得出。

$$S_{gap,tilt} = S_{ds,gap} - S_{os,gap} \tag{3.4}$$

式中　$S_{gap,tilt}$——为轧机的辊缝倾斜值,mm。

2. 轧制力测量

考虑到成本因素,只有少部分高配置的冷轧机组安装了压头用以直接测量轧机的轧制力,而大部分冷轧机的轧制力是通过安装在液压缸上的油压传感器间接测量得到的。轧机 HGC 液压缸提供的压下力在数值上等于液压压力乘以液压缸工作面积,任一侧 HGC 液压缸的压下力如式(3.5)所示。

$$F_{act,hyd,sds} = \pi \cdot \left(\frac{d_{pis,sds}}{2}\right)^2 \cdot P_{pis,sds} - \left[\pi \cdot \left(\frac{d_{pis,sds}}{2}\right)^2 - \pi \cdot \left(\frac{d_{rod,sds}}{2}\right)^2\right] \cdot P_{rod,sds}$$
$$= \frac{\pi}{4} \cdot \left[d_{pis,sds}^2 \cdot (P_{pis,sds} - P_{rod,sds}) + d_{rod,sds}^2 \cdot P_{rod,sds}\right] \tag{3.5}$$

式中　$F_{act,hyd,sds}$——单侧 HGC 液压缸产生的压下力,kN;

　　　$d_{pis,sds}$——HGC 液压缸无杆腔直径,mm;

　　　$P_{pis,sds}$——HGC 液压缸无杆腔压力,MPa;

　　　$d_{rod,sds}$——HGC 液压缸杆腔直径,mm;

　　　$P_{rod,sds}$——HGC 液压缸杆腔压力,MPa;

　　　π——圆周率。

然而,HGC 液压缸产生的压下力并不是全部作用于轧辊之间的轧件上,需要综合考虑辊身质量、工作辊弯辊力及中间辊弯辊力等干扰因素,最终得出作用于轧件的净轧制力。

作用于轧件的总净轧制力如式(3.6)所示。

$$F_{act,r} = F_{act,os,hyd,sds} + F_{act,ds,hyd,sds} - F_{tare,sds} - F_{act,wrb}/2 - F_{act,irb}/2 \tag{3.6}$$

式中　$F_{act,r}$——总的净轧制力,kN;

　　　$F_{act,os,hyd,sds}$——操作侧 HGC 液压缸产生的压下力,kN;

　　　$F_{act,ds,hyd,sds}$——传动侧 HGC 液压缸产生的压下力,kN;

　　　$F_{act,wrb}$——实际工作辊弯辊力,kN;

　　　$F_{act,irb}$——实际中间辊弯辊力,kN。

其中,当采用液压压上形式时,$F_{tare,sds}$为下辊系的辊身质量,kN;当采用液压压下形式时,$F_{tare,sds}$为上辊系的平衡力,kN。

3.1.3　控制原理

HGC 系统设计有两种控制模式,分别是位置控制模式和轧制力控制模式。位置控制模式是对 HGC 液压缸的位置进行高精度高响应的闭环控制,由于辊缝的大小取决于活塞杆的位置,所以位置控制即是辊缝控制。此控制模式一般用于辊缝预设定的精确定位以及在线轧制时辊缝的动态调整。轧制力控制模式是对作用于轧件的轧制力进行精确的闭环控制,此控制模式一般用于辊缝零位标定以及轧机刚度测试等功能。

HGC 工作时的基本原理:将基准值(由预设定基准、AGC 调节量、附加补偿和手动干预给出)与传感器反馈值相比较,所得的偏差信号与一个和液压缸负载油压相关的可变增益系数相乘后送入 PID 调节器,PID 调节器的输出值作为伺服放大器的输入值,通过伺服放大器驱动伺服阀,控制液压缸进出油液使活塞杆上下移动或输出压力增减以消除该误差。

绝大多数情况下,HGC 液压缸有两个,分别是操作侧 HGC 液压缸和传动侧 HGC 液压缸,在轧制过程中,需要这两个液压缸协同动作以完成对辊缝、轧制力和辊缝倾斜量的控制。最常见的控制方式为,对单侧液压缸设置独立的控制闭环,每个控制闭环具有单独的控制器对单侧的位置或轧制力进行控制,辊缝倾斜是通过对单侧闭环设定值的附加来实现的,这种控制方式称为单侧控制方式。另一种控制方式为,控制闭环对两侧液压缸的位置或轧制力进行协同控制,在控制闭环内,除了设置一个位置/轧制力控制器外,还设置一个辊缝倾斜控制器,给定至两侧伺服阀的控制信号由这两个控制器输出信号叠加后决定,这种控制方式称为协同控制方式。

1. 单侧控制方式

单侧控制方式的位置和轧制力控制模式的工作原理如下所示。

1)位置闭环控制

位置闭环控制是基于液压缸设定位置与实际反馈位置的差值信号控制伺服阀输出。位置闭环控制原理如图 3.1 所示。输出信号经伺服放大器转化为伺服阀的控制电流,驱动液压缸消除位置偏差,伺服阀控制电流如式(3.7)所示。

$$I_{\text{servo}} = k_{\text{gain}} \cdot k_{\text{pos}} \cdot (S_{\text{ref}} - S_{\text{act}}) + I_{\text{zero}} + I_{\text{flutter}} \tag{3.7}$$

式中　I_{servo}——伺服阀控制电流,A;

　　　k_{gain}——伺服阀变增益系数;

　　　k_{pos}——位置控制器调节因子;

　　　S_{ref}——叠加倾斜后的位置设定值,mm;

　　　S_{act}——液压缸位置实际值,mm;

　　　I_{zero}——伺服阀零偏补偿,A;

　　　I_{flutter}——伺服阀颤振补偿,A。

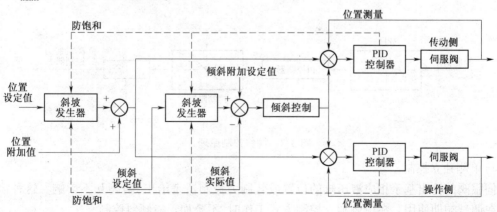

图 3.1　位置控制闭环原理

2）轧制力闭环控制

与位置闭环控制相似,轧制力闭环控制是将实际的轧制力控制在轧制力设定值附近,保证控制后的轧制力与给定的轧制力之间的偏差在允许范围内。轧制力闭环控制器的原理如图 3.2 所示。

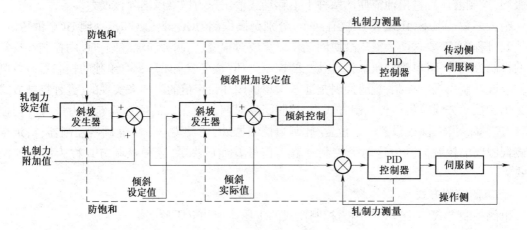

图 3.2　轧制力控制器原理

在轧制力闭环控制方式中,轧制力设定值经过一个设定值斜坡发生器与倾斜控制器输出值叠加,二者之和作为轧制力设定值,再与实际的轧制力值进行比较,得出的偏差信号送入轧制力控制器。控制器输出值经过伺服阀零偏补偿以及信号转换后分别驱动轧机两侧伺服阀,完成对轧制力的闭环控制。

3）倾斜控制

辊缝倾斜控制是指轧机传动侧与操作侧之间位置偏差的控制。在辊缝倾斜控制中,传动侧与操作侧实际位置的差值作为反馈信号,与给定倾斜量比较后送入倾斜控制器,倾斜动作以轧辊中心为轴,倾斜控制器的输出平均分配到两侧的液压缸,即一侧增加且另一侧减少。倾斜控制器输出附加在位置控制器或轧制力控制器设定值上。压下过程中倾斜控制器将一直被触发,只当轧机工作在单侧位置控制和单侧轧制力控制方式时被屏蔽。倾斜控制原理如图 3.3 所示。

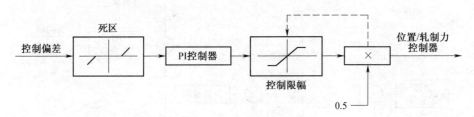

图 3.3　倾斜控制原理

4）单侧独立控制

伺服阀的输出基于相应液压缸的位置或轧制力控制器来给出,两侧互不影响。这种模式主要在调试初期使用。在单侧独立控制方式工作时,不叠加辊缝倾斜控制。

2. 协同控制方式

此方式的控制原理如图 3.4 所示。在此方式下,设置了 S/F 控制器,该控制器根据位置/轧制力选择单元实现对位置控制和轧制力控制的无扰切换。针对辊缝倾斜控制量,单独设置了倾斜控制器。S/F 控制器针对当前实际位置或轧制力与设定值之间的偏差进行控制,倾斜控制器针对当前辊缝倾斜量与倾斜设定值之间的偏差进行控制,两个控制器输出量相加后作为 OS 侧伺服阀的开口度控制信号,相减后作为 DS 侧伺服阀的开口度控制信号,两侧开口度控制信号经过各种补偿控制后,输出至伺服阀,改变伺服阀开口度,驱动 HGC 液压缸。

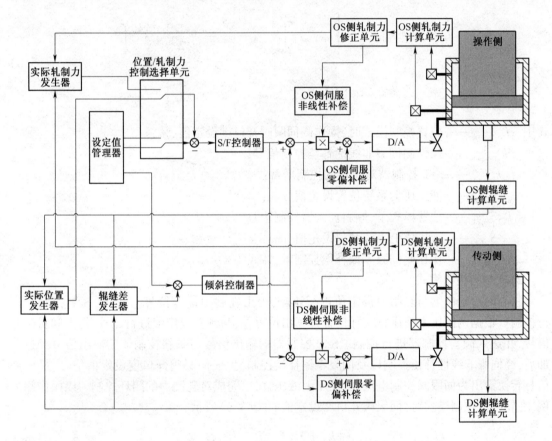

图 3.4　HGC 协同控制方式下控制原理

1) 位置控制模式

在位置控制模式下,S/F 控制器对两侧压上液压缸的平均位置进行控制,倾斜控制器对两侧压上液压缸的位置差进行控制。考虑到伺服阀的非线性特点,对控制器的控制增益进行了相应补偿控制。为了消除由于伺服阀零点偏移导致的系统静动态性能降低,还设置了伺服零偏补偿控制功能。

位置控制模式的控制对象为活塞杆的位置。活塞杆的位置由位置传感器检测,位置传感器安装于压上液压缸的内部,即将磁尺本体固定在液压缸活塞内,磁环固定在液压缸本体上,这样在活塞动作时磁尺就能够测量得到液压缸的相对位移,从而检测出当前活塞杆所处的位置。

在位置控制模式下,根据两侧压上液压缸实际位置计算出平均位置,并与位置设定值进行比较,得出位置偏差信号,然后送入 S/F 控制器进行控制。同时,根据两侧压上液压缸实际位置计算出位置差,并与倾斜设定值进行比较,得出倾斜偏差信号,然后送入倾斜控制器进行控制。S/F 控制器的输出信号与倾斜控制器的输出信号经过叠加后,经伺服非线性补偿控制以及伺服零偏补偿控制,生成伺服阀开口度设定值信号,最后经信号转换输出为伺服阀控制电流,驱动压上液压缸,以完成对位置的闭环控制。以操作侧为例,在位置控制模式时,伺服阀开口度设定值如式(3.8)所示。

$$
\begin{aligned}
I_{\mathrm{pos,os,sds}} = k_{\mathrm{nl,os,sds}} \cdot \bigg[& k_{\mathrm{pos,sds}} \cdot \bigg(S_{\mathrm{ref,sds}} - \frac{S_{\mathrm{act,os,sds}} + S_{\mathrm{act,ds,sds}}}{2} \bigg) + \\
& k_{\mathrm{til,pos,sds}} \cdot (S_{\mathrm{ref,til}} - S_{\mathrm{act,ds,sds}} + S_{\mathrm{act,os,sds}}) \bigg] + I_{\mathrm{zo,os,sds}}
\end{aligned}
\tag{3.8}
$$

式中　$I_{\mathrm{pos,os,sds}}$——位置控制模式时,操作侧伺服阀开口度设定值,%;

　　　$k_{\mathrm{nl,os,sds}}$——操作侧伺服非线性补偿控制信号;

　　　$k_{\mathrm{pos,sds}}$——S/F 控制器对位置的控制增益;

　　　$S_{\mathrm{ref,sds}}$——液压压上系统位置设定值,mm;

　　　$k_{\mathrm{til,pos,sds}}$——位置模式下,倾斜控制器控制增益;

　　　$S_{\mathrm{ref,til}}$——液压压上系统倾斜设定值,mm;

　　　$I_{\mathrm{zo,os,sds}}$——操作侧伺服零偏补偿控制量,%。

2)轧制力控制模式

将总的净轧制力与轧制力设定值进行比较,得出轧制力偏差信号,并送入 S/F 控制器进行控制。根据两侧压上液压缸实际位置计算出位置差,与倾斜设定值进行比较,得出倾斜偏差信号,并送入倾斜控制器进行控制。S/F 控制器的输出信号与倾斜控制器的输出信号经过叠加后,经伺服非线性补偿控制以及伺服零偏补偿控制,生成伺服阀开口度设定值信号,最后经信号转换输出为伺服阀控制电流,驱动压上液压缸,以完成对轧制力的闭环控制。以操作侧为例,在轧制力控制模式时,伺服阀开口度设定值如式(3.9)所示。

$$
\begin{aligned}
I_{\mathrm{rf,os,sds}} = k_{\mathrm{nl,os,sds}} \cdot \big[& k_{\mathrm{rf,sds}} \cdot (F_{\mathrm{ref,sds}} - F_{\mathrm{act,r}}) + \\
& k_{\mathrm{til,rf,sds}} \cdot (S_{\mathrm{ref,til}} - S_{\mathrm{act,ds,sds}} + S_{\mathrm{act,os,sds}}) \big] + I_{\mathrm{zo,os,sds}}
\end{aligned}
\tag{3.9}
$$

式中　$I_{\mathrm{rf,os,sds}}$——轧制力控制模式时,操作侧伺服阀开口度设定值,%;

　　　$k_{\mathrm{rf,sds}}$——S/F 控制器相对于轧制力的控制增益;

　　　$F_{\mathrm{ref,sds}}$——液压压上系统轧制力设定值,kN;

　　　$k_{\mathrm{til,rf,sds}}$——轧制力控制模式时,倾斜控制器控制增益。

3)单侧独立控制模式

为了便于调试和维护时单侧液压缸在无负载情况下进行单独动作,系统设置了单侧独立控制模式,即对操作侧和传动侧的位置或轧制力单独进行控制,其控制框图如图 3.5 所示。该模式的控制原理与位置控制模式(轧制力控制模式)基本相似,这里不再赘述。

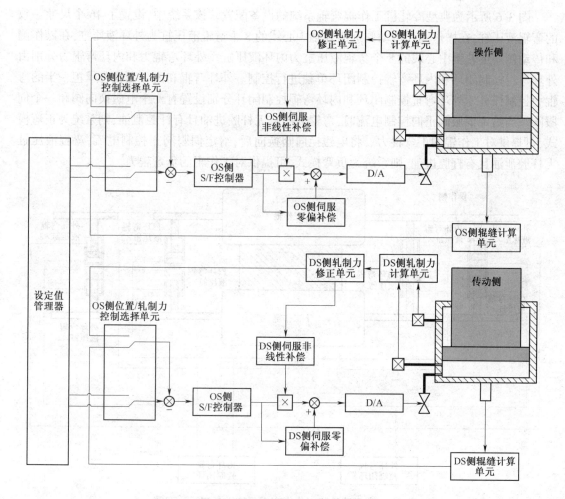

图 3.5 单侧独立控制模式的原理

3.2 液压弯辊控制

3.2.1 设备情况

液压弯辊系统是板形控制系统的最基本环节。液压弯辊系统的主要设备是固定在弯辊块上的液压缸,正常轧制过程中,弯辊液压缸伸出,实现轧辊的正负弯,改变轧辊的挠曲度,以控制板形。换辊时弯辊液压缸缩回以便于从轧机牌坊窗口中拉出轧辊及其轴承座。轧机穿带时,弯辊液压缸伸出用以平衡工作辊和中间辊的辊身质量。

目前新建的冷轧机组,特别是冷连轧机组中,大部分会采用六辊轧机形式。对于六辊轧机,有工作辊弯辊和中间辊弯辊两种控制方式。其中,工作弯辊系统(work roll bending,WRB)可实现工作辊的正负弯;中间辊弯辊系统(intermediate roll bending,IRB)可实现中间辊的正弯。

图 3.6 所示为典型冷轧机工作辊弯辊系统的设备配置。该系统中,设置了 16 个尺寸一致的弯辊液压缸,在操作侧和传动侧远离轧辊中心线的 8 个弯辊液压缸为外环液压缸,在操作侧和传动侧靠近轧辊中心线的 8 个弯辊液压缸为内环液压缸。外环弯辊力和内环弯辊力分别由外环弯辊控制闭环和内环弯辊控制闭环单独进行控制。外环弯辊和内环弯辊各承担一半的弯辊力控制任务。外环弯辊控制闭环和内环弯辊控制闭环分别设置有一个电磁换向阀和一个伺服阀。当给定伺服阀正向控制电流时,弯辊液压缸无杆腔进油且有杆腔泄油,则系统为正弯模式,可提供对工作辊的正弯辊力。将电磁换向阀换向后,给定伺服阀正控制电流,弯辊液压缸无杆腔泄油且有杆腔进油,则系统为负弯模式,可提供对工作辊的负弯辊力。

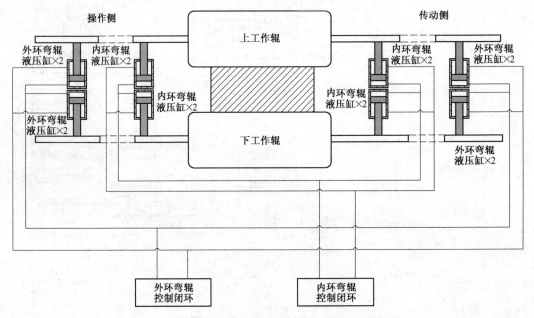

图 3.6 典型冷轧机工作辊弯辊系统设备配置示意图

与工作辊弯辊系统类似,典型的中间辊弯辊系统一般也设置 16 个弯辊液压缸,分别安装于上中间辊的操作侧和传动侧以及下中间辊的操作侧和传动侧。其中,每个中间辊单侧(操作侧或传动侧)的入口侧和出口侧各有两个弯辊液压缸。与工作辊弯辊系统不同,大部分冷轧机组的中间辊弯辊系统只能实现中间辊的正弯。上中间辊的 8 个弯辊液压缸由一个伺服阀驱动,下中间辊的 8 个弯辊液压缸由一个伺服阀驱动。当给定伺服阀正向控制电流时,弯辊液压缸无杆腔进油,同时杆腔出油,弯辊力增大;当给定伺服阀负向控制电流时,弯辊液压缸无杆腔出油,同时杆腔进油,弯辊力减小。表 3.2 所示为某 1 450 mm 冷连轧机组的液压弯辊系统设备参数。

表 3.2　液压弯辊系统设备参数

名　　称	参　　数
工作辊正弯液压缸	
活塞直径	$\phi 90/70$ mm
行程	67.5 mm

名　称	参　数
工作辊负弯液压缸	
活塞直径	$\phi 90/70$ mm
行程	72.5 mm
中间辊正弯液压缸	
活塞直径	$\phi 100/75$ mm
行程	115 mm

3.2.2　弯辊力测量

工作辊弯辊力和中间辊弯辊力均通过安装于弯辊液压系统动力油路的压力传感器的反馈值间接计算得出。

在工作辊弯辊伺服阀控制阀口设置有油压传感器，实际工作辊弯辊力是通过油压传感器反馈的压力值计算得出的。外环实际弯辊力如式（3.10）所示，内环实际弯辊力如式（3.11）所示。

$$
\begin{aligned}
F_{\mathrm{act,os,wrb}} &= 16 \cdot \left[\pi \cdot \frac{d^2_{\mathrm{pis,wrb}}}{4} \cdot P_{\mathrm{pis,os,wrb}} - \left(\pi \cdot \frac{d^2_{\mathrm{pis,wrb}}}{4} - \pi \cdot \frac{d^2_{\mathrm{rod,wrb}}}{4} \right) \cdot P_{\mathrm{rod,os,wrb}} \right] \\
&= 4 \cdot \pi \cdot \left[d^2_{\mathrm{pis,wrb}} \cdot (P_{\mathrm{pis,os,wrb}} - P_{\mathrm{rod,os,wrb}}) + d^2_{\mathrm{rod,wrb}} \cdot P_{\mathrm{rod,os,wrb}} \right]
\end{aligned}
\tag{3.10}
$$

式中　$F_{\mathrm{act,os,wrb}}$——工作辊外环弯辊实际弯辊力，kN；

$\quad\ d_{\mathrm{pis,wrb}}$——工作辊弯辊液压缸无杆腔直径，mm；

$\quad\ d_{\mathrm{rod,wrb}}$——工作辊弯辊液压缸杆直径，mm；

$\quad\ P_{\mathrm{pis,os,wrb}}$——工作辊外环弯辊液压缸无杆腔实际压力，MPa；

$\quad\ P_{\mathrm{rod,os,wrb}}$——工作辊外环弯辊液压缸杆腔实际压力，MPa。

$$
F_{\mathrm{act,is,wrb}} = 4 \cdot \pi \cdot \left[d^2_{\mathrm{pis,wrb}} \cdot (P_{\mathrm{pis,is,wrb}} - P_{\mathrm{rod,is,wrb}}) + d^2_{\mathrm{rod,wrb}} \cdot P_{\mathrm{rod,is,wrb}} \right]
\tag{3.11}
$$

式中　$F_{\mathrm{act,is,wrb}}$——工作辊弯辊内环实际弯辊力，kN；

$\quad\ P_{\mathrm{pis,is,wrb}}$——工作辊内环弯辊液压缸无杆腔实际压力，MPa；

$\quad\ P_{\mathrm{rod,is,wrb}}$——工作辊内环弯辊液压缸杆腔实际压力，MPa。

工作辊实际弯辊力如式（3.12）所示。

$$
F_{\mathrm{act,wrb}} = F_{\mathrm{act,os,wrb}} + F_{\mathrm{act,is,wrb}}
\tag{3.12}
$$

在中间辊弯辊伺服阀控制阀口设置有油压传感器，实际中间辊弯辊力是通过油压传感器反馈的压力值计算得出的。

$$
\begin{aligned}
F_{\mathrm{act,irb}} &= 16 \cdot \left[\pi \cdot \frac{d^2_{\mathrm{pis,irb}}}{4} \cdot P_{\mathrm{pis,irb}} - \left(\pi \cdot \frac{d^2_{\mathrm{pis,irb}}}{4} - \pi \cdot \frac{d^2_{\mathrm{rod,irb}}}{4} \right) \cdot P_{\mathrm{rod,irb}} \right] \\
&= 4 \cdot \pi \cdot \left[d^2_{\mathrm{pis,irb}} \cdot (P_{\mathrm{pis,irb}} - P_{\mathrm{rod,irb}}) + d^2_{\mathrm{rod,irb}} \cdot P_{\mathrm{rod,irb}} \right]
\end{aligned}
\tag{3.13}
$$

式中　$F_{\mathrm{act,irb}}$——中间辊弯辊实际弯辊力，kN；

$\quad\ d_{\mathrm{pis,irb}}$——中间辊弯辊液压缸无杆腔直径，mm；

$\quad\ d_{\mathrm{rod,irb}}$——中间辊弯辊液压缸杆直径，mm；

$P_{\text{pis,irb}}$——中间辊弯辊液压缸无杆腔实际压力,MPa;

$P_{\text{rod,irb}}$——中间辊弯辊液压缸杆腔实际压力,MPa。

3.2.3 控制原理

1. 工作辊弯辊控制原理

工作辊弯辊系统的控制原理图如图 3.7 所示。工作辊弯辊力设定值发生器根据当前轧机状态生成相应的工作辊弯辊力设定值。轧制力前馈控制环节依据当前实际轧制力实时修正该工作辊弯辊力设定值。外环弯辊和内环弯辊各负担总弯辊力 50% 的控制任务,所以,修正后的设定值乘以 0.5 后,分别作为外环弯辊力和内环弯辊力设定值下发至各自的控制闭环。

在外环弯辊控制闭环中,外环弯辊力设定值与外环弯辊力实际值之间的偏差信号送入外环弯辊力控制器,控制器输出的控制信号经过伺服非线性补偿控制以及伺服零偏补偿控制后作为伺服阀开口度设定值。该设定值被转换为伺服阀的控制电流以驱动伺服阀完成对外环弯辊力的闭环控制。同时,系统根据外环弯辊力设定值的极性(设定值为正对应正弯,设定值为负对应负弯)输出相应的电磁换向阀控制信号以在正弯和负弯之间进行选择。

内环弯辊控制闭环控制原理与外环弯辊控制闭环一致。

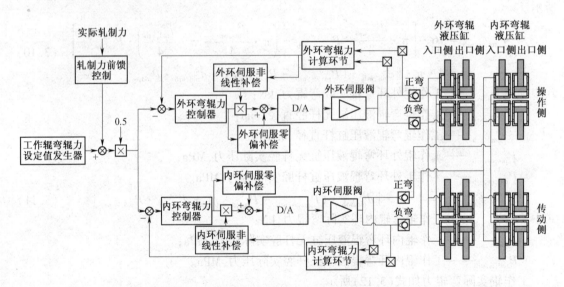

图 3.7 工作辊弯辊系统控制原理图

工作辊外环弯辊控制闭环的控制量,即外环弯辊伺服阀开口度设定值如式(3.14)所示。

$$I_{\text{os,wrb}} = k_{\text{nl,os,wrb}} \cdot k_{\text{p,os,wrb}} \cdot \left[(F_{\text{ref,wrb}} + F_{\text{fwd,wrb}})/2 - F_{\text{act,os,wrb}} \right] + I_{\text{zo,os,wrb}} \quad (3.14)$$

式中 $I_{\text{os,wrb}}$——工作辊外环弯辊控制闭环最终输出的控制量,%;

$k_{\text{nl,os,wrb}}$——工作辊外环弯辊控制闭环伺服非线性补偿控制量;

$k_{\text{p,os,wrb}}$——工作辊外环弯辊力控制器控制增益;

$F_{\text{ref,wrb}}$——工作辊弯辊力设定值,kN;

$F_{\text{fwd,wrb}}$——工作辊弯辊轧制力前馈控制量,kN;

$I_{\text{zo,os,wrb}}$——工作辊外环弯辊控制闭环伺服零偏补偿控制量,%。

工作辊内环弯辊控制闭环的控制量,即内环弯辊伺服阀开口度设定值如式(3.15)所示。

$$I_{\text{is,wrb}} = k_{\text{nl,is,wrb}} \cdot k_{\text{p,is,wrb}} \cdot \left[(F_{\text{ref,wrb}} + F_{\text{Fwd,wrb}})/2 - F_{\text{act,is,wrb}} \right] + I_{\text{zo,is,wrb}} \quad (3.15)$$

式中 $I_{\text{is,wrb}}$——工作辊内环弯辊控制闭环最终输出的控制量,%;

$k_{\text{nl,is,wrb}}$——工作辊内环弯辊控制闭环伺服非线性补偿控制量;

$k_{\text{p,is,wrb}}$——工作辊内环弯辊力控制器控制增益;

$I_{\text{zo,is,wrb}}$——工作辊内环弯辊控制闭环伺服零偏补偿控制量,%。

2. 中间辊弯辊控制原理

图 3.8 所示为中间辊弯辊控制系统原理图,其控制原理与工作辊弯辊控制原理类似,这里不再赘述。

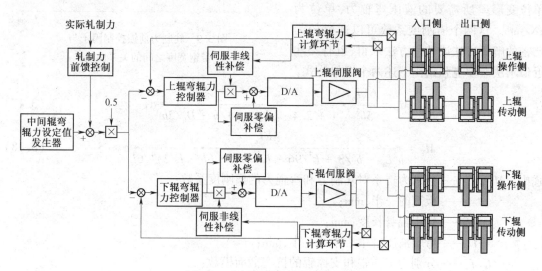

图 3.8　中间辊弯辊控制系统原理图

3. 轧制力前馈控制

在轧制过程中,当前弯辊力的设定由操作人员根据当前板形状况在预设定值的基础上通过手动修正得出。然而,当轧制力发生变化时,必然会导致当前弯辊力对板形的作用效果发生变化。为了消除轧制力变化对工作辊弯辊力作用效果的影响,即维持稳定的轧辊挠曲度,系统设置了轧制力前馈控制环节。该环节根据轧制力的变化值动态修正当前的弯辊力设定值,以降低轧制力的变化对有效弯辊力的影响。轧制力前馈控制环节对弯辊力设定值的修正量如式(3.16)所示。

$$F_{\text{fwd,bnd}} = k_{\text{fwd,bnd}} \cdot (F_{\text{act,}r} - F_{\text{pre,}r}) \cdot \frac{\mathrm{d}F_b}{\mathrm{d}F_r} \quad (3.16)$$

式中 $F_{\text{fwd,bnd}}$——轧制力前馈控制环节输出的弯辊力设定值修正量,kN;

$F_{\text{pre,}r}$——轧制力预设定值,kN;

$k_{\text{fwd,bnd}}$——轧制力前馈控制因子;

$\mathrm{d}F_b/\mathrm{d}F_r$——弯辊力对轧制力的偏微分。

随着轧制带钢宽度的增大,弯辊力对改变轧辊挠曲度的作用越来越明显,则轧制力前馈控制因子逐渐减低,如图 3.9 所示,图中,$l_{\text{w,strip}}$ 为当前轧制带钢的实际宽度。

4. 最大弯辊力设定

弯辊系统中最主要的参数之一是最大弯辊力。在设定最大弯辊力时涉及两个参数：辊系对轧制力的横刚度系数和辊系对弯辊力的横刚度系数。所谓辊系对轧制力的横刚度系数，是指在一定板宽时板中心和板边部发生单位变形差所需要的轧制力，单位为 kN/mm；所谓辊系对弯辊力的横刚度系数，是指在一定板宽时板中心和板边部发生单位变形差所需要的液压弯辊力，单位为 kN/mm。这两个横刚度系数可以通过较为严密的解析方法或数值方法求得，也有一些近似求法。罗克强给出下述两个近似公式：

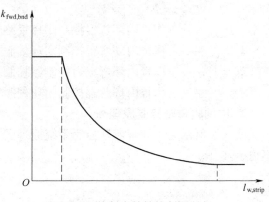

图 3.9　轧制力前馈控制因子与带钢宽度之间的关系曲线

$$M_P = \frac{6EI_b}{5b^3} \cdot \frac{1}{1 + 2.4 \cdot (L_w - b)/b + D_b^2/2b^2} \alpha_1 \tag{3.17}$$

$$M_F = \frac{4EI_w}{b^2 L_w - b^3/3 + L^3/96 - bL^2/12 - (b - L/2)^4/6L} \alpha_2 \tag{3.18}$$

式中　M_P、M_F——分别为辊系对轧制力和弯辊力的横刚度系数；

　　　　b——板宽的一半，mm；

　　　　L——轧辊辊身长度，mm；

　　　　L_w——弯辊液压缸中心距的一半，mm；

　　　　I_b、I_w——分别为工作辊和支撑辊的抗弯截面模数；

　　　　E——轧辊材料的杨氏模量；

　　　　D_b——支撑辊直径，mm；

　　　　α_1、α_2——考虑辊间压力分布不均的影响系数。

M_P、M_F 既可以通过上面的公式求得，也可以通过实验测定，在得到上述两个参数后，最大弯辊力通过最大轧制力和辊凸度等参数来简单确定。

$$P_{wmax} = M_F \cdot \left(\frac{P_{max}}{M_P} - C_w - \delta \right) \tag{3.19}$$

式中　P_{wmax}——最大弯辊力，kN；

　　　　P_{max}——最大轧制力，kN；

　　　　C_w——工作辊凸度，μm；

　　　　δ——轧后轧件凸度，μm。

实际生产过程中，P_{wmax} 一般为最大轧制力的 15%～20%。在最大弯辊力确定之后，还需要对轴承、轴承座、辊径强度进行校核，以免弯辊力过大损坏设备。同时，还要考虑轴承座的结构，以确保设计的液压缸尺寸等结构合理、安装方便安全。

5. 弯辊力预设定

在开始轧制之前，需要对轧机的弯辊力进行预设定，以使轧制开始后实际弯辊力通过操作人员的手动调整能尽快适应板形变化。弯辊力的预设定与许多因素有关,如轧辊辊形、带钢宽度和轧制力等。由于轧辊辊形对弯辊力预设定的影响,随着轧辊凸度的增加,弯辊力设定值减小;带钢宽度对辊缝的影响比较复杂,主要对轧制力分布、辊间压力分布和目标凸度产生影响;在轧件宽度一定的情况下,轧制力对弯辊力之间呈现良好的线性关系。根据综合分析,可以建立用于冷连轧机组的弯辊力设定模型如式(3.20)所示:

$$P_w = k_0 + k_1 \cdot B + k_2 \cdot P + k_3 \cdot P \cdot B + k_4 \cdot P/B + k_5 \cdot D_w + k_6 \cdot D_I + k_7 \cdot D_b + \cdots +$$
$$k_8 \cdot C_w + k_9 \cdot C_g + k_{10} \cdot \Delta h$$

$$(3.20)$$

式中 F_w——弯辊力预设定值,kN;

     B——带钢宽度,mm;

     D_w——工作辊直径,mm;

     D_I——中间辊直径,mm;

     D_b——支撑辊直径,mm;

     C_g——目标凸度;μm;

     Δh——压下量,mm;

$k_0 \sim k_9$——系数,由现场实测数据确定。

液压弯辊系统弯辊力预设定值来自二级自动化系统,基础自动化级在接收到弯辊力设定值后转换成正弯辊力设定值和负弯辊力设定值,如图 3.10 所示。其中,正、负弯辊力的最小设定值均为 100 kN。

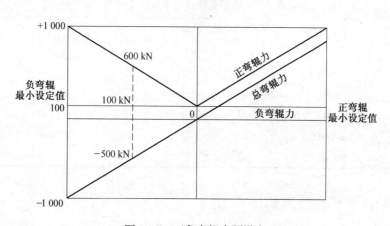

图 3.10 正负弯辊力预设定

3.3 液压轧辊横移控制

3.3.1 设备情况

液压轧辊横移系统只应用于拥有中间辊的六辊冷轧机。六辊冷轧机具有可以横向移动的中间辊,通过中间辊的横移减小工作辊与支撑辊在板宽范围以外的接触,从而消除这部分接触面间的压力,减少工作辊压扁变形和挠曲变形。图3.11所示为典型的液压轧辊横移系统的设备组成。液压轧辊横移系统的执行机构为安装在传动侧的横移液压缸,轧机轧辊横移装置包括4个横移液压缸。相对于每个中间辊,分别设置有两个轧辊横移液压缸,入口侧和出口侧各一个。每个液压缸均设置有位置传感器,用于检测液压杆的位置。每个轧辊横移液压缸均由单独的伺服阀控制。当液压缸的无杆腔进油且杆腔出油时,液压杆伸出,则中间辊向操作侧横移;当液压缸的无杆腔出油且杆腔进油时,液压杆缩回,则中间辊向传动侧横移。

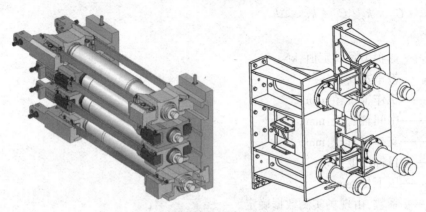

图3.11　液压轧辊横移系统设备组成示意图

某1 450 mm冷连轧机组液压轧辊横移系统设备参数如表3.3所示。

表3.3　液压轧辊横移系统设备参数

名　　称	参　　数
横移液压缸	
数量	4
直径	$\phi 215/100$ mm
横移缸最大行程	385 mm
横移精度	± 1 mm
横移速度	2 mm/s

3.3.2　中间辊横移位置测量

中间辊横移位置均有安装于中间辊横移液压缸的位置传感器测量得出。

$S_{act,tir}$为上中间辊实际横移位置,由上中间辊的入口侧液压缸实际位置和出口侧液压缸实际位置计算得出,如式(3.21)所示;$S_{act,tir,ey}$为上中间辊入口侧液压缸实际位置,由上中间辊入口侧液压缸位置传感器测量得到;$S_{act,tir,ex}$为上中间辊出口侧液压缸实际位置,由上中间辊出口侧液压缸位置传感器测量得到。

$$S_{act,tir} = \frac{S_{act,tir,ey} + S_{act,tir,ex}}{2} \tag{3.21}$$

$S_{act,bir}$为下中间辊实际横移位置,由下中间辊的入口侧液压缸实际位置和出口侧液压缸实际位置计算得出,如式(3.22)所示;$S_{act,bir,ey}$ 为下中间辊入口侧液压缸实际位置,由下中间辊入口侧液压缸位置传感器测量得到;$S_{act,bir,ex}$ 为下中间辊出口侧液压缸实际位置,由下中间辊出口侧液压缸位置传感器测量得到。

$$S_{act,bir} = \frac{S_{act,bir,ey} + S_{act,bir,ex}}{2} \tag{3.22}$$

3.3.3　控制原理

1. 中间辊横移位置设定

从带钢头部进入辊缝直至建立稳定轧制的一段时间内,板形闭环反馈控制功能未能投入使用,为了保证这一段带钢的板形,需要对液压轧辊横移系统的横移位置进行设定。中间辊的初始位置设定主要考虑来料带钢的宽度和钢种,设定模型如式(3.23)所示。

$$L_{shift} = (L_i - B)/2 - \Delta - \eta \tag{3.23}$$

式中　L_{shift}——中间辊横移量,以横移液压缸零点标定位置为零点,mm;

L_i——中间辊辊面长度,mm;

Δ——带钢边部距中间辊端部的距离,mm;

η——中间辊倒角的宽度,mm。

除了轧制时中间辊横移系统所处的设定位外,当轧机进行辊缝零位标定时,中间辊横移系统需要处于零位,以使整个辊系的中心与轧机中心线重合;当轧机进行换辊时,中间辊横移系统需要处于换辊位,以使中间辊在操作侧对齐,方便换辊。

2. 液压轧辊横移控制闭环

液压轧辊横移控制闭环中共设置有 4 个独立的控制器,分别为位置控制器、位置差控制器、上辊同步控制器和下辊同步控制器。液压轧辊横移系统控制原理图如图 3.12 所示。

位置控制器实现了对上下中间辊平均横移位置的控制。其控制基准为模型设定系统根据带钢宽度等参数计算的横移位置预设定值,并加上板形控制单元实时下发的横移位置修正量。

位置差控制器是在位置控制器实现上下中间辊平均位置控制的基础上对上下辊之间的实际横移位置差进行控制,以保证上下中间辊的相对于轧辊中心线的横移位置相同。其控制基准为零。其输出的控制量叠加在位置控制器的控制量上。

上中间辊同步控制器用于控制上辊入口侧和出口侧的轧辊横移液压缸之间的实际位置差。该控制器在轧辊横移时使两个轧辊横移液压缸在前进和后退的过程中保持同步。其控制基准为零。其输出的控制量叠加在位置控制器和位置差控制器的控制量上。

下中间辊同步控制器的控制原理与上辊同步控制器相同。

以上中间辊入口侧轧辊横移液压缸伺服阀为例,轧辊横移控制系统最终输出的控制量如式(3.24)所示。

$$I_{tir,ey} = k_{nl,tir,ey} \cdot \{ k_{pos,rss} \cdot [S_{ref,rss} - (S_{act,tir} + S_{act,bir})/2] - k_{dif,rss} \cdot (S_{act,tir} - S_{act,bir}) -$$
$$k_{syn,rss} \cdot (S_{act,tir,ey} - S_{act,tir,ex}) \} + I_{zo,tir,ey}$$

$$\tag{3.24}$$

式中　$I_{tir,ey}$——上中间辊入口侧轧辊横移液压缸伺服阀开口度设定值,%;

$k_{nl,tir,ey}$——上中间辊入口侧轧辊横移液压缸伺服非线性补偿控制量;

$k_{pos,rss}$——位置控制器控制增益；

$S_{ref,rss}$——中间辊横移设定值，mm；

$k_{dif,rss}$——位置差控制器控制增益；

$k_{syn,rss}$——上中间辊同步控制器控制增益；

$I_{zo,tir,ey}$——上中间辊入口侧轧辊横移液压缸伺服零偏补偿控制量，% 。

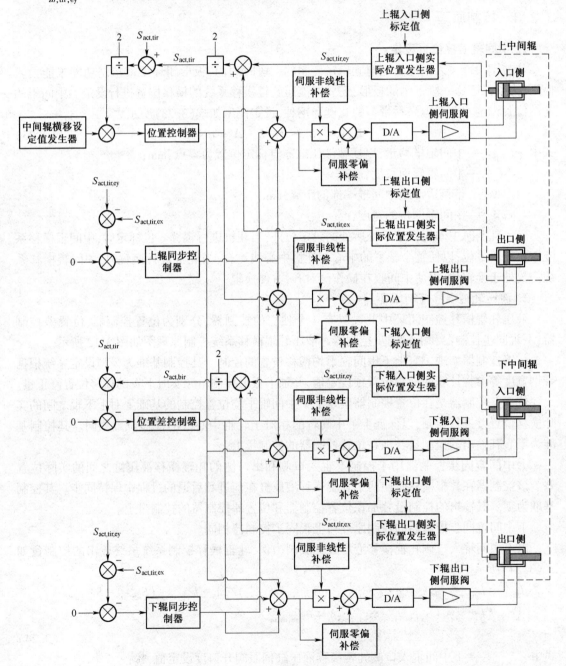

图 3.12 液压轧辊横移系统控制原理图

3.4　伺服补偿控制

3.4.1　伺服非线性补偿

对于液压伺服执行机构的控制系统,无论控制对象是辊缝、弯辊力还是中间辊横移位置,它们的控制都是通过调节伺服阀的控制电流实现的。然而,通过伺服阀口的油流不只取决于伺服阀的控制电流,也受到阀口压力差的影响。因此,液压执行机构的控制系统中都存在一个非线性环节,它造成了伺服阀进油和出油过程中系统的动态性能不一致。所以,为了保证液压执行机构良好的性能,必须对该非线性环节进行补偿。

1. 液压伺服系统非线性现象

以某冷连轧机的液压压上系统为例,其液压系统原理图如图 3.13 所示,系统由一个压力为 P_s 的恒压源供油,且系统的回油压力 P_0 相当于零。液压缸的无杆腔与伺服阀的 A 口相连。液压缸的无杆腔压力为 P_{pis},液压缸的有杆腔压力为 P_{rod},并采用恒压力控制,即在轧制过程中有杆腔的压力保持恒定。当对伺服阀给定正向控制电流时,阀芯产生正向位移,则窗口 b 面积增大,液压缸无杆腔进油,轧制力增大,辊缝有减小趋势;当对伺服阀给定负向控制电流时,阀芯产生负向位移,窗口 a 面积增大,液压缸无杆腔泄油,轧制力减小,辊缝有增大趋势。

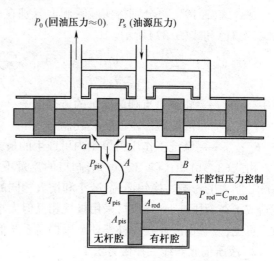

图 3.13　液压压上系统的液压系统原理

基于阀口的流量公式,通过阀口 a 和 b 的油流有以下关系式:

$$q_a = C_{hyd} \cdot A_a \cdot \sqrt{2 \cdot P_{pis} / \rho_{hyd}} \tag{3.25}$$

$$q_b = C_{hyd} \cdot A_b \cdot \sqrt{2 \cdot (P_s - P_{pis}) / \rho_{hyd}} \tag{3.26}$$

式中　C_{hyd}——阀口的流量系数;

A_a——阀口 a 的面积,mm^2;

A_b——阀口 b 的面积,mm^2;

ρ_{hyd}——油液的密度,kg/mm^3。

阀口面积由阀芯位移决定,阀芯位移只决定于给定至伺服阀的控制电流(对应控制闭环输出的开口度设定值),如式(3.27)和式(3.28)所示。

$$A_a = A(I_{neg}) \tag{3.27}$$

$$A_b = A(I_{pos}) \tag{3.28}$$

式中　I_{neg}——控制闭环输出的负向开口度,%;

I_{pos}——控制闭环输出的正向开口度,%。

本节以液压压上系统中轧制力的变化为例,分析其对系统动态性能的影响。在液压弯辊系统中,弯辊力变化的影响原理与之相同。

基于液压缸力平衡方程,单侧液压缸产生的轧制力与该液压缸内油压的关系如式(3.29)所示。

$$F_{hyd} = P_{pis} \cdot A_{pis} - P_{rod} \cdot A_{rod} \tag{3.29}$$

式中　A_{pis}——无杆腔有效面积,mm^2;

　　　A_{rod}——有杆腔有效面积,mm^2。

由于有杆腔采用恒压力控制,则 $P_{rod} \cdot A_{rod}$ 为常数。于是,无杆腔内压力将只受当前实际轧制力的影响,如式(3.30)所示。

$$P_{pis} = P_{pis}(F_{hyd}) \tag{3.30}$$

综合式(3.19),可分别得实际轧制力分别在有减小趋势时和有增大趋势时,阀口的流量如式(3.31)和式(3.32)所示。

$$q_{dec} = C_{hyd} \cdot C_{fq} \cdot I_{neg} \cdot \sqrt{F_{act,hyd}/\rho_{hyd}} \tag{3.31}$$

$$q_{inc} = C_{hyd} \cdot C_{fq} \cdot I_{pos} \cdot \sqrt{(F_{max,hyd} - F_{act,hyd})/\rho_{hyd}} \tag{3.32}$$

式中　C_{fq}——轧制力与阀口流量的传递因子;

　　　$F_{act,hyd}$——液压缸产生的实际轧制力,kN;

　　　$F_{max,hyd}$——系统工作压力范围内可产生的最大轧制力,kN。

由式(3.31)和式(3.32)可知,阀口的流量不只由控制闭环输出的开口度决定,也受当前实际轧制力的影响。换句话说,减小和增大相同的轧制力(辊缝)需要的流量是不一致的。这就造成了在液压缸上下行时,采用极性相反但大小相同的开口度将造成系统的动态性能不一致。可见,设置伺服非线性补偿环节以提高系统的动态性能是非常必要的。

2. 液压伺服非线性补偿方法 1

伺服阀的开口度与伺服阀的控制电流成正比,其开口度 I 与伺服阀的流量 q 之间的关系式可简化为:

$$q = K \times I \times \sqrt{\Delta P} \tag{3.33}$$

式中　q——伺服阀的流量,m^3/s;

　　　I——伺服阀的开口度,%;

　　　ΔP——阀口的压力差,Pa;

　　　K——伺服阀流量系数。

由式(3.33)可知,伺服阀的流量不只与控制电流有关,也与阀口的压力差有关,即伺服阀的流量具有非线性特性,从而不利整定参数,因此需要引入伺服阀变增益环节以改善系统性能。

伺服阀流量公式有如下形式:

$$q = \frac{I}{I_N} \times q_N \times \frac{\sqrt{\Delta P}}{\sqrt{\Delta P_N}} \tag{3.34}$$

式中　q_N——伺服阀标称流量,m^3/s;

　　　ΔP_N——伺服阀标称流量时两侧的额定压差,Pa;

I_N ——为伺服阀标称流量时的开口度,%。

在实际控制中,加入变增益系数 $K_P = \dfrac{1}{\sqrt{\Delta P}}$ 。这样,当开口度信号乘以此变增益系数后,式(3.34)有如下形式:

$$q = K_P \times \frac{I}{I_N} \times q_N \times \frac{\sqrt{\Delta P}}{\sqrt{\Delta P_N}} = \frac{1}{\sqrt{\Delta P}} \times \frac{I}{I_N} \times q_N \times \frac{\sqrt{\Delta P}}{\sqrt{\Delta P_N}}$$

$$q = \frac{q_N}{I_N \sqrt{\Delta P_N}} I \tag{3.35}$$

于是,伺服阀的流量与控制电流成线性关系,提高了控制精度。其中压差 ΔP 的确定可以分两种情况。

当液压缸无杆腔进油,液压缸上行时,阀口的压差有:

$$\Delta P = P_{sys} - P_{cyl} \tag{3.36}$$

式中　P_{sys} ——油源压力,Pa;

　　　P_{cyl} ——液压缸无杆腔的油压,Pa,通过油压传感器测量得出。

当液压缸无杆腔出油,液压缸下行时:

$$\Delta P = P_{cyl} - P_{tnk} \tag{3.37}$$

式中　P_{tnk} ——回油压力(工程师设定或者是测量值),Pa,大多数情况下回油压力可以认为是 0。

另外,对变增益系数 K_P 设置了一个可调整的系数 λ 来由工程师选择采用多大的压降补偿。λ 在 0~1 之间。如果 λ 设为 0,则代表不进行补偿;如果设为 1,则代表补偿全部应用,如式(3.38)所示。

$$K'_P = (1 - \lambda) + \lambda \times K_P \tag{3.38}$$

3. 液压伺服非线性补偿方法 2

液压伺服非线性补偿方法 1 中液压缸活塞杆上行和下行时补偿系统变化较大,导致在上下行切换时伺服阀控制电流会发生较大突变,使液压缸进出油流突变,进而液压缸将发生较大振动。针对此问题,开发了下述液压伺服非线性补偿方法。

虽然相对于同样大小、相反极性的伺服阀开口度设定值伺服阀进油和出油流量是不一致的,但是存在固有的一个阀芯位置,只要当阀芯在正向和反向分别运动到该位置时,伺服阀进出油流将是一致的。也就是说,在忽略极性的条件下,在某一个特定的伺服阀开口度设定值下,系统的动态性能是不受伺服阀非线性环节影响的。把系统动态性能最佳的伺服阀开口度设定值定义为标称开口度,在该伺服阀开口度设定值下,伺服阀阀口面积由式(3.40)确定。

设

$$I_{sym} = |I_{inc,sym}| = |I_{dec,sym}| \tag{3.39}$$

有

$$A_{inc,sym}(I_{sym}) = A_{dec,sym}(I_{sym}) \tag{3.40}$$

式中　I_{sym} ——忽略极性后系统动态性能最佳时伺服阀开口度设定值,%;

　　　$I_{inc,sym}$ ——正向标称伺服阀标称开口度,%;

$I_{\mathrm{dec,sym}}$ ——负向标称伺服阀标称开口度,%;

$A_{\mathrm{inc,sym}}$ ——正向标称开口度设定下伺服阀阀口面积, mm^2;

$A_{\mathrm{dec,sym}}$ ——负向标称开口度设定下伺服阀阀口面积, mm^2。

由于在标称开口度下进出油流量是相同的,将式(3.40)代入式(3.31)和式(3.32)中得到式(3.41)。

$$C_{\mathrm{hyd}} \cdot C_{\mathrm{fq}} \cdot I_{\mathrm{sym}} \cdot \sqrt{F_{\mathrm{sym,hyd}} / \rho_{\mathrm{hyd}}} = C_{\mathrm{hyd}} \cdot C_{\mathrm{fq}} \cdot I_{\mathrm{sym}} \cdot \sqrt{(F_{\mathrm{max,hyd}} - F_{\mathrm{sym,hyd}}) / \rho_{\mathrm{hyd}}} \quad (3.41)$$

由式(3.41)可以推导出,在标称开口度下获得一致的进出油流量时标称轧制力为

$$F_{\mathrm{sym,hyd}} = \frac{F_{\mathrm{max,hyd}}}{2} \quad (3.42)$$

在液压压上系统的伺服非线性补偿控制中,采用清除辊身质量以及实际弯辊力后的净轧制力作为反馈。这样避免了辊身质量、弯辊力等外部因素对伺服非线性反馈真实性的影响,同时保证了控制的快速响应。于是,系统设置了补偿反馈因子如式(3.43)所示。

$$x_{\mathrm{nl}} = \frac{F_{\mathrm{act,r}}}{F_{\mathrm{sym,hyd}}} \quad (3.43)$$

式中 x_{nl} ——伺服非线性补偿反馈因子;

$F_{\mathrm{act,r}}$ ——去掉辊身质量以及实际弯辊力的轧制力,kN。

为了避免在接近于零的低轧制力段和接近于最大轧制力的高轧制力段时补偿的不稳定性,系统需要对补偿区间进行限制。于是,系统设置了可调的补偿阈值 $x_{\mathrm{per,nl}}$,该系数设置为 $0 < x_{\mathrm{per,nl}} < 1$,其上下限分别对应于总轧制力百分比 100% ~ 0%。

基于以上分析,伺服非线性补偿控制量的曲线如图 3.14 所示。其中, $k_{\mathrm{dec,nl}}$ 是轧制力减小时伺服非线性补偿的控制量; $k_{\mathrm{inc,nl}}$ 是轧制力增大时伺服非线性补偿的控制量。在低轧制力和高轧制力的不稳定补偿段,补偿控制量设置为常数。在有效补偿区间内,当实际轧制力接近标称轧制力时,补偿控制量随着系统动态性能受影响程度的减小而趋近于1(补偿效果最小);当实际轧制力逐渐远离标称轧制力时,补偿控制量随着系统动态性能受影响程度的增大而增大。基于图 3.14,伺服非线性补偿控制量如表 3.4 所示。

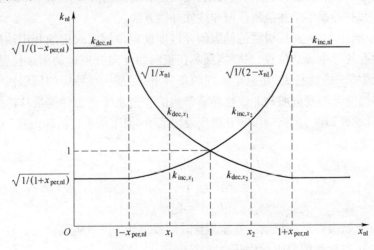

图 3.14 伺服非线性补偿曲线

表 3.4　伺服非线性补偿控制量

补偿控制区间	轧制力减小时伺服非线性补偿控制量	轧制力增大时伺服非线性补偿控制量
$x_{nl} < 1 - x_{per,nl}$	$k_{dec,nl} = \sqrt{1/(1 - x_{per,nl})}$	$k_{inc,nl} = \sqrt{1/(1 + x_{per,nl})}$
$1 - x_{per,nl} < x_{nl} < 1 + x_{per,nl}$	$k_{dec,nl} = \sqrt{1/x_{nl}}$	$k_{inc,nl} = \sqrt{1/(2 - x_{nl})}$
$x_{nl} > 1 + x_{per,nl}$	$k_{dec,nl} = \sqrt{1/(1 + x_{per,nl})}$	$k_{inc,nl} = \sqrt{1/(1 - x_{per,nl})}$

该补偿控制量与控制器输出的控制量相乘作为最终的伺服阀开口度设定值用以提供系统的动态性能。

经过伺服非线性补偿控制后,在轧制力减小时,系统输出的伺服阀开口度设定值如式(3.44)所示。

$$I_{dec,c} = k_{dec,nl} \cdot I_{dec,l} \tag{3.44}$$

式中　$I_{dec,c}$——经过伺服非线性补偿控制后伺服阀负向开口度设定值,%;
　　　$I_{dec,l}$——控制器输出的负控制量,%。

在轧制力增大时,系统输出的伺服阀开口度设定值如式(3.45)所示。

$$I_{inc,c} = k_{inc,nl} \cdot I_{inc,l} \tag{3.45}$$

式中　$I_{inc,c}$——经过伺服非线性补偿控制后伺服阀正向开口度设定值,%;
　　　$I_{inc,l}$——控制器输出的正控制量,%。

经过伺服非线性补偿控制后,伺服阀阀口流量方程有以下形式:

$$\begin{aligned} q_{dec,c} &= C_{hyd} \cdot C_{fq} \cdot k_{dec,nl} \cdot I_{dec,l} \cdot \sqrt{F_{act,hyd}/\rho_{hyd}} \\ &= C_{hyd} \cdot C_{fq} \cdot I_{dec,l} \cdot \sqrt{F_{sym,hyd}/\rho_{hyd}} \end{aligned} \tag{3.46}$$

$$\begin{aligned} q_{inc,c} &= C_{hyd} \cdot C_{fq} \cdot k_{inc,nl} \cdot I_{inc,l} \cdot \sqrt{(F_{max,hyd} - F_{act,hyd})/\rho_{hyd}} \\ &= C_{hyd} \cdot C_{fq} \cdot I_{inc,l} \cdot \sqrt{F_{sym,hyd}/\rho_{hyd}} \end{aligned} \tag{3.47}$$

显然,经过伺服非线性补偿,在增大和减小轧制力时通过阀口的流量将只受伺服阀开口度设定值的影响。于是,系统的动态性能将不受实际轧制力变化的影响。

当伺服阀开口度设定值在变化过程中交换极性时,由于 $k_{dec,nl}$ 和 $k_{inc,nl}$ 之间将发生跳变(如图 3.15 中 x_1 和 x_2 所示),将造成最终给定至伺服阀的开口度设定值发生较大跳动,继而影响系统稳定性。于是,系统设置了伺服非线性补偿平滑曲线,如图 3.15 所示。

该环节设置有可调的平滑区域阈值 x_{lin},用于设定进行平滑补偿的范围。在低轧制力段(实际轧制力小于标称轧制力)的

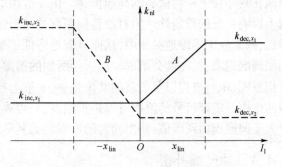

图 3.15　伺服非线性补偿控制平滑曲线

平滑补偿曲线如图 3.15 中曲线 A 所示;在高轧制力段(实际轧制力大于标称轧制力)的平滑补偿曲线如图 3.15 中曲线 B 所示。经过平滑补偿后的伺服非线性补偿控制量如表 3.5 所示。

表 3.5　经过平滑后的伺服非线性补偿控制量

平滑补偿区间	$F_{\text{act,r}} < F_{\text{sym,hyd}}$	平滑补偿区间	$F_{\text{act,r}} > F_{\text{sym,hyd}}$
$I_1 < 0$	$k_{\text{nl}} = k_{\text{inc},x_1}$	$I_1 < -x_{\text{lin}}$	$k_{\text{nl}} = k_{\text{inc},x_2}$
$0 < I_1 < x_{\text{lin}}$	$k_{\text{nl}} = \dfrac{k_{\text{dec},x_1} - k_{\text{inc},x_1}}{x_{\text{lin}}} \times I_1 + k_{\text{inc},x_1}$	$-x_{\text{lin}} < I_1 < 0$	$k_{\text{nl}} = \dfrac{k_{\text{inc},x_2} - k_{\text{dec},x_2}}{x_{\text{lin}}} \times I_1 + k_{\text{dec},x_2}$
$I_1 > x_{\text{lin}}$	$k_{\text{nl}} = k_{\text{dec},x_1}$	$I_1 > 0$	$k_{\text{nl}} = k_{\text{dec},x_2}$

3.4.2　伺服零偏补偿

由于伺服阀固有的零位偏差,使得系统给定零开口度设定值时,通过伺服阀阀口的流量并不为零。这种现象的存在将严重影响液压执行机构控制系统的控制精度,轻则造成系统存在较大的稳态误差,重则造成系统震荡。所以,设置了伺服零偏补偿控制以消除该现象对系统性能的影响。

当实际值与设定值之间偏差小于一定阈值且不发生震荡后,这时稳态误差可认为是由伺服阀的零偏引起的。对当前的控制器输出的控制信号进行积分,即得到伺服零偏补偿控制量如式(3.48)所示。

$$I_{\text{zo}} = \frac{1}{k_{\text{zo}}} \int I_{\text{ctr}} \mathrm{d}t \tag{3.48}$$

式中　I_{zo} ——伺服零偏补偿控制量,%;

　　　k_{zo} ——伺服零偏补偿积分时间系数;

　　　I_{ctr} ——控制器输出的控制量,%。

3.4.3　伺服震颤补偿

为了改善伺服阀静、动态性能,有时在伺服阀的输入端加以高频小幅值的震颤信号,使伺服阀在其零位上产生微弱的高频振荡。由于震颤的频率很高而幅值很小,一般不会传递到负载上影响系统的稳定性。但对改善伺服阀的动态性能和可靠性却有显著效果。由于加震颤信号后,阀芯处于不停地振荡中,从而显著地降低了摩擦力的影响。因此,加震颤信号可以减小伺服阀的迟滞,提高其分辨率。伺服阀所加的震颤信号的频率应超过伺服阀的频宽,同时应避开伺服阀、执行机构以及负载的共振频率,一般为控制信号频率的 2~4 倍,以避免扰乱控制信号的作用。震颤信号的波形可以是正弦波、三角波或方波,通常采用正弦波。震颤信号的幅值应大于伺服阀的死区值,使主阀芯的振幅约为其最大行程的 0.5% ~ 1%。

3.4.4　油压缩补偿

在液压系统中,液压油体积弹性模量是一个非常重要的物理参数,在液压系统的动态研究中,它直接影响液压元件和液压系统的固有频率和阻尼比,从而影响整个液压压下系统的稳定性和动态品质。一般认为,随着液压油体积的增大,液压油的可压缩性增大,最终造成液压油的刚度减小。对于该液压系统,即可以认为随着油柱高度的增大液压油的刚度减小。如图 3.16所示,为了补偿液压油压缩对系统造成的影响,对其进行油压缩补偿控制,油压缩补偿控制系数 k_{oil} 如式(3.49)所示。

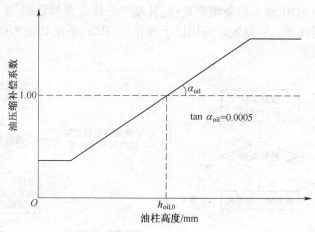

图 3.16　油压缩补偿曲线

$$k_{oil} = 1.0 + (h_{oil} - h_{oil,0}) \cdot \tan \alpha_{oil} \qquad (3.49)$$

式中　h_{oil}——实际油柱高度,mm;

　　$h_{oil,0}$——标称油柱高度,mm;

　　α_{oil}——油压缩补偿调试因子。

3.5　机 架 管 理

机架管理系统通过对本机架液压伺服执行机构的发送设定命令,完成辊缝零位标定及轧机刚度测试等顺控功能。

辊缝零位标定的目的是确定轧机的辊缝零点位置,为辊缝预设定提供零位基准。该功能为自动完成的顺控过程,分为无带辊缝零位标定和有带缝零位标定两种方式。当机架辊缝内无带材时可进行无带辊缝零位标定。在此过程中需要轧机主传动系统进行协助。无带辊缝零位标定是严格的顺序执行的过程,具体标定过程如图 3.17 所示。操作人员可在人机界面或操作台启动无带辊缝零位标定。两侧液压缸在落底的基础上逐渐压上,在完成两侧轧制力调平,清除辊身质量等操作以后,启动传动系统并压上至标定轧制力值。在标定轧制力的基础上,采用单侧轧制力控制方式再次调平两侧轧制力,记录下实际辊缝零点并清零辊缝计数器。这样HGC 系统就可以准确地知道辊缝为"零"时所处的位置,继而在轧制过程给出精确的辊缝值。完成以上动作以后,停止主传动,并将辊缝打开至待轧位置。无带辊缝零位标定过程结束。

每次换辊或是长时间停车以后,考虑到辊径的变化以及轧机机械性能的变化需对辊缝零位重新标定,以保证 HGC 系统的控制精度。

采用图 3.17 所示的步序标定辊缝零位需在机架内无带钢的情况下进行。在带材连续轧制生产过程中,每次换辊后如采用此方法进行标定,则下块带材开始轧制之前需再进行穿带,这样不利于提高生产效率。于是,开发了机架内有带钢情况下对辊缝零位进行快速标定的方法。如图 3.18 所示为有带辊缝零位标定步序图,操作人员可在人机界面或操作台启动有带辊缝零位标定,在液压系统满足标定要求及机架主传动停止的条件下,两侧液压缸落底。HGC 系统根据操作人员在 HMI 输入的新辊系直径、轧制中心线位置等数据,重新设置辊缝计数器以确定换辊后新的辊缝零点的位置。完成以上操作后,HGC 系统切换为位置闭环控制方式,将轧辊驱动至待轧位置。

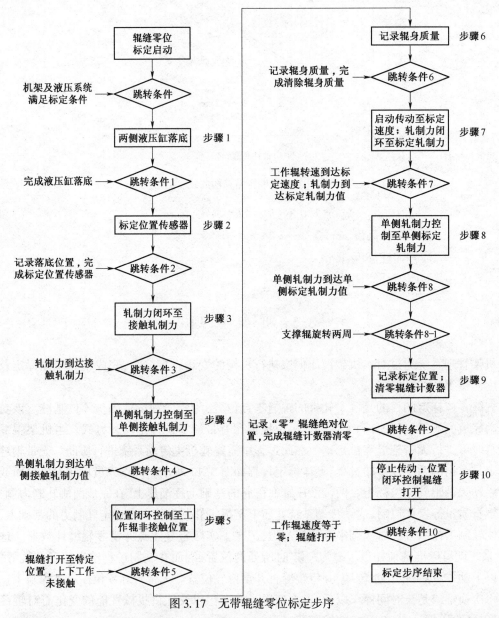

图 3.17　无带辊缝零位标定步序

轧机刚度是轧制模型计算时依据的重要参数。在轧机新建、轧机改造甚至轧机长时间停机后,都需对轧机刚度进行测量。轧机刚度测试为严格的自动顺控过程。操作人员可在人机界面或是操作台发出的启动命令自动完成机架刚度测试功能,在此过程中需要传动系统进行协助。机架刚度测试顺控步序如图 3.19 所示。

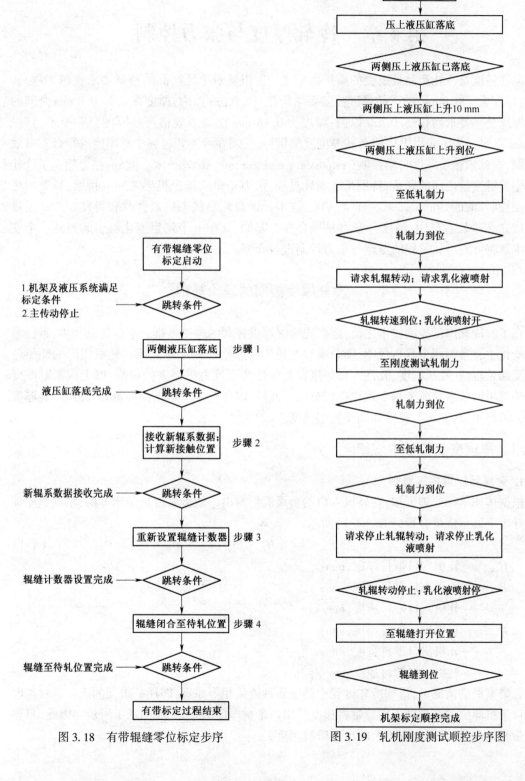

图 3.18　有带辊缝零位标定步序　　　　图 3.19　轧机刚度测试顺控步序图

第4章 冷轧厚度与张力控制

厚度精度是冷轧产品最重要的质量指标之一。市场对冷轧产品的质量要求也越来越高，例如：厚度大于 0.8 mm 的产品厚度公差要求均在 ±10.0 μm 以内；厚度在 0.5~0.8 mm 之间的产品厚度公差要求均在 ±8.0 μm 以内；厚度为 0.18 mm 的最薄规格产品厚度公差要求达到 ±4.0 μm 以内。为了获得更优的产品厚度质量指标，必须在冷连轧过程中对厚度进行合理有效的控制，这就依赖于厚度自动控制（automatic gauge control，AGC）技术。此外，张力建立了冷轧过程中关键变量之间的联系，特别是冷连轧过程，张力是串联每个机架之间的桥梁，稳定的张力自动控制（automatic tension control，ATC）技术是提高轧制状态稳定性及获得良好产品质量的基础。在冷轧过程中，厚度与张力是耦合在一起的，其中一个发生变化将引起另外一个变化。本章将针对冷轧过程的厚度与张力控制进行介绍。

4.1 冷轧厚度控制的理论基础

在了解冷轧厚度控制技术之前，需要先掌握厚度控制的理论基础。在冷轧过程中，带材厚度的变化主要遵循两个基本规律，即金属秒流量相等原则和弹塑性曲线。轧机实际的轧出厚度还受初始辊缝、轧机刚度、轧件入口厚度以及轧件变形抗力等因素的影响，以上因素对厚度的影响都可以依靠这两个基本规律进行分析。此外，以这两个基本规律为基础，提出冷轧厚度控制的两种手段，即调节辊缝和调节轧制速度。

4.1.1 厚度变化的基本规律

1. 金属秒流量相等原则

根据体积平衡原理可知，在轧机入口的金属流量与出口的金属流量是相等的，根据该原理可推导出金属秒流量方程，如式（4.1）所示。

$$H_{en} \cdot B_{en} \cdot v_{en} = H_{ex} \cdot B_{ex} \cdot v_{ex} \tag{4.1}$$

式中 H_{en}——轧机入口带材厚度，mm；

         B_{en}——轧机入口带材宽度，mm；

         v_{en}——轧机入口带材速度，mm/s；

         H_{ex}——轧机出口带材厚度，mm；

         B_{ex}——轧机出口带材宽度，mm；

         v_{ex}——轧机出口带材速度，mm/s。

忽略宽展的情况下，得到冷轧过程中的金属秒流量相等原理，即任一机架的入口带材速度与入口带材厚度的乘积等于出口带材速度与出口带材厚度的乘积，如图 4.1 所示。因此，只要改变带材速度，就可以改变机架的出口带材厚度。

2. 弹塑性曲线

在冷连轧过程中,轧辊对带材施加压力,使带材发生塑性变形,从而使带材的厚度变薄。与此同时,带材也给轧辊以同样大小的反作用力,使机座各组成部分产生一定的弹性变形。这些弹性变形的累积后果都反映在辊缝上,使辊缝增大,这称为轧机的弹跳,如图 4.2 所示。

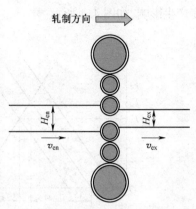

图 4.1　冷轧过程中的秒流量示意图

实际上,轧机的弹跳与轧制力有密切关系。根据胡克定律即可得出轧机的弹跳量与轧制力之间的关系。在忽略轧件经过辊缝后弹性恢复的情况下,可以认为带载辊缝与出口带材的厚度一致。于是,轧机弹跳方程如式(4.2)所示。

$$H_{en} = S' = S_0 + \frac{F}{K_m} \tag{4.2}$$

式中　　S' ——带载辊缝,mm;

S_0 ——空载辊缝,mm;

F ——轧制力,kN;

K_m ——轧机刚度,kN/mm。

其中,轧制压力 F 是带材宽度 B、入出口厚度 H_{en} 和 H_{ex}、摩擦系数 μ、轧辊半径 r、前后张力 T_{en} 和 T_{ex} 以及变形抗力 σ_s 等变量的函数,即金属压力方程如式(4.3)所示。

$$P = f(B, r, H_{en}, H_{ex}, \mu, T_{en}, T_{ex}, \sigma_s) \tag{4.3}$$

根据轧机弹跳方程和金属压力方程分别建立轧机弹跳曲线和轧件塑性曲线,并将它们绘制在一个坐标系内,就形成了弹塑性曲线,如图 4.3 所示。弹塑性曲线也称 P–h 图,可以清晰地表现出入口厚度、出口厚度、压下量以及轧机弹跳量等重要参数在轧制过程中的变化情况。其中,轧件塑性变形曲线的斜率称为轧件的塑性变形系数,反映了轧件变形的难易程度。

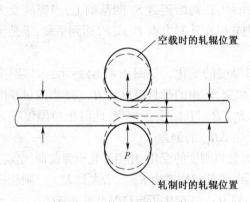

图 4.2　轧机的弹跳现象

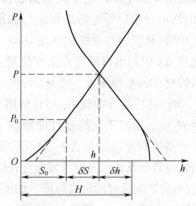

图 4.3　弹塑性曲线(P–h 图)

4.1.2　影响厚度的因素

根据弹塑性曲线可知,凡是影响轧机弹跳曲线和轧件塑性曲线的因素都将对实际轧出厚度产生影响,如图 4.4 所示。

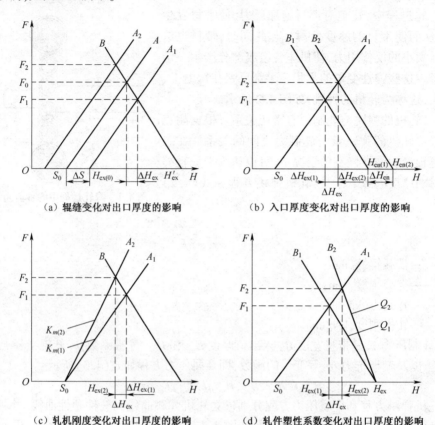

（a）辊缝变化对出口厚度的影响　　（b）入口厚度变化对出口厚度的影响

（c）轧机刚度变化对出口厚度的影响　　（d）轧件塑性系数变化对出口厚度的影响

图 4.4　各因素对厚度的影响

辊缝的变化主要产生于轧辊偏心、轧辊热膨胀、轧辊磨损、轧辊弯曲和轧辊轴承油膜变化等,它们均可对出口厚度造成影响。如图 4.4(a) 所示,在初始辊缝 S_0 的基础上,当辊缝变大或是变小时,轧机弹性曲线由 A 变化至 A_1 或 A_2,则轧机在轧制力点 F_1 或 F_2 达到平衡,于是辊缝变化量 ΔS 引起出口厚度产生变化量 ΔH_{ex}。

当带材的入口厚度发生变化时,将会引起出口厚度的变化。如图 4.4(b) 所示,入口厚度为 $H_{en(1)}$ 时,轧件塑性曲线 B_1 与轧机刚度曲线 A_1 相交,轧出的带材厚度为 $H_{ex(1)}$,当入口厚度变厚至 $H_{en(2)}$,相当于轧件塑性曲线由 B_1 变化至 B_2,B_2 与 A_1 重新相交,此时出口厚度变为 $H_{ex(2)}$,于是入口厚度偏差 ΔH_{en} 将导致出口厚度产生 ΔH_{ex} 的偏差。

当轧辊直径及轧辊凸度等发生变化时,都将引起轧机刚度的变化,相当于轧机弹跳曲线发生变化,进而将影响带材的出口厚度。如图 4.4(c) 所示,当轧机刚度由 $K_{m(1)}$ 增大到 $K_{m(2)}$,则轧机弹性曲线 A_1 变化至 A_2,使得出口厚度由 $H_{ex(1)}$ 减小到 $H_{ex(2)}$,产生了出口厚度偏差 ΔH_{ex}。

轧件变形抗力的变化相当于轧件塑性系数发生变化,其表现为轧件塑性曲线斜率的变化,进而影响带材的出口厚度。如图 4.4(d) 所示,轧件变形抗力增大时,轧件塑性系数由 Q_1 变化为 Q_2,则轧制力由 F_1 变为 F_2,实际的出口厚度变厚,引起 ΔH_{ex} 的出口厚度偏差。反之,则实际的出口变薄。

4.1.3 厚度控制的基本手段

1. 调节辊缝

在冷轧过程中,通过调节辊缝来控制厚度是厚度控制最基本的手段之一。图 4.5 所示为调节辊缝时对厚度产生的影响。如图 4.5(a)所示,当来料厚度发生变化时,入口厚度由 $H_{en(0)}$ 变为 $H_{en(1)}$,轧件塑性曲线由 B 移动到 B_1,使出口厚度变为 $H_{ex(1)}$,造成了 ΔH_{ex} 的出口厚度偏差。为了消除出该厚度偏差,调节辊缝由 S_0 至 S_1。于是轧机弹性曲线由 A 移动至 A_1,与 B_1 重新相交,使出口厚度恢复为 $H_{ex(0)}$,消除了厚度偏差 ΔH_{ex}。如图 4.5(b)所示,当轧件塑性曲线斜率发生变化时,轧件塑性曲线 B 变为 B_1,这时,出口厚度由 $H_{ex(0)}$ 变为 $H_{ex(1)}$,产生 ΔH_{ex} 的厚度偏差。调节辊缝值 ΔS,使轧机弹跳曲线 A_1 与 B_1 相交的横坐标为 $H_{ex(0)}$,消除了出口厚度的偏差。

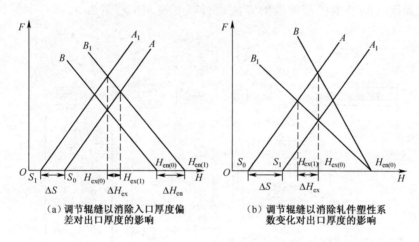

(a) 调节辊缝以消除入口厚度偏差对出口厚度的影响　　(b) 调节辊缝以消除轧件塑性系数变化对出口厚度的影响

图 4.5 调节辊缝对消除厚度偏差的作用

2. 调节轧制速度

调节轧制速度是冷连轧过程中厚度控制的另一个基本手段。根据金属秒流量相等原理,轧机入口速度的变化可定量地影响轧机出口厚度。于是,该手段主要是通过调节机架主传动系统的速度,进而改变工作辊的线速度,调节带材速度,最终实现对厚度的控制。

4.2 冷轧厚度控制的基本形式

冷轧厚度控制的基本形式包括前馈 AGC、监控 AGC、秒流量 AGC 和压力 AGC。每种 AGC 控制原理不同,针对的厚度偏差类型也不同。所有冷轧机的厚度控制系统均是对以上几种 AGC 的改进或是多种 AGC 的协同使用。

4.2.1 前馈 AGC

反馈式 AGC 避免不了控制上的传递滞后或过渡过程的滞后,因而限制了控制精度的进一步提高。特别是当来料厚度波动较大时,更会影响带材的实际轧出厚度的精度。为了克服此缺点,在冷轧机上广泛采用前馈式厚度自动控制系统,简称前馈 AGC。

前馈 AGC 不是根据本机架实际轧出厚度的偏差值来进行厚度控制,而是在轧制过程尚未进行之前,预先检测出来料的厚度偏差,并前馈送给下一机架,在预定时间内调整执行机构,来保证获得所要求的出口厚度。正因为本系统是前馈送信号,实现厚度控制,所以称为前馈 AGC。

前馈 AGC 的厚度控制原理是以机架前的测厚仪在带材未进入本机架前测量实际入口厚度,并与设定的厚度进行比较,依据得出的入口厚度偏差 ΔH,预先估计产生的轧出厚度偏差,从而确定消除所需的控制量,然后在本检测点进入本机架的时刻调节执行环节,消除厚度偏差。前馈 AGC 可通过三种控制手段实现对厚度的控制:调节本机架辊缝;调节上游机架速度;调节本机架速度。在单机架冷轧机上和冷连轧机的第 1 机架,前馈 AGC 一般采用调节本机架辊缝的方法进行厚度控制;在冷连轧机上,除了第 1 机架外,其他机架的前馈 AGC 一般采用调节上游机架速度或调节本机架速度的方法进行厚度控制。前馈 AGC 的控制原理如图 4.6 所示。

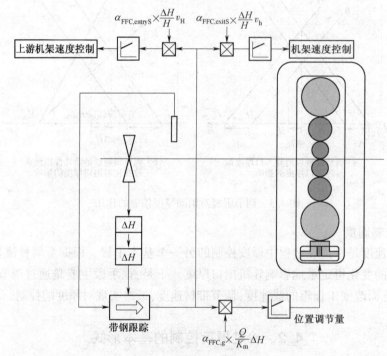

图 4.6 前馈 AGC 系统框图

依据 P–h 图可得出对于入口厚度波动 ΔH 相应的辊缝调节量 ΔS_{FFC},如式(4.4)所示:

$$\Delta S_{FFC} = \alpha_{FFC,g} \times \frac{Q}{K_m} \Delta H \tag{4.4}$$

式中　ΔS_{FFC}——前馈 AGC 输出的辊缝调节量,m;

　　　$\alpha_{FFC,g}$——前馈 AGC 辊缝控制因子。

依据秒流量相等原理,可得出前馈 AGC 对速度的调节量。入口厚度偏差为 ΔH 时,为了

维持出口厚度 h 不变,对上游机架速度进行调节。假设出口厚度的偏差全部被补偿,依据秒流量恒定原理,有如下关系式:

$$(v_{\mathrm{H}} + \Delta v_{\mathrm{H}})(H + \Delta H) = v_{\mathrm{h}} h \tag{4.5}$$

式中　Δv_{H}——入口带材速度变化量,m/s。

得出为消除入口厚度偏差 ΔH,入口速度的变化量为:

$$\Delta v_{\mathrm{H}} = \frac{\Delta H}{H + \Delta H} v_{\mathrm{H}} \tag{4.6}$$

忽略入口厚度偏差 ΔH 在分母上的影响,得到上游机架速度的前馈调节量为:

$$\Delta v_{\mathrm{FFC,entryS}} = \alpha_{\mathrm{FFC,entryS}} \times \frac{\Delta H}{H} v_{\mathrm{H}} \tag{4.7}$$

式中　$\Delta v_{\mathrm{FFC,entryS}}$——前馈 AGC 输出的上游机架速度调节量,m/s;

　　　$\alpha_{\mathrm{FFC,entryS}}$——前馈 AGC 速度控制因子。

通过对本机架速度进行调节以消除入口厚度偏差时,机架入出口带材秒流量公式有如下形式:

$$v_{\mathrm{H}}(H + \Delta H) = (v_{\mathrm{h}} + \Delta v_{\mathrm{h}})h \tag{4.8}$$

于是得到出口速度的变化量:

$$\Delta v_{\mathrm{h}} = \frac{\Delta H}{H} v_{\mathrm{h}} \tag{4.9}$$

根据式(4.9)得出机架速度前馈调节量为:

$$\Delta v_{\mathrm{FFC,exitS}} = \alpha_{\mathrm{FFC,exitS}} \times \frac{\Delta H}{H} v_{\mathrm{h}} \tag{4.10}$$

式中　$\Delta v_{\mathrm{FFC,exitS}}$——前馈 AGC 输出的当前机架速度调节量,m/s;

　　　$\alpha_{\mathrm{FFC,exitS}}$——前馈 AGC 速度控制因子。

在前馈 AGC 系统的控制过程中,对入口厚差 $\Delta \mathrm{H}$ 的检测点才是真正需要的厚度控制点。所以,综合考虑带材速度以及压上系统响应时间,使得厚度的控制点正好就是 $\Delta \mathrm{H}$ 的检测点是前馈控制的基础。

若带材入口速度恒定,则轧件从测厚仪检测点运行到机架辊缝所需要的时间 T_{d} 为:

$$T_{\mathrm{d}} = \frac{L}{v_{\mathrm{H}}} \tag{4.11}$$

式中　L——测厚仪与轧机之间的距离,m。

由于检测时间超前,为了使测量点的带材与控制点的带材相匹配,设置了一组移位寄存器,跟踪所检测点的带材厚度偏差到轧机入口处然后实施控制。需要注意的是,测厚仪的检测过程不可能瞬间完成,执行机构也需要一定的动作时间,因此,如果只考虑带材运行的时间 T_{d},则不会得到良好的控制效果,应有相应的超前时间以补偿测厚仪和执行机构的响应时间。

由于执行机构响应等原因所需超前时间为 T_{A},测厚仪响应时间所需超前为 T_{M},则实际延时时间为:

$$T_{\mathrm{D}} = T_{\mathrm{d}} - \Delta T \tag{4.12}$$

式中　ΔT——考虑执行机构及测厚仪响应等原因的超前时间,$\Delta T = T_{\mathrm{A}} + T_{\mathrm{M}}$。

若带材速度不恒定,通过对带材速度的积分计算由入口测厚仪前进的距离 L' 为:

$$L' = \int_0^t v_H(t)\,\mathrm{d}t = \sum_{i=0}^{n-1} v_H(i)\,T_A \tag{4.13}$$

式中　t——测厚仪检测点从测厚仪前进 L′ 距离所需时间,s;

T_A——采样周期,s。

前馈 AGC 在控制时间上具有优越性,不存在延迟。但是前馈 AGC 属于开环控制,其缺点是精度完全依靠计算的正确性,不能保证轧出厚度精度,需要与监控 ACC 系统配合使用。

4.2.2　监控 AGC

为了保证机架出口及最终产品的厚度精度,必须引入反馈式的厚度控制系统,在冷轧机的厚度自动控制系统中,这种厚度控制形式称为监控 AGC。

图 4.7 是监控 AGC 系统框图。带材轧出后,通过出口侧的测厚仪测出实际厚度与给定厚度值 h 比较,得出厚度偏差 Δh。当二者数值相等,即厚度偏差 $\Delta h = 0$ 时,厚度差运算器的输出为零。若实际厚度与给定厚度相比较出现厚度偏差 Δh 时,便将它反馈至控制器,转换为监控 AGC 的控制量,输出给执行环节作相应的调节,以消除厚度偏差。监控 AGC 的执行环节包括液压辊缝控制系统和传动系统,其输出的控制量用以调节当前机架辊缝、上游机架速度或当前机架的速度。在单机架冷轧机上和冷连轧机的第 1 机架,监控 AGC 一般采用调节本机架辊缝的方法进行厚度控制;在冷连轧机上,除了第 1 机架外,其他机架的监控 AGC 一般采用调节上游机架速度或调节本机架速度的方法进行厚度控制。

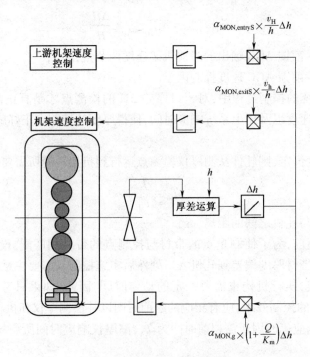

图 4.7　监控 AGC 系统框图

依据弹跳方程及 P-h 图可知,为了消除 Δh 的出口厚度偏差需要的当前机架位置调节量

ΔS 为：

$$\Delta S_{MON} = \alpha_{MON,g} \times \left(1 + \frac{Q}{K_m} \right) \Delta h \tag{4.14}$$

式中　ΔS_{MON} ——监控 AGC 输出的当前机架位置调节量，m；

　　　$\alpha_{MON,g}$ ——监控 AGC 辊缝控制因子。

　　监控 AGC 的另一种厚度控制手段是调节机架的速度。依据秒流量恒定原理，调节出口速度，可消除出口厚度偏差 Δh，如式(4.15)所示：

$$v_H H = (v_h + \Delta v_h)(h + \Delta h) \tag{4.15}$$

则出口速度的调节量有：

$$\Delta v_h = \frac{v_h}{h + \Delta h} \Delta h \tag{4.16}$$

因为出口厚度的偏差值远小于设定厚度值，可忽略 Δh 在分母上的影响。于是，监控 AGC 对当前机架的速度调节量为：

$$\Delta v_{MON,exitS} = \alpha_{MON,exitS} \times \frac{v_h}{h} \Delta h \tag{4.17}$$

式中　$\Delta v_{MON,exitS}$ ——监控 AGC 输出的当前机架速度调节量，m/s；

　　　$\alpha_{MON,exitS}$ ——监控 AGC 当前机架速度控制因子。

　　监控 AGC 对上游机架的速度进行调节控制时，依据秒流量恒定原理有如下关系式：

$$(v_H + \Delta v_H)H = v_h(h + \Delta h) \tag{4.18}$$

得出入口速度的调节量如式(4.19)所示：

$$\Delta v_H = \frac{v_H}{h} \Delta h \tag{4.19}$$

监控 AGC 对上游机架的速度调节量为：

$$\Delta v_{MON,entryS} = \alpha_{MON,entryS} \times \frac{v_H}{h} \Delta h \tag{4.20}$$

式中　$\Delta v_{MON,entryS}$ ——监控输出的上游机架速度调节量，m/s；

　　　$\alpha_{MON,entryS}$ ——监控 AGC 上游机架速度控制因子。

　　由于测厚仪可以满足高性能 AGC 对厚度检测精度的需要，所以监控 AGC 在冷连轧机的厚度控制系统中被广泛应用。在带材轧制过程中，尖峰性的厚度偏差由前馈 AGC 来消除，监控 AGC 主要用于消除趋势性的厚度偏差。监控 AGC 设有积分环节，控制器将持续输出控制量直到消除此趋势的厚度偏差为止。

　　监控 AGC 是基于机架出口侧测厚仪对机架出口厚度进行闭环控制，所以监控 AGC 在趋势上保证了成品厚度与目标厚度一致。因此，监控 AGC 相比较其他类型的 AGC 具有不可替代性。但由于机架出口侧测厚仪的安装位置造成了出口厚度检测存在一定的滞后时间，造成了监控 AGC 的控制闭环内存在一个纯滞后环节，进而降低了监控 AGC 的性能。特别是随着纯滞后时间变大，系统的健壮性将越来越差。解决该问题最常用的方法是在控制回路中设置 Smith 预估器。

4.2.3 秒流量 AGC

监控 AGC 应用测量仪表对带材出口厚度进行测量,都避免不了检测信号具有时间上的滞后,使得厚度控制系统采样和控制的周期较长。秒流量 AGC 实时计算带材出口厚度,实现了即时对厚度进行控制,且秒流量 AGC 具有设备和系统简单、安装调整方便和控制精度高的特点,所以在带材冷连轧机上得到了迅速的发展和应用。

秒流量 AGC 通过入口侧的测厚仪测量的带材厚度为 H,经过移位贮存,在该测量点的带材离开辊缝时参与计算。根据安装在入口侧和出口侧的激光测速仪检测得到带材的入口速度 v_H 和出口速度 v_h。依据秒流量恒定原理计算得到出口的实际带材厚度为:

$$h = \frac{v_H}{v_h}H \tag{4.21}$$

图 4.8 为秒流量 AGC 系统框图,系统实时估算的出口带材厚度,与带材的设定厚度进行比较,得到厚度偏差。输出的控制量作用于执行机构,完成对厚度的控制。与监控 AGC 相似,秒流量 AGC 可通过调节当前机架辊缝、当前机架速度或上游机架速度消除厚度偏差。在单机架冷轧机上和冷连轧机的 1 号机架,秒流量 AGC 一般采用调节本机架辊缝的方法进行厚度控制;在冷连轧机上,除了 1 号机架外,其他机架的秒流量 AGC 一般采用调节上游机架速度或调节本机架速度的方法进行厚度控制。

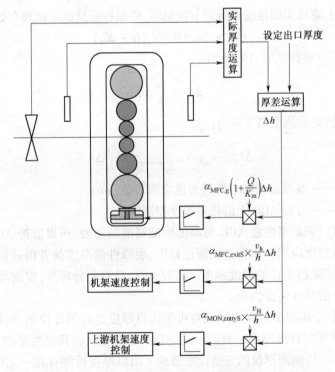

图 4.8　秒流量 AGC 系统框图

其中,相对于实时计算的厚度偏差 Δh,秒流量 AGC 输出的位置调节量为:

$$\Delta S_{\mathrm{MFC}} = \alpha_{\mathrm{MFC,g}}\left(1 + \frac{Q}{K_{\mathrm{m}}}\right)\Delta h \tag{4.22}$$

式中　ΔS_{MFC}——秒流量 AGC 输出的位置调节量,m;

　　　$\alpha_{\mathrm{MFC,g}}$——秒流量 AGC 位置控制因子。

采取调节当前机架速度进行厚度控制时,秒流量 AGC 输出的当前机架速度调节量为:

$$\Delta v_{\mathrm{MFC,exitS}} = \alpha_{\mathrm{MFC,exitS}}\frac{v_{\mathrm{h}}}{h}\Delta h \tag{4.23}$$

式中　$\Delta v_{\mathrm{MFC,exitS}}$——秒流量 AGC 输出的当前机架速度调节量, m/s ;

　　　$\alpha_{\mathrm{MFC,exitS}}$——秒流量 AGC 当前机架速度控制因子。

当调节上游机架速度以消除出口带材厚度偏差时,秒流量 AGC 输出的速度调节量为:

$$\Delta v_{\mathrm{MFC,entryS}} = \alpha_{\mathrm{MFC,entryS}}\frac{v_{\mathrm{H}}}{h}\Delta h \tag{4.24}$$

式中　$\Delta v_{\mathrm{MFC,entryS}}$——秒流量 AGC 输出的上游机架速度调节量, m/s ;

　　　$\alpha_{\mathrm{MFC,entryS}}$——秒流量 AGC 上游机架速度控制因子。

秒流量 AGC 由于其独特的厚度测量方式,使系统具备高响应并且几乎无滞后的特点,这是监控 AGC 无法比拟的优点。但是,此种测厚方式提供的厚度反馈是通过计算得到的,不能保证其完全准确。此外,提供带材速度反馈的激光测速仪常常因现场环境的影响发生测量故障。因此,在很多冷轧生产线上秒流量 AGC 的应用具有局限性。

4.2.4　压力 AGC

在轧制过程中,可通过压头和位置传感器对任意时刻的轧制力和辊缝进行检测,再以弹跳方程为基础计算轧机出口实际厚度,通过调节辊缝或机架速度的方法来消除出口厚度偏差,这种厚度控制方式称为压力 AGC。应用于冷连轧机的压力 AGC 有 BISRA-AGC、厚度计 AGC(GM-AGC)等。图 4.9 给出了典型的 GM-AGC 系统框图。

然而,由于压力 AGC 的控制基础来源于弹跳方程,其控制精度严重依赖于轧机刚度和轧件塑性系数,而这两个参数难于准确获得,这也限制了压力 AGC 的应用。

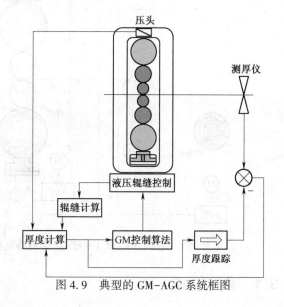

图 4.9　典型的 GM-AGC 系统框图

4.3　单机架冷轧机厚度控制策略

某单机架冷轧机组,轧机后配置有 X 射线测厚仪,前后偏导辊均安装有脉冲编码器,轧机

前后张力采用间接恒张力控制方式。根据其现场仪表配置和厚度控制精度要求,所设计的厚度控制系统主要包含以下功能:

(1)监控 AGC(monitoring AGC,MON AGC);

(2)厚度计 AGC(gauge meter AGC,GM AGC);

(3)轧机刚度实时计算;

(4)轧件塑性系数实时计算;

(5)轧制效率补偿(EFC);

(6)轧辊偏心补偿(REC)。

单机架冷轧机的液压辊缝控制系统一般都工作在位置模式下,各种 AGC 系统的输出均为辊缝调节量。为了防止厚度控制系统输出的辊缝调节量对冷轧过程中开卷张力的影响,特别设计了张力解耦控制环节(NIC),并包含在每一个厚度控制环内。对于厚度控制环节内部涉及的信号滤波、控制限幅和调节量极性校正等环节本章将不做赘述。某 1 900 mm 带材冷轧机组厚度控制总体框图如图 4.10 所示。

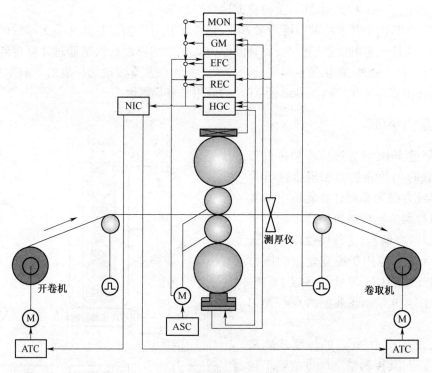

图 4.10　某 1 900 mm 带材冷轧机组厚度控制总体框图

4.3.1　监控 AGC

1. 监控 AGC 控制原理

监控 AGC 基于轧机出口测厚仪 $X_{\text{ex,c}}$ 检测的厚度偏差对轧制出口厚度进行实时监控,计算出出口厚度偏差和消除此厚度偏差应施加的辊缝调节量。其目的是减小出口厚度偏差,获得良好的产品厚度精度。监控 AGC 的控制系统原理图如图 4.11 所示。

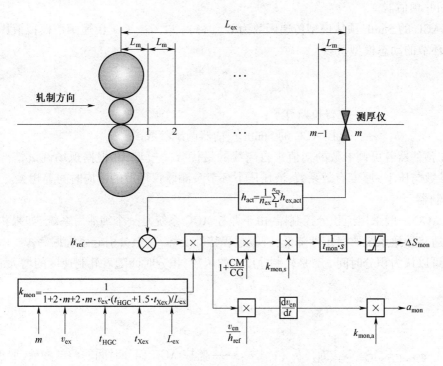

图 4.11　监控 AGC 的控制系统原理图

1)出口厚度偏差计算

监控 AGC 计算的轧机出口厚度偏差为:

$$h_{act} = \frac{1}{n_{ex}} \sum_{1}^{n_{ex}} h_{ex,act} \tag{4.25}$$

$$\Delta h_{ex,c} = h_{ref} - h_{act} \tag{4.26}$$

式中　h_{act} ——监控 AGC 使用的出口实际厚度,mm;

$h_{ex,act}$ ——轧机出口测厚仪测得的实际厚度,mm;

n_{ex} ——轧机出口厚度取平均值的采样点个数;

h_{ref} ——轧机出口设定厚度,mm;

$\Delta h_{ex,c}$ ——用于监控 AGC 控制输出的出口厚度偏差,mm。

2)增益计算

将出口测厚仪到辊缝之间的距离 L_{ex} 分为长度为 L_m 的 m 段,对每一段的厚度偏差做一次控制输出,则监控 AGC 的增益为

$$k_{mon} = \frac{1}{1 + 2 \cdot m + 2 \cdot m \cdot v_{ex} \cdot (t_{gap} + 1.5 \cdot t_{Xex})/L_{ex}} \tag{4.27}$$

式中　k_{mon} ——监控 AGC 厚度控制增益;

v_{ex} ——轧机出口带材的线速度,m/s;

t_{gap} ——液压辊缝控制系统的响应时间,s;

t_{Xex} ——出口测厚仪的响应时间,s。

3）Smith 预估器

监控 AGC 的 Smith 预估模型传递函数为 $G_{Smith}(s)$，以 $G_{Smith}(s)$ 传递函数模拟液压压下和测厚仪等环节的动态模型。

$$G_{Smith}(s) = \frac{a_{1,s} + a_{2,s}s}{b_{1,s} + b_{2,s}s} \tag{4.28}$$

式中　　　　　　　　s——拉普拉斯算子；

$a_{1,s}$、$a_{2,s}$、$b_{1,s}$、$b_{2,s}$——监控 AGC 的 Smith 预估器调试参数。

Smith 预估器各可调参数的初值来自离线的最优降阶模型，并根据现场调试情况最终确定，可调参数与压下-厚度有效系数、液压压下环节及测厚仪环节的响应时间等相关。

4）控制器

监控 AGC 一般采用纯积分控制器，由于监控 AGC 系统是一个纯滞后系统，如果积分时间选择不合适将导致系统的稳定性降低，过渡过程特性变坏，甚至会引起系统振荡。

一般可以认为积分时间 t_{mon} 是轧制速度 v 的函数，积分时间随着轧制速度的增大而减小：

$$t_{mon} = \begin{cases} a_{v1} - b_{v1}v & \text{当 } v \leqslant c_{v1} \\ a_{v2}/v + b_{v2} & \text{当 } c_{v1} < v \leqslant c_{v2} \\ a_{v3} - b_{v3}v & \text{当 } v > c_{v2} \end{cases} \tag{4.29}$$

式中　　a_{v1}、a_{v2}、a_{v3}、b_{v1}、b_{v2}、b_{v3}、c_{v1}、c_{v2}——监控 AGC 积分时间的调试参数，取正值。各可调参数的初值通过离线仿真获取，现场调试时根据实际情况进行相应的参数修正。

5）输出的附加辊缝调节量计算

$$\Delta S_{mon} = \frac{1}{t_{mon}} \cdot k_{mon} \cdot k_{mon,S} \cdot \frac{CG + CM}{CG} \int \Delta h_{ex,c} \tag{4.30}$$

式中　　ΔS_{mon}——监控 AGC 输出的辊缝附加量，mm；

$k_{mon,S}$——监控 AGC 的输出辊缝调节因子；

CG——轧制过程中实时轧机刚度系数，kN/mm；

CM——轧件塑性系数，kN/mm。

6）计算监控 AGC 对轧机入口动态转矩的补偿量

当监控 AGC 进行辊缝调节时，必然造成轧机入口速度随着辊缝减小（增大）而减小（增大），为了保持恒定的开卷张力，必须对入口动态转矩进行补偿。

$$a_{mon} = k_{mon,a} \frac{\partial}{\partial t}\left(V_{en} \cdot \frac{\Delta h_{ex,c}}{h_{ref}}\right) \tag{4.31}$$

式中　　a_{mon}——监控 AGC 对动态转矩补偿的加速度附加量，m/s²；

$k_{mon,a}$——监控 AGC 对动态转矩补偿的调节因子。

2. 监控 AGC 控制效果

由于轧机入口没有配备测厚仪，这里用轧制过程中的实际轧制力来说明入口的厚度偏差。图 4.12 给出了监控 AGC 的典型控制效果，整个轧制过程中实际轧制力由 8 200 kN 变化到 7 300 kN，而出口厚度偏差维持在±0.5%以内，由此可以间接说明入口来料存在较大的厚度偏差，经过监控 AGC 调节之后基本消除了入口厚度的趋势性偏差，取得了良好的控制效果。

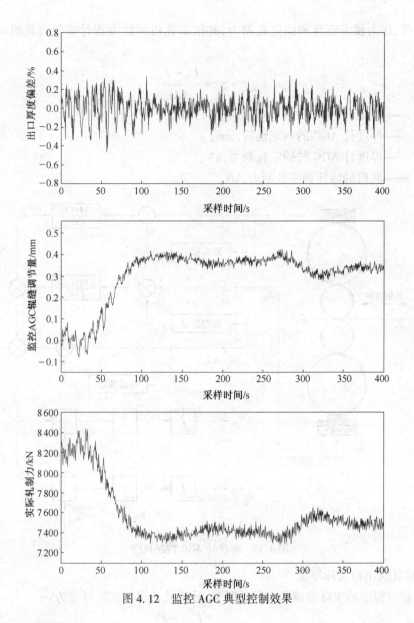

图 4.12　监控 AGC 典型控制效果

4.3.2　厚度计 AGC

1. 厚度计 AGC 控制原理

厚度计 AGC 是压力 AGC 的一种,厚度计 AGC 以轧机作为"测厚仪",根据轧机弹跳方程计算出口厚度。厚度计 AGC 利用辊缝和轧制力增量信号,依据轧机弹跳方程估计出口厚度偏差,然后综合考虑轧机压下效率,最终对辊缝进行相应调节以消除出口厚度偏差。其控制框图如图 4.13 所示。

(1)计算轧机出口厚度锁定值

在正常轧制 1 s 后连续对带材采样 2 m,记录每次采样得到的实际辊缝值和实际轧制力并

计算其平均值,作为锁定辊缝和锁定轧制力,并依据轧机弹跳方程计算得到轧机出口厚度锁定值:

$$h_{gm,1} = S_1 + \frac{F_1 - F_0}{CG} \tag{4.32}$$

式中　$h_{gm,1}$——厚度计 AGC 的出口厚度锁定值,mm;

　　　S_1——厚度计 AGC 的锁定辊缝,mm;

　　　F_1——厚度计 AGC 的锁定轧制力,kN;

　　　F_0——轧机的辊缝调零轧制力,kN。

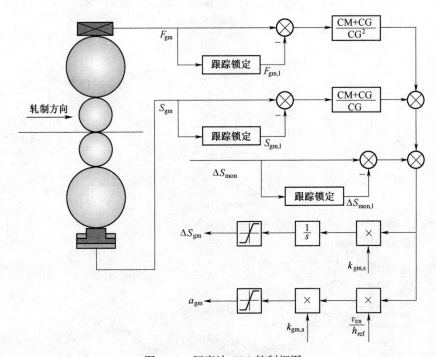

图 4.13　厚度计 AGC 控制框图

(2)计算轧机出口实际厚度

根据轧制过程中的实际辊缝和实际轧制力,计算轧机出口实际厚度为:

$$h_{gm} = S_{gm} + \frac{F_{gm} - F_0}{CG} \tag{4.33}$$

式中　h_{gm}——厚度计 AGC 的出口厚度计算值,mm;

　　　S_{gm}——厚度计 AGC 计算过程中使用的实际辊缝,mm;

　　　F_{gm}——厚度计 AGC 计算过程中使用的实际轧制力,kN。

(3)计算厚度计 AGC 控制器的厚度控制量

$$\Delta h_{gm} = h_{gm,1} - h_{gm}$$

$$= (S_1 - S_{gm}) + \frac{F_1 - F_{gm}}{CG} \tag{4.34}$$

式中　Δh_{gm}——厚度计 AGC 控制输出的出口厚度偏差,mm。

（4）计算厚度计 AGC 输出的附加辊缝

$$\Delta S_{gm} = k_{gm,S} \frac{CG + CM}{CG} \int \Delta h_{gm}$$

$$= k_{gm,S} \frac{CG + CM}{CG} \int \left[(S_1 - S_{gm}) + \frac{F_1 - F_{gm}}{CG} \right] \qquad (4.35)$$

式中　ΔS_{gm}——厚度计 AGC 输出的辊缝附加量，mm；

　　　$k_{gm,S}$——厚度计 AGC 的输出辊缝调节因子。

（5）计算厚度计 AGC 对轧机入口动态转矩的补偿量

$$a_{gm} = k_{gm,a} \frac{\partial}{\partial t} \left(V_{en} \cdot \frac{\Delta h_{gm}}{h_{gm,1}} \right) \qquad (4.36)$$

式中　a_{gm}——厚度计 AGC 对动态转矩补偿的加速度附加量，m/s²；

　　　$k_{gm,a}$——厚度计 AGC 对动态转矩补偿的调节因子。

2. 轧制力偏心滤波

轧辊偏心是由于轧辊形状或者轧辊轴承形状不规则引起的一种高频干扰，将直接使带材出口厚度发生周期性变化，并且会导致厚度计 AGC 系统产生错误的辊缝调节量，导致出口厚度偏差增大。如图 4.14(a) 所示，轧辊偏心导致实际辊缝增大 e_{gm}，轧机弹性曲线由 AC 变为 BD，轧件塑性曲线 AB 保持不变。由于辊缝的变化使轧制力减小 ΔF_{gm}，并最终导致出口厚度增大 $\Delta h_{e,gm}$。图 4.14(b) 所示为厚度计 AGC 投入时，现场实测的轧辊偏心对轧机出口厚度的影响曲线，入口厚度偏差较小，轧制后出口厚度偏差被放大，出现了周期性的波动。

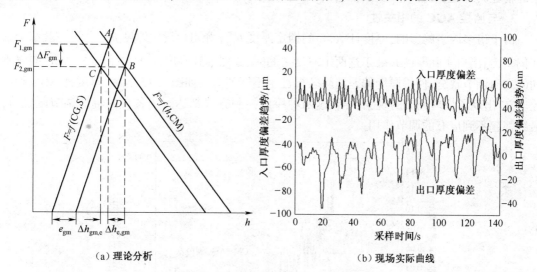

（a）理论分析　　　　　　　　　　　（b）现场实际曲线

图 4.14　轧辊偏心对厚度计 AGC 的影响

用来检测轧辊位置的位置传感器由于安装位置的限制，不能反映轧辊偏心对辊缝的影响，而压力传感器能够检测到轧制力变化。从而导致控制系统认为图 4.14(a) 中轧机弹性曲线 AC 保持不变，而轧件塑性曲线由 AB 变为 CD，从而计算得到出口厚度减小 $\Delta h_{gm,e}$，最终产生一个错误的辊缝调节量。因此，如果投入厚度计 AGC，必须对轧辊偏心进行处理。

通过主电机上安装的光电编码器，可以计算出支撑辊旋转一周发出的脉冲数 N_e，把支撑

辊一周平均分为 J_e 个单元,则轧制过程中每个单元对应的脉冲数为 N_e/J_e,对每个单元的轧制力采样平均。开辟一个长度为 $J_e + 1$ 的移位寄存器 $B(0),B(1),\cdots,B(J_e-1),B(J_e)$,当一个单元的轧制力平均值计算结束之后,把寄存器中原有的值顺次前移,并把新取得的轧制力平均值寄存到 $B(J_e)$。这样,$B(0)$ 和 $B(J_e)$ 对应的就是同一单元在支撑辊旋转两周分别采得的轧制力平均值,它们的差值即为辊缝调节等带来的轧制力变化。

轧辊偏心起主导作用的基波分量可近似为正弦(余弦)波,考虑到正弦(余弦)波一个周期的平均值为零,可对支撑辊旋转一周的过程求轧制力总体平均值 F'_{gm},这样就能消除轧辊偏心对轧制力造成的周期性扰动。

$$F'_{gm} = \begin{cases} \sum\limits_{i=0}^{n_e-1} B(i)/n_e & \text{当 } n_e < J_e \\ \sum\limits_{i=0}^{J_e-1} B(i)/J_e & \text{当 } n_e \geqslant J_e \end{cases} \tag{4.37}$$

式中 n_e——已经轧过的样本单元数。

轧制力偏心滤波后的轧制力 F_{gm} 为:

$$F_{gm} = F'_{gm} + \beta_e[B(J_e) - B(0)] \tag{4.38}$$

式中 β_e——轧制力偏心滤波调试因子。

这样,偏心滤波后的轧制力就既滤掉了轧辊偏心的干扰,不会再导致厚度计 AGC 产生错误的辊缝调节量,又有效反映了辊缝调节的作用。

3. 与监控 AGC 的相关性

由于诸多因素的影响,厚度计 AGC 的锁定厚度 $h_{gm,1}$ 和出口设定厚度 h_{ref} 之间一般都会存在偏差,当出口实际厚度 h 处于这两个厚度之间时,必然导致厚度计 AGC 和监控 AGC 向着不同的方向调节辊缝,使得厚度偏差消除缓慢甚至不能消除。如图 4.15 所示,厚度计 AGC 和监控 AGC 出现了反向调节的现象,导致这两种厚度控制方式都达到了各自的辊缝调节限幅值,最终都起不到应有的调节作用。

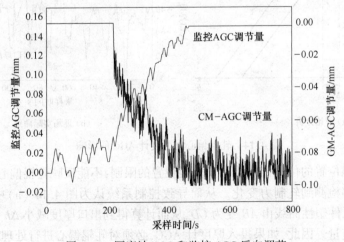

图 4.15 厚度计 AGC 和监控 AGC 反向调节

为了避免上述情况的发生,在计算厚度计 AGC 的锁定厚度时,综合考虑锁定过程中的实际出口厚度偏差,使厚度计 AGC 和监控 AGC 的厚度基准保持一致,则厚度计 AGC 的厚度偏差控制量为:

$$\Delta h'_{gm} = (S_{gm,1} - S_{gm}) + \frac{F_{gm,1} - F_{gm}}{CG} + \Delta h_{ex,1} \tag{4.39}$$

式中　$\Delta h'_{gm}$ ——考虑出口实际厚度偏差时的厚度计 AGC 控制量,mm;

　　　$\Delta h_{ex,1}$ ——厚度计 AGC 锁定过程中的实际出口厚度偏差,mm。

如果来料厚度有趋势性的增大或减小,最终厚度计 AGC 和监控 AGC 都会调节辊缝使其减小或增大,这样就产生了重复调节,影响出口厚度精度甚至会导致整个系统振荡。为此,从厚度偏差 $\Delta h'_{gm}$ 中减掉当前监控 AGC 的厚度偏差调节量 $\Delta h_{ex,c}$,即监控 AGC 投入时,厚度计 AGC 需要修正的厚度偏差 Δh_{gm} 为:

$$\Delta h_{gm} = (S_{gm,1} - S_{gm}) + \frac{F_{gm,1} - F_{gm}}{CG} + \Delta h_{ex,1} - \Delta h_{ex,c} \tag{4.40}$$

从而得到厚度计 AGC 的辊缝调节量 ΔS_{gm} 为:

$$\begin{aligned}
\Delta S_{gm} &= k_{gm,S} \frac{CG + CM}{CG} \left[(S_{gm,1} - S_{gm}) + \frac{F_{gm,1} - F_{gm}}{CG} + \Delta h_{ex,1} - \Delta h_{ex,c} \right] \\
&= k_{gm,S} \left\{ \frac{CG + CM}{CG} \left[(S_{gm,1} - S_{gm}) + \frac{F_{gm,1} - F_{gm}}{CG} \right] + (\Delta S_{mon,1} - \Delta S_{mon}) \right\}
\end{aligned} \tag{4.41}$$

4. 厚度计 AGC 控制效果

图 4.16 给出了厚度计 AGC 和监控 AGC 同时投入时,出口厚度偏差以及两种 AGC 的辊缝调节量。经过监控 AGC 和厚度计 AGC 的联合控制之后,出口厚度偏差基本控制在了 ±0.5% 以内。

4.3.3　轧机刚度实时计算

一般情况下,认为无带材状态下轧机刚度为轧制力的函数。在轧制力闭环下低速转动轧机,给定最大轧制力的 10% ~ 90%,记录整个过程中的辊缝和轧制力实际值。无带材状态下轧机刚度系数为:

$$CG_0 = -\frac{\partial F}{\partial S} \tag{4.42}$$

式中　CG_0 ——无带材状态下轧机刚度系数,即轧机原始刚度系数,kN/mm;

　　　$\dfrac{\partial F}{\partial S}$ ——刚度测试过程中,实际轧制力对实际辊缝的偏微分,kN/mm。

当辊缝中有带材存在时,如果带材宽度小于轧辊宽度,预加轧制力后两侧将有部分轧辊不能接触,造成辊系挠曲增大,从而降低轧机刚度。轧制过程中实时轧机刚度系数为:

$$CG = CG_0 - CG_0 \cdot \frac{B_R - B}{B_R - B_{min}} \cdot k_{CG} \tag{4.43}$$

式中　CG ——轧制过程中实时轧机刚度系数,kN/mm;

　　　B_R ——轧辊的宽度,mm;

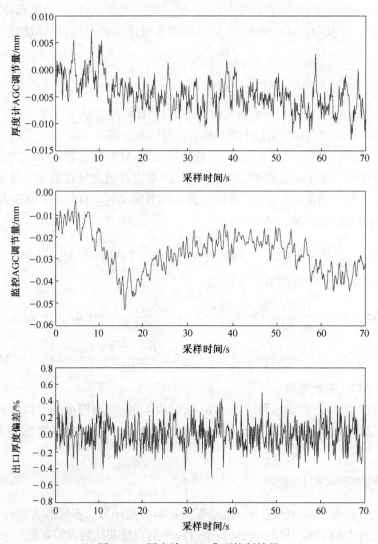

图 4.16　厚度计 AGC 典型控制效果

B ——辊缝中的实际轧件宽度,mm;

$B_{\min}$ ——最小轧件宽度,mm;

k_{CG} ——轧件宽度对实时轧机刚度的影响因子。

4.3.4　轧件塑性系数实时计算

轧制过程中计算的轧件塑性系数为:

$$CM_0 = \frac{F}{2 \cdot \Delta h} \tag{4.44}$$

式中　CM_0——轧制过程中计算得到的轧件塑性系数,kN/mm;

F ——轧制过程中实际中轧制力,kN;

Δh ——轧件的绝对压下量,mm。

冷轧时由于带材较薄较硬,因此接触弧中单位压力较大。使轧辊在接触弧处产生压扁现象,因而加长了接触弧的实际长度。所以冷轧过程中轧辊的压扁现象不容忽略,考虑轧辊压扁后轧件的塑性系数为:

$$CM = \frac{CM_0}{CH \cdot CM_0/B + 1} \tag{4.45}$$

式中　CH——希区柯克常数,一般为 $2.2 - 2.7 \times 10^{-8} m^2/N$。

4.3.5　轧制效率补偿

轧制效率补偿用来减小由于轧制速度变化引起摩擦状态变化对轧制过程中出口厚度的影响。随着轧制速度的增加使大量润滑液被吸入辊缝,从而改善了辊缝处的摩擦状态并降低了轧制力,由弹跳方程可知,出口厚度将随着轧制速度的增加而减小。为了减小轧制速度对出口厚度的影响,就需要对轧制速度造成的轧制效率变化进行补偿。

一般情况下,轧制速度在 7 m/s 以上时将建立起良好的摩擦状态,设理想摩擦状态下的轧制力为100%,则相同出口厚度各个轧制速度下的实际轧制力的百分比近似于图 4.17 所示曲线。

在现场调试过程中,针对不同系列的合金进行轧制测试,得到类似图 4.17所示曲线形貌的基于轧制速度的摩擦状态曲线。轧制过程中辊缝和轧制力补偿量分别为:

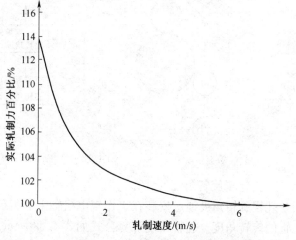

图 4.17　基于轧制速度的轧制力曲线

$$\Delta S_{rf} = - k_{rf,S} \cdot \frac{F \cdot (2 - \eta_{rf}/100) \cdot \eta_{rf}/100}{CG} \tag{4.46}$$

$$\Delta F_{rf} = - k_{rf,F} \cdot F \cdot (2 - \eta_{rf}/100) \cdot \eta_{rf}/100 \tag{4.47}$$

式中　ΔS_{rf}——轧制效率补偿输出的辊缝附加量,mm;

$k_{rf,S}$——轧制效率补偿的输出辊缝调节因子;

η_{rf}——相对于理想摩擦状态下,各个轧制速度的轧制力百分比,%;

ΔF_{rf}——轧制效率补偿输出的轧制力附加量,kN;

$k_{rf,F}$——轧制效率补偿的输出轧制力调节因子。

4.3.6　轧辊偏心补偿

轧辊偏心的存在而导致的轧制力及辊缝的周期性波动,从而导致出口厚度的波动。尤其是在带材坯料厚度已经较薄且厚度波动已经较小时,在造成厚度波动的诸多因素中,轧辊偏心就成了其中最主要原因之一。所以,要想轧制出高精度的带材坯料,必须考虑增加抑制轧辊偏心影响的措施。

1. 轧辊偏心补偿原理

轧辊偏心控制系统框图如图 4.18 所示,其基本原理是对包含轧辊偏心周期分量的信号进行分析,估算出偏心信号的频率、幅值、相角参数,然后与适当的控制增益相乘后得到相应的偏心补偿量。轧辊偏心补偿量直接反向后附加到辊缝控制系统的控制基准上,从而实现对轧机辊缝的补偿,以最大程度地减小轧辊偏心对出口厚度的影响。由于支撑辊直径是工作辊直径的 2~3 倍,支撑辊偏心相对工作辊偏心要大得多,因此轧辊偏心对带材厚度产生影响的主要因素为支撑辊偏心。

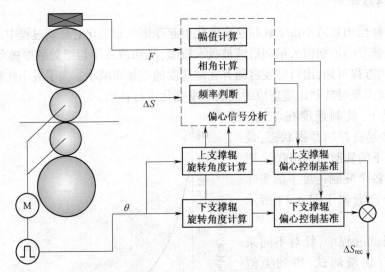

图 4.18　轧辊偏心控制系统框图

1)支撑辊旋转角度的计算

轧辊旋转角度通过安装在工作辊电机轴上的编码器获得,结合轧辊直径计算可知被补偿轧辊的旋转角度。轧辊角度计算公式如式 4.48 所示。

$$\Phi_{\text{bur,rad}} = Pl_{\text{wr}} \times 2 \cdot \pi \times \frac{1}{\text{Gr}} \times \frac{1}{N_{\text{wr,pls}}} \times \frac{D_{\text{wr}}}{D_{\text{bur}}} \tag{4.48}$$

式中　　$\Phi_{\text{bur,rad}}$——支撑辊旋转角度,rad;

　　　　Pl_{wr}——工作辊电机轴上编码器的实际脉冲数;

　　　　Gr——工作辊传动减速比;

　　　　$N_{\text{wr,pls}}$——工作辊电机轴上编码器每周的脉冲数;

　　　　D_{wr}——工作辊直径,mm;

　　　　D_{bur}——支撑辊直径,mm。

2)实际轧制力数据处理

从实际轧制力中减去实际辊缝变化引起的轧制力变化,就可以得到轧辊偏心引起的轧制力变化量:

$$F_{\text{rec}} = F - 2 \cdot \Delta F_{\text{bend}} - \frac{\text{CG} \cdot \text{CM}}{\text{CG} + \text{CM}} \cdot (\Delta S_{\text{agc}} + \Delta S_{\text{man}}) \tag{4.49}$$

式中　　F_{rec}——轧辊偏心引起的轧制力变化,kN;

　　　　F ——实际轧制力,kN；

　　ΔF_{bend} ——弯辊力变化,kN；

　　ΔS_{agc} ——AGC 系统输出的辊缝调节量,mm；

　　ΔS_{man} ——手动干预辊缝调节量,mm。

3)轧制力存储区处理

　　在程序中开辟 3 个缓存区,将支撑辊旋转一周过程中的 ΔF_{rec} 存储到缓存区 3 中。在支撑辊旋转半周时计算缓存区 1 和缓存区 2 中轧制力数据对应的幅值和相角,用于支撑辊下周旋转的控制输出计算。在支撑辊旋转一周之后把各个缓存区顺次前移。轧辊偏心引起的轧制力变化存储过程如图 4.19 所示。

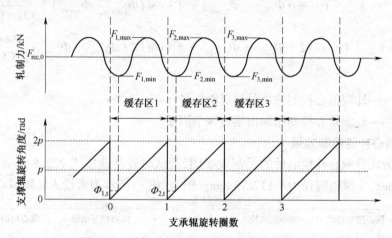

图 4.19　轧辊偏心引起的轧制力变化存储过程

4)幅值和相角的计算

　　使用缓存区 1 和缓存区 2 中的轧制力数据计算轧辊偏心控制的幅值和相角。每个支撑辊对应的轧辊偏心幅值为:

$$A_{rec} = \frac{(F_{1,max} + F_{2,max})/2 - (F_{1,min} + F_{2,min})/2}{4} \tag{4.50}$$

式中　A_{rec} ——轧辊偏心引起的轧制力变化幅值,kN；

　　$F_{1,max}$ ——缓存区 1 中的最大轧制力,kN；

　　$F_{1,min}$ ——缓存区 1 中的最小轧制力,kN；

　　$F_{2,max}$ ——缓存区 2 中的最大轧制力,kN；

　　$F_{2,min}$ ——缓存区 2 中的最小轧制力,kN。

上下支撑辊对应的轧辊偏心控制相角 $\Phi_{t,rec0}$ 和 $\Phi_{b,rec0}$ 分别为:

$$\Phi_{t,rec0} = \frac{\Phi_{1,t} + \Phi_{2,t}}{2} \tag{4.51}$$

$$\Phi_{b,rec0} = \frac{\Phi_{1,b} + \Phi_{2,b}}{2} \tag{4.52}$$

式中　$\Phi_{1,t}$、$\Phi_{2,t}$ ——缓存区 1 和缓存区 2 中最小轧制力所对应的下支撑辊角度,rad；

$\Phi_{1,b}$、$\Phi_{2,b}$——缓存区 1 和缓存区 2 中最小轧制力所对应的上支撑辊角度,rad。

5)轧辊偏心频率判断

将缓存区中的轧制力进行数据重排,使得缓存区内的轧制力数据相对于支撑辊旋转角度以正弦方式存储于缓存区中。分别计算支撑辊旋转前半周和整周的轧制力平均值为 $F_{rec,180}$ 和 $F_{rec,360}$,如果 $F_{rec,180}$ 与 $F_{rec,360}$ 的差值大于设定阈值则认为轧辊偏心为一次偏心,否则认为轧辊偏心为二次偏心。

6)轧辊偏心控制输出

对于一次偏心和二次偏心的控制输出分别为:

$$\Delta S_{rec} = -k_{rec,S}\left[A \cdot \cos(\Phi_{t,rec} - \Phi_{t,rec0}) + A \cdot \cos(\Phi_{b,rec} - \Phi_{b,rec0})\right]\frac{CG + CM}{CG \cdot CM} \quad (4.53)$$

$$\Delta S_{rec} = -k_{rec,S}\left[A \cdot \cos(2 \cdot \Phi_{t,rec} - \Phi_{t,rec0}) + A \cdot \cos(2 \cdot \Phi_{b,rec} - \Phi_{b,rec0})\right]\frac{CG + CM}{CG \cdot CM}$$

$$(4.54)$$

式中　　ΔS_{rec}——轧辊偏心控制输出的辊缝附加量,mm;

$k_{rec,S}$——轧辊偏心控制的输出辊缝调节因子。

2. 轧辊偏心补偿控制效果

图 4.20 为轧辊偏心补偿前后的控制效果图,测试时轧制速度为 222.8 m/min,工作辊辊径为 418.11 mm,支撑辊辊径为 1 117.78 mm。图 4.20(c)所示为未投入轧辊偏心控制时的频

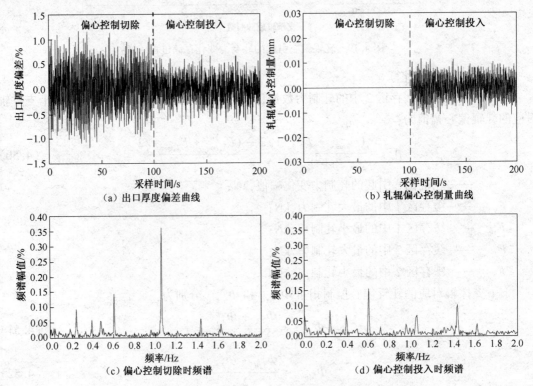

图 4.20　轧辊偏心控制典型控制效果

谱幅值曲线,1.06 Hz 处支撑辊一次偏心造成的出口厚度波动高达 0.36%。图 4.20(d) 所示为投入轧辊偏心控制时的频谱幅值曲线,支撑辊一次偏心造成的出口厚度波动减小到了 0.08%,出口厚度偏差有了较大水平的提高。

4.4 单机架冷轧机张力控制策略

单机架冷轧过程中,当作用在轧件上张力的作用方向与轧制方向相同时称为前张力,而当张力的作用方向与轧制方向相反时称为后张力。张力控制是轧制顺利进行的必要条件,张力的控制精度直接影响厚度控制精度。

从控制系统的结构来分,张力控制系统可以分为直接张力控制、间接张力控制和复合张力控制三种。对于单机架冷轧机,考虑到投资成本,现场较少配置张力检测仪表,大多数张力控制系统都是通过控制传动输出转矩的间接张力控制方式。

4.4.1 间接恒张力控制

间接张力控制分为电流电势复合控制法和最大转矩法,由于前者的固有缺陷,目前使用的一般都是最大转矩法。

最大转矩法间接张力控制是以速度控制器和电流控制器为核心的速度、电流双闭环串级控制系统,外环为速度环,内环为电流环。在速度控制过程中,速度环通过电流环完成速度调节。而在张力控制过程中,速度环输出饱和,速度调节器输出由张力等因素设定的限幅值,并在限幅之后附加补偿加减速过程中的动态转矩,系统只有电流环起到调节作用,通过改变转矩设定输出来改变电流输出最终完成张力控制。

间接张力控制的输出转矩设定值主要包括设定张力转矩、摩擦转矩、弯曲转矩和动态张力转矩,当轧件厚度很薄时可忽略弯曲转矩部分。

1. 设定张力转矩

设定张力转矩是传动系统发出的用来产生并维持带材上的张力所需要的转矩。在间接恒张力控制中,要保证张力恒定需要通过各种办法补偿其他扰动,来保证传动系统提供的设定张力转矩相对恒定,从而来维持带材上的张力恒定。设定张力转矩 M_t 为:

$$M_t = U_t \cdot A_t \cdot \frac{D_t}{2} \tag{4.55}$$

式中　U_t ——单位面积上的张力设定值,N/mm^2;

　　　A_t ——带材的横截面面积,mm^2;

　　　D_t ——带材卷的瞬时直径,m。

从式(4.55)中可以看到,瞬时卷径是影响设定张力转矩的主要因素,在后面将对其获取方法进行具体分析。为了改善卷形,从而提高产品质量,卷取机上一般采用单位张力 U_t 与卷直径相关的递变张力控制:

$$U_t = \begin{cases} U_{t0} & \text{当 } D_t < D_{t0} \\ U_{t0} + \dfrac{(U_{t1} - U_{t0}) \cdot (D_t - D_{t0})}{D_{t1} - D_{t0}} & \text{当 } D_{t0} \leqslant D_t < D_{t1} \\ U_{t1} & \text{当 } D_t \geqslant D_{t1} \end{cases} \tag{4.56}$$

式中　U_{t0}——递变张力开始时的单位张力设定值，N/mm^2；

　　　D_{t0}——递变张力开始时的卷直径，m；

　　　U_{t1}——递变张力结束时的单位张力设定值，N/mm^2；

　　　D_{t1}——递变张力结束时的卷直径，m。

2. 摩擦转矩

在轧制过程中，摩擦转矩总是存在的，传统上将其看作常数。在实际的调试的过程中，摩擦转矩可以用实验的方法获取。空载状态下缓慢地启动电机，由于摩擦转矩的存在，开始时电机不会旋转，当电机从静止到开始转动的瞬间，记下此时读到传动系统的输出转矩 $M_{f,t}$。考虑到电机静止时启动转矩略大于电机旋转时的摩擦转矩，可以认为摩擦转矩 M_f 为转矩记录值 $M_{f,t}$ 的 90%。

然而，由于电机旋转速度不同，整个系统的摩擦状态也在随速度的变化而变化，简单地认为摩擦转矩为常数已经满足不了带材轧制过程中张力控制的要求，后面将提出一种新的摩擦转矩测试方法。

3. 动态加减速转矩

在轧制速度升降时，都需要传动系统的输出转矩做出相应的变化来驱动负载实现速度的变化，这部分转矩称为动态转矩。为了保证作用于带材上的张力不变，即传动系统输出的张力转矩部分不变，必须对这部分动态转矩进行补偿。在轧制速度升降的过程中，传动系统把用于驱动升降速的那部分动态转矩直接叠加到转矩输出。这样就避免了在升降速过程中，由于负载造成的动态转矩直接作用到带材上，导致带材松带或过紧，甚至断带事故的发生。动态加减速转矩 M_d 为

$$\begin{aligned} M_d &= \frac{GD_{d0}^2 + \dfrac{\pi}{8} \cdot \alpha_d \cdot \rho_d \cdot B_d \cdot (D_t^4 - D_0^4) \cdot g}{375} \cdot \frac{dn}{dt} \\ &= \frac{2 \cdot a_d}{D_t} \cdot \left[J_d + \frac{\pi}{32} \cdot \alpha_d \cdot \rho_d \cdot B_d \cdot (D_t^4 - D_0^4) \right] \end{aligned} \tag{4.57}$$

式中　GD_{d0}^2——折算到卷筒上的固有机械设备的飞轮矩，$\text{kg} \cdot \text{m}^3/\text{s}^2$；

　　　α_d——带材的卷紧系数；

　　　ρ_d——带材的密度，kg/m^3；

　　　B_d——带材的宽度，m；

　　　D_0——带材卷的内径，m；

　　　g——重力加速度，m/s^2；

　　　$\dfrac{dn}{dt}$——卷筒的转速加速度，$(\text{r/min})/\text{s}$；

a_d——轧制速度升降时的加速度,m/s^2;

J_d——折算到卷筒上的固有机械设备的转动惯量,$kg \cdot m^2$。

从式(4.57)可以看到动态加减速转矩是加速度、瞬时卷径和转动惯量的函数。转动惯量可以分为可变部分和不变部分,其中可变部分是料卷的转动惯量,不变部分包括电机、传动轴、减速箱、卷筒等机械设备转动惯量等。

4.4.2　控制参数的获取

根据上面的描述可以知道,瞬时卷径、摩擦转矩和转动惯量等参数是影响张力控制的重要因素,为了获得更好的张力控制精度,必须首先精确获取这些关键参数。

1. 瞬时卷径获取

传统上卷径获取的方式主要有层数累积计算和速度比计算两种,具备条件的情况下两种方式一般都同时使用,以开卷机为例对这两种方式进行分析。

层数累积计算方式,首先需要设定初始卷径 D_{d0},在轧制过程中通过电机尾轴上的编码器计算出电机旋转的圈数 N_d,从而得到卷径变化值,累加到初始卷径上得到当前瞬时卷径。当带材与卷筒之间打滑时层数累积将出现错误,厚度不均时计算出的卷径也将受到很大影响,最重要的是卷径累积偏差在轧制过程中无法得到修正,采用层数累积计算卷径如式(4.58)所示:

$$D_t = D_{d0} - \int \frac{2 \cdot h_d \cdot N_d}{i_d} \tag{4.58}$$

式中　h_d——带材的厚度,mm;

i_d——传动系统的减速比。

速度比计算方式,使用入口偏导辊计算出轧机入口线速度 v_d,同时通过开卷电机编码器得到电机转速 n_d,根据带材卷与轧机入口的线速度相同原则就可以计算出当前瞬时卷径。这种方法的缺陷在于带材与偏导辊容易打滑,导致卷径计算出现偏差,采用速度比计算卷径如式(4.59)所示:

$$D_t = \frac{v_d}{\pi \cdot n_d / i_d} = \frac{v_d \cdot i_d}{\pi \cdot n_d} \tag{4.59}$$

带材卷径直接关系到设定张力转矩和动态加减速转矩,而上述的传统方法分别存在各自缺陷,很难满足张力控制精度的要求,在此提出一种使用激光测距仪直接测量卷径的方法。

首先正确安装激光测距仪使其在轧制过程中不受震动影响(如安装在地基里),设置测距仪的测量距离等参数,根据激光测距仪的具体接口形式相应的连接到对应的 PLC 接口信号模块。如图 4.21 所示,将激光头正对卷筒中心,测量出激光头到卷筒中心的距离为 L_{d0},当有带材卷放置在卷筒上时,读出此时测距仪读数为 L_d,进而可以计算出当前瞬时卷径为:

$$D_t = 2(L_{d0} - L_d) \tag{4.60}$$

2. 摩擦转矩测试

根据系统的摩擦状态随速度的变化而变化的特点,对传动系统速度进行分段测试,得到不同速度下的摩擦转矩,再回归成为转速-摩擦转矩曲线。

低速(如 30 r/min)运转电机 30 min,使传动系统达到热运转状态,确保测试时传动系统的摩擦状态等与正常运转时状态一致,以保证最终测试结果的精确度。将最高转速 n_{max} 分为 m_t 段,使电机在 n_{max}/m_t 的速度点运转 2 min,记录下实际转速平均值 $\overline{v_{t,1}}$ 和实际转矩平均值 $\overline{M_{t,1}}$。再升速至 $2 \cdot n_{max}/m_t$ 速度点并记录下相应的 $\overline{v_{t,2}}$ 和 $\overline{M_{t,2}}$,最终升至最高速可以得到 m_t 组数据。

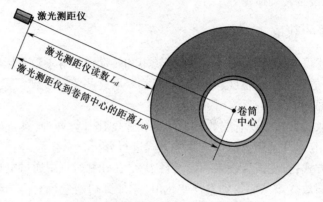

图 4.21　卷径直接测量方法示意图

在速度升到最高点记录数据结束后,再按照升速段设定速度点分段降速,并同样记录下实际速度 $\overline{v_{t,l_t}}'$ 和实际转矩 $\overline{M_{t,l_t}}'$ $(l_t = 1, 2, \cdots, m_t - 1)$。最终计算出转速-摩擦转矩对应关系为:

$$(v_{l_t}, M_{l_t}) = \begin{cases} \left(\dfrac{\overline{v_{l_t}} + \overline{v_{l_t}}'}{2}, \dfrac{\overline{M_{l_t}} + \overline{M_{l_t}}'}{2} \right) & (l_t = 1, 2, \cdots, m_t - 1) \\ (\overline{v_{l_t}}, \overline{M_{l_t}}), (l_t = m_t) \end{cases} \tag{4.61}$$

依照上述关系绘制出转速-摩擦转矩曲线,并回归出速度-摩擦转矩之间的关系。某 1 900 mm箔轧开卷机转速-摩擦转矩曲线如图 4.22 所示,回归得到转矩-摩擦转矩之间的关系为:

$$M_f = -1.09 \cdot 10^{-10} \cdot n^4 + 2.90 \cdot 10^{-7} \cdot n^3 - 2.74 \cdot 10^{-4} \cdot n^2 + 1.12n + 101.43 \tag{4.62}$$

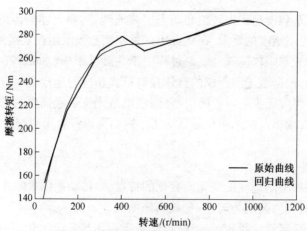

图 4.22　某开卷机转速与摩擦转矩曲线

3. 转动惯量测试

传统上传动系统的转动惯量应该由机械制造厂家提供,但是由于测试不准确甚至某些厂家并不具有转动惯量的测试能力,再加上安装过程中对设备状态的改变等,都最终影响了整个传动系统转动惯量的精确度。在这里给出一种能够精确测量转动惯量的方式。

设置较小的传动装置输出限幅 $M_{\text{lim},t}$ 和较大的速度升速斜坡,控制电机从低速开始升速,使传动装置输出转矩饱和至限幅值,记录下升速过程中的实际转速和实际转矩。

取出转矩饱和至限幅值段的实际转速数据,其起始和结束转速分别为 $n_{s,t}$ 和 $n_{e,t}$,得出升速时间 t_t 和转速增量 $\Delta n_t = n_{e,t} - n_{s,t}$,从而计算出这个过程中的角加速度为:

$$\mathrm{d}\omega/\mathrm{d}t = 2 \cdot \pi \cdot \Delta n_t/(60 \cdot t_t) \tag{4.63}$$

根据式(4.63)回归出的转速-摩擦转矩关系,计算出从 $n_{s,t}$ 到 $n_{e,t}$ 的各个转速点对应的摩擦转矩,并求得其平均值为 $\overline{M_{f,t}}$。

则折算到卷筒上的固有机械设备的转动惯量为:

$$J_d = (M_{\text{lim},t} - \overline{M_{f,t}}) \cdot i_d{}^2/(\mathrm{d}w/\mathrm{d}t) \tag{4.64}$$

精确测量得到传动系统的转动惯量之后,可以大大提高调试时间和张力控制精度,对于间接张力控制具有重要意义。

4.5　箔材冷轧厚度控制策略

我国国家标准规定,厚度等于或小于 0.20 mm 的轧制产品被称为箔材。箔材由于厚度极薄,与常规板带材冷轧时厚度控制方法相比,其厚度控制方法具有一定特殊性。本节以某铝箔单机架冷轧生产线为例,对箔材冷轧厚度控制策略进行介绍。

某铝加工企业 1 850 mm 铝箔轧机厚度控制系统主要包含以下功能:

(1)轧制力监控 AGC(RF-AGC);

(2)张力监控 AGC(TNS-AGC);

(3)轧制速度 AGC(SPD-AGC);

(4)厚度优化控制(OPT-AGC);

(5)目标厚度自适应控制(TAD);

(6)速度最佳化控制。

由于铝箔厚度较小,轧机一般都工作在轧制力模式下,根据选择的厚度监控系统,AGC 的输出调节量分别为轧制力、开卷张力和轧制速度。该铝箔机组厚度控制总体框图如图 4.23 所示。

4.5.1　轧制力监控 AGC

1. 轧制力监控 AGC 控制原理

铝箔粗轧时,工作辊两端还没有压靠,轧制力的大小对铝箔厚度变化仍起到主要作用。轧制力监控 AGC 基于轧机出口测厚仪 Xex 检测到的厚度偏差对轧制力进行相应调节,以获得良好的出口厚度精度。轧制力监控 AGC 的控制系统原理图如图 4.24 所示。

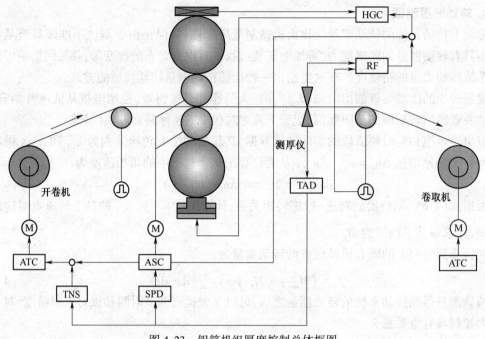

图 4.23　铝箔机组厚度控制总体框图

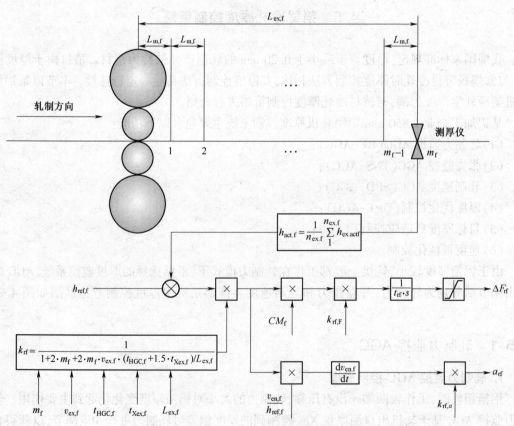

图 4.24　轧制力监控 AGC 的控制系统原理图

　　轧制力监控 AGC 的控制原理与 4.3.1 节"监控 AGC"的内容类似,包含增益计算、Smith 预估控制和对入口动态转矩补偿等环节,在此不再赘述。

2. 轧制力监控 AGC 控制效果

　　图 4.25 给出了轧制力监控 AGC 的典型效果曲线。轧制速度升高到 300 m/min 以上后,轧制力监控 AGC 投入。由于出口厚度存在较大偏差,轧制力调节量迅速增大 500 kN 将出口厚度偏差快速控制到允许范围内。在整个稳定轧制的过程中,出口厚度偏差基本维持在±1% 以内。

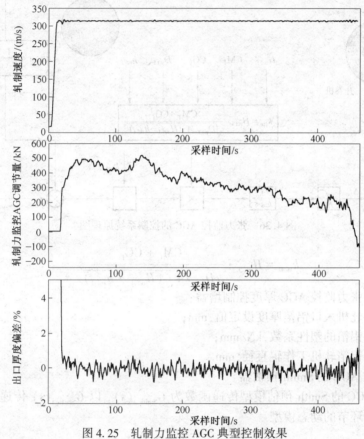

图 4.25　轧制力监控 AGC 典型控制效果

4.5.2　张力监控 AGC

1. 张力监控 AGC 控制原理

　　当铝箔厚度在 0.10~0.15 mm 以下时,轧辊的两端已经基本压靠,轧制过程处于极限压延状态,辊缝或轧制力对控制出口厚度的作用已经很小。张力监控 AGC 基于轧机出口测厚仪 Xex 检测到的厚度偏差对开卷张力进行相应调节,以获得良好的出口厚度精度。张力监控 AGC 的控制系统原理图如图 4.26 所示。

　　1)张力监控 AGC 的增益计算

　　开卷张力对铝箔出口厚度的影响比较复杂,与入口厚度、轧制压下量、工作辊直径等都有关系。

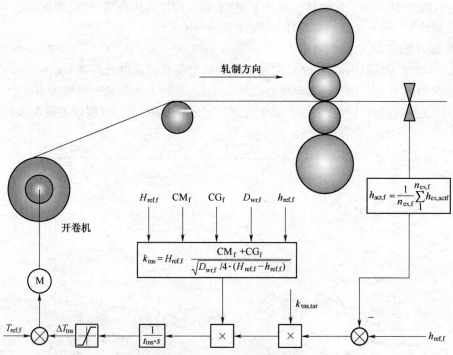

图 4.26 张力监控 AGC 的控制系统原理图

$$k_{\text{tns0}} = H_{\text{ref,f}} \cdot \frac{\text{CM}_f + \text{CG}_f}{\sqrt{D_{\text{wr,f}}/4 \cdot (H_{\text{ref,f}} - h_{\text{ref,f}})}} \tag{4.65}$$

式中　k_{tns0}——张力监控 AGC 厚度控制增益;

　　　$H_{\text{ref,f}}$——轧机入口铝箔厚度设定值,mm;

　　　CM_f——铝箔的塑性系数,kN/mm;

　　　$D_{\text{wr,f}}$——铝箔轧机工作辊直径,mm。

2)张力监控 AGC 的 Smith 预估器

张力监控 AGC 的 Smith 预估模型传递函数为 $G_{\text{Smith,t}}(s)$,以 $G_{\text{Smith,t}}(s)$ 传递函数模拟开卷传动和测厚仪等环节的动态模型。

$$G_{\text{Smith,t}}(s) = \frac{a_{1,t} + a_{2,t}s}{b_{1,t} + b_{2,t}s} \tag{4.66}$$

式中　$a_{1,t}$、$a_{2,t}$、$b_{1,t}$、$b_{2,t}$——张力监控 AGC 的 Smith 预估器调试参数。

Smith 预估器各可调参数的初值来自离线的最优降阶模型,并根据现场调试情况最终确定,可调参数与张力-厚度有效系数、开卷传动环节及测厚仪环节的响应时间等相关。

3)张力监控 AGC 的控制器

张力监控 AGC 一般采用纯积分控制器,与轧制力监控 AGC 类似,认为积分时间 t_{tns} 是轧制速度 v_f 的函数,积分时间随着轧制速度的增大而减小:

$$t_{\text{tns}} = \begin{cases} a_{v1,t} - b_{v1,t}v_f & \text{当 } v_f \leqslant c_{v1,t} \\ a_{v2,t}/v_f + b_{v2,t} & \text{当 } c_{v1,t} < v_f \leqslant c_{v2,t} \\ a_{v3,t} - b_{v3,t}v_f & \text{当 } v_f > c_{v2,t} \end{cases} \tag{4.67}$$

式中 $a_{v1,t}$、$a_{v2,t}$、$a_{v3,t}$、$b_{v1,t}$、$b_{v2,t}$、$b_{v3,t}$、$c_{v1,t}$、$c_{v2,t}$——张力监控 AGC 积分时间的调试参数，取正值。

各可调参数的初值通过离线仿真获取，现场调试时根据实际情况进行相应的参数修正。

4）轧机刚度系数和轧件塑性系数的实时获取

轧机刚度系数和轧件塑性系数的实时计算已在前面小节中做了详细描述，在此不再赘述。

5）计算张力监控 AGC 输出的附加张力调节量

$$\Delta T_{tns} = \frac{1}{t_{tns}} \cdot k_{tns,tar} \cdot H_{ref,f} \cdot \frac{CM_f + CG_f}{\sqrt{D_{wr,f}/4 \cdot (H_{ref,f} - h_{ref,f})}} \int \Delta h_{ex,cf} \tag{4.68}$$

式中 ΔT_{tns}——张力监控 AGC 输出的开卷张力附加量，kN；

$k_{tns,tar}$——张力监控 AGC 的自适应调节因子。

2. 张力自适应调节

张力监控 AGC 对于出口厚度控制具有快速、灵敏的特点，但张力的调节量受到稳定轧制条件的限制，过大的张力调节或张力波动极易造成铝箔断带。由于原料厚度波动或控制器调节不当，容易导致附加张力调节量和出口厚度的振荡。如图 4.27 所示，铝箔原料厚度 0.04 mm，出口厚度 0.02 mm，轧制速度 630 m/min，开卷张力和出口厚度出现了大幅振荡。

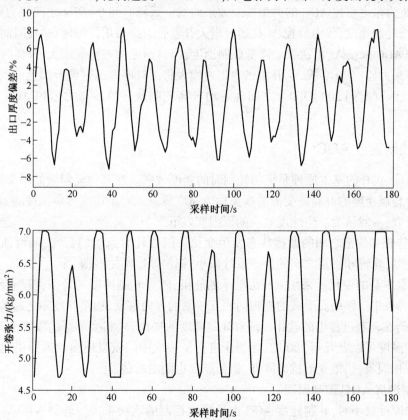

图 4.27 张力 AGC 控制输出振荡

通过对张力监控 AGC 自适应因子的调节，张力自适应控制用来避免由于原料厚差或控制不当所造成的张力振荡现象。取自适应因子与出口厚度偏差相关,当出口厚度偏差出现振荡时,快速减小自适应因子消除振荡,当出口厚度偏差相对稳定后,缓慢增大自适应因子以加快系统的响应速度。

在出口铝箔长度阈值内,如果系统检测到开卷张力分别大于张力上限和小于张力下限一次,则认为张力监控 AGC 系统正在振荡。此时自适应因子为:

$$k_{\text{tns,tar}} = 1/\big[\,(1 - \alpha_{\text{tar,dec}})/k_{\text{tns,tarp}} + \alpha_{\text{tar,dec}} \cdot k_{\text{tns,dec}}\,\big] \tag{4.69}$$

式中　$k_{\text{tns,tar}}$——张力监控 AGC 自适应调节因子;

　　　$\alpha_{\text{tar,dec}}$——张力监控 AGC 自适应下行调节因子;

　　　$k_{\text{tns,tarp}}$——上周期的张力监控 AGC 自适应调节因子;

　　　$k_{\text{tns,dec}}$——张力监控 AGC 自适应下行调节增益常数,大于自适应因子的初值。

当系统检测到开卷张力和出口铝箔厚度逐渐稳定下来之后,逐步增大自适应调节因子:

$$k_{\text{tns,tar}} = 1/\big[\,(1 - \beta_{\text{tar,inc}})/k_{\text{tns,tarp}} + \beta_{\text{tar,inc}} \cdot k_{\text{tns,tar0}}\,\big] \tag{4.70}$$

式中　$\beta_{\text{tar,inc}}$——张力监控 AGC 自适应上行调节因子,小于下行调节因子 $\alpha_{\text{tar,dec}}$;

　　　$k_{\text{tns,tar0}}$——张力监控 AGC 自适应因子的初值。

3. 张力监控 AGC 控制效果

图 4.28 为张力监控 AGC 的典型控制效果曲线。采样时间 0~69 s 之间张力监控 AGC 投入,手动降低轧制速度,张力监控 AGC 通过增大开卷张力维持出口厚度;采样时间 70~91 s 之间张力监控 AGC 未投入,再次手动降低轧制速度,出口厚度偏差明显增大;采样时间 92~100 s 之间再次将张力监控 AGC 投入,开卷张力迅速增大将出口厚度偏差调节到允许范围内。与上述过程类似,采样时间 200~300 s 之间为手动升高轧制速度检验张力监控 AGC 效果的相应过程。

4.5.3　轧制速度 AGC

轧制速度 AGC 的基本原理是铝箔轧制时的速度效应。在其他轧制条件不变的情况下,铝箔厚度随着轧制速度的升高而变薄的现象称为速度效应。对于速度效应机理的解释还有待于更深入的研究,一般认为产生速度效应的原因有以下三个方面。

(1)工作辊和铝箔之间的摩擦状态发生变化。随着轧制速度的提高,润滑油带入量的增加使油膜变厚,轧辊和铝箔之间的摩擦系数减小,铝箔厚度随之减薄。

(2)轧机本身的变化。采用圆柱形轴承的轧机,随着轧制速度的升高,辊颈会在轴承中浮起,因而使两根相互作用而受载的轧辊向相互压紧的方向移动,铝箔厚度随之减薄。

(3)铝箔在轧制过程中的软化。随着轧制速度的提高,轧制变形区的温度升高,据计算变形区的铝箔温度可以上升到 200 ℃,相当于进行了一次中间恢复退火。因而引起铝箔在轧制过程中的软化现象,铝箔变形抗力降低,铝箔厚度也随之减薄。

1. 轧制速度 AGC 控制原理

在铝箔厚度较小时,轧制速度 AGC 也是厚度控制的重要手段。轧制速度 AGC 基于轧机出口测厚仪 Xex 检测到的厚度偏差对轧制速度进行相应调节,以获得良好的出口厚度精度。在其他厚度控制方式投入时,为了减小轧制速度升降对铝箔厚度的影响,对加速度进行在线修正,并输出开卷张力或轧制力的速度前馈补偿。轧制速度 AGC 的控制系统原理图如图 4.29

所示。

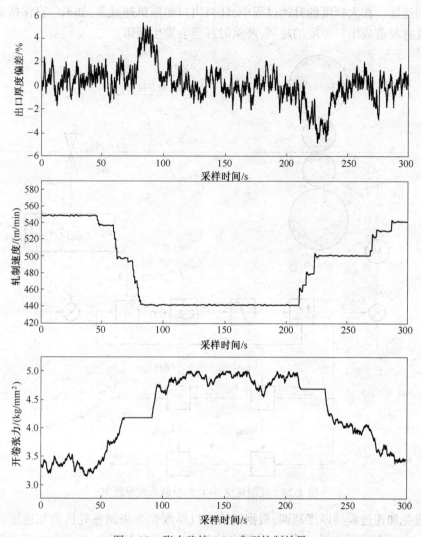

图 4.28　张力监控 AGC 典型控制效果

轧制速度 AGC 很少独立进行控制,一般都是作为轧制力监控 AGC 和张力监控 AGC 的优化控制器。轧制速度 AGC 采用纯积分控制器,根据不同的合金类型、铝箔厚度和轧制速度范围选择不同的控制增益,其最终的轧制速度输出为:

$$\Delta v_{spd} = \frac{1}{t_{spd}} \cdot k_{spd} \cdot \int \Delta h_{ex,cf} \qquad (4.71)$$

式中　Δv_{spd}——轧制速度 AGC 输出的轧制速度附加量,m/s;

　　　t_{spd}——轧制速度 AGC 的积分时间常数,s;

　　　k_{spd}——轧制速度 AGC 的输出轧制速度调节因子。

2. 轧制加速度控制

在铝箔轧制过程中,轧制速度的增减对铝箔厚度的影响非常严重。对于 0.1 mm 以下的铝箔,以穿带速度轧制时铝箔的出口厚度一般大于目标厚度,在到达目标厚度之前必须大幅度的升高轧制速度。在大幅度的升速过程中,轧机出口铝箔迅速减薄,如果一直保持大加速度升高轧制速度容易造成出口厚度的超调,严重时甚至会发生断带。

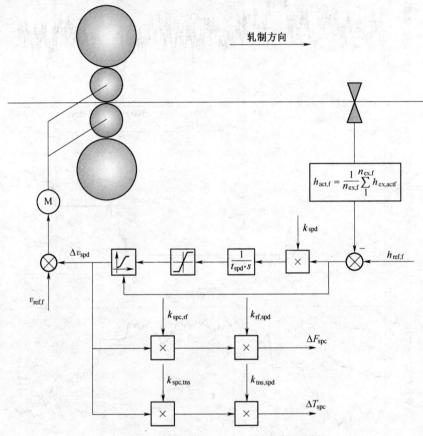

图 4.29 轧制速度 AGC 的控制系统原理图

为了避免加速过程的厚度超调,根据铝箔出口厚度偏差来调整轧机的加速度。在厚度偏差大于 5% 时,以较大的加速度升速;在厚度偏差在 5% 和目标厚度之间时,加速度基于厚度偏差减小到一个较小的加速度:

$$a_{\text{spd}} = \frac{\Delta h_{\text{ex,cf}}}{\Delta h_{\text{acc,nom}}} \cdot a_{\text{sym}} \qquad (4.72)$$

式中 a_{spd} ——轧制升速加速度输出,m/s^2;

   $\Delta h_{\text{acc,nom}}$ ——轧制加速度计算的标称厚度偏差,mm;

   a_{sym} ——轧机传动系统正常加速度,m/s^2。

图 4.30 所示为轧制加速度控制的典型控制效果曲线。图 4.30(a) 为未投入加速度控制时的升速过程,随着轧制速度的大幅度升高厚度偏差出现了超调,在升速过程结束之后厚度偏差才逐渐调整到目标范围内。图 4.30(b) 为投入加速度控制时的升速过程,轧制速度升高到厚度偏差小于 5% 后,轧制速度的升速加速度开始逐渐减小;在出口厚度到达目标厚度后,轧制速度以较小的加速度升速,过程中厚度偏差一直维持在目标范围内。

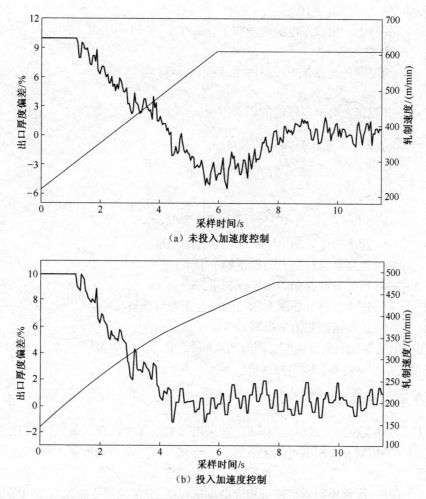

图 4.30　轧制加速度控制典型控制效果

3. 速度前馈控制

正常轧制过程中,轧制速度的升降必然造成出口铝箔厚度的变化。为了减小速度变化对厚度的影响,在设定速度变化的同时给出开卷张力或轧制力的前馈控制附加量。

对于不同合金系列和不同厚度的铝箔,轧制力、开卷张力和轧制速度对出口厚度的影响都将有较大差别。为了提高速度前馈控制的精度,在轧制过程中实时计算不同厚度调节方式对厚度的影响因子,进而获得更为精确的速度前馈控制因子。

$$\frac{\partial F}{\partial v} = \frac{\partial h}{\partial v} \Big/ \frac{\partial h}{\partial F}$$

$$\frac{\partial T}{\partial v} = \frac{\partial h}{\partial v} \Big/ \frac{\partial h}{\partial T} \tag{4.73}$$

式中　$\dfrac{\partial F}{\partial v}$——速度前馈轧制力控制因子,kN/(m/s);

$\dfrac{\partial h}{\partial v}$——轧制速度对出口厚度的影响因子,mm/(m/s);

$\dfrac{\partial h}{\partial F}$——轧制力对出口厚度的影响因子,mm/kN;

$\dfrac{\partial T}{\partial v}$——速度前馈开卷张力控制因子,kN/(m/s);

$\dfrac{\partial h}{\partial T}$——开卷张力对出口厚度的影响因子,mm/kN。

进而得到轧制速度前馈控制的输出量为:

$$\Delta F_{\mathrm{spd,ff}} = k_{\mathrm{rf,ff}} \cdot \Delta v_{\mathrm{ff}} \cdot \frac{\partial F}{\partial v}$$

$$\Delta T_{\mathrm{spd,ff}} = k_{\mathrm{tns,ff}} \cdot \Delta v_{\mathrm{ff}} \cdot \frac{\partial T}{\partial v} \tag{4.74}$$

式中　　$\Delta F_{\mathrm{spd,ff}}$——速度前馈轧制力输出的轧制力附加量,kN;

$k_{\mathrm{rf,ff}}$——速度前馈轧制力的控制调节因子;

Δv_{ff}——速度前馈控制的速度控制量,m/s;

$\Delta T_{\mathrm{spd,ff}}$——速度前馈开卷张力输出的开卷张力附加量,kN;

$k_{\mathrm{tns,ff}}$——速度前馈张力的控制调节因子。

如果出口铝箔厚度小于目标厚度同时速度降低,或者出口铝箔厚度大于目标厚度同时速度升高,速度前馈控制将不会输出控制量。

4.5.4　厚度优化控制

在上述三种厚度控制方式单独投入时,如果出口铝箔厚度出现了较大的变化需要较大的控制输出,而每种控制方式都不可能无限制地进行调节。因而在选择了一种厚度控制方式作为主控制器之后,必须再选择另外一种厚度控制方式作为优化控制器。在主控制器的控制输出达到其上下限时,优化控制器将进行相应的反向控制,把主控制器的控制输出恢复到合理的范围之内。厚度控制中的优化控制如表 4.1 所示。

表 4.1　厚度优化控制表

功能名称	轧制力监控 AGC	张力监控 AGC	轧制速度 AGC
厚度优化方式	速度优化	速度优化/轧制力优化	轧制力优化
上限超出	升高速度	升高速度/增大轧制力	增大轧制力
正常范围	轧制力调厚	张力调厚	速度调厚
下限超出	降低速度	降低速度/减小轧制力	减小轧制力

1. 轧制力优化控制

轧制力优化控制主要用于铝箔的粗中轧道次,对于这些道次开卷张力或轧制速度是主要的厚度控制方式,轧制力优化控制用来保证开卷张力和轧制速度在合理的范围之内。下面以张力监控 AGC 为厚度控制主控制器对轧制力优化控制进行分析。

(1)当出口铝箔厚度有较大偏差时,轧制力优化控制首先消除厚差。当出口厚度过薄并且开卷张力小于张力中值时,减小轧制力以增大出口厚度;当出口厚度过厚、开卷张力大于张力中值并且速度优化控制未运行时,增大轧制力以减小出口厚度。当出口厚度过厚时,升高轧制速度是厚度优化控制的首选,当轧制速度接近上限并且出口厚度持续过厚时再增加轧制力。

(2)当出口铝箔厚度处于允许范围内时,轧制力优化控制用来维持开卷张力在合理范围内。当开卷张力小于优化控制下限时,减小轧制力以增大开卷张力。当开卷张力大于优化控制上限时,增大轧制力以减小开卷张力。在增减轧制力的同时,就对开卷张力进行相应的前馈控制输出,以减小优化控制过程对出口厚度的影响,获得更好的厚度控制精度。

对于极薄的铝箔,由于轧制力对出口厚度的影响很小,使用轧制力优化控制调节开卷张力和出口厚度的效果不明显,这时就需要使用速度优化控制。

2. 速度优化控制

速度优化控制是铝箔轧制中主要的优化控制器,可以应用于铝箔轧制的各个道次。速度优化控制用来保证轧制力和轧制速度在合理的范围之内。下面以张力监控 AGC 为厚度控制主控制器对速度优化控制进行分析。

(1)当出口铝箔厚度有较大偏差时,速度优化控制首先消除厚差。当出口厚度过薄并且开卷张力小于张力中值时,降低轧制速度以增大出口厚度;当出口厚度过厚、开卷张力大于张力中值时,升高轧制速度以减小出口厚度。

(2)当出口铝箔厚度处于允许范围内时,速度优化控制用来维持开卷张力在合理范围内。当开卷张力小于优化控制下限时,降低轧制速度以增大开卷张力。当开卷张力大于优化控制上限时,升高轧制速度以减小开卷张力。在速度升降的同时,对开卷张力进行相应的前馈控制输出,以减小优化控制过程对出口厚度的影响,获得更好的厚度控制精度。

对于箔轧某道次,开卷张力的上下极值分别为 T_{ul} 和 T_{ll},则速度优化控制相关的开卷张力阈值为:

$$T_{ul,opt} = T_{ll} + \alpha_{tul,opt} \cdot (T_{ul} - T_{ll}) \tag{4.75}$$

$$T_{ul,fin} = T_{ul,opt} - \beta_{t,opt} \cdot (T_{ul,opt} - T_{ll,opt}) \tag{4.76}$$

$$T_{ll,opt} = T_{ll} + \alpha_{tll,opt} \cdot (T_{ul} - T_{ll}) \tag{4.77}$$

$$T_{ll,fin} = T_{ll,opt} + \beta_{t,opt} \cdot (T_{ul,opt} - T_{ll,opt}) \tag{4.78}$$

式中　　$T_{ul,opt}$ ——启动速度优化控制的开卷张力上限值,kN;

$\alpha_{tul,opt}$ ——开卷张力上限优化调节因子;

$T_{ul,fin}$ ——结束速度优化控制的开卷张力上限值,kN;

$\beta_{t,opt}$ ——开卷张力合理范围调节因子;

$T_{ll,opt}$ ——启动速度优化控制的开卷张力下限值,kN;

$\alpha_{tll,opt}$ ——开卷张力下限优化调节因子;

$T_{ll,fin}$ ——结束速度优化控制的开卷张力下限值,kN。

速度优化控制的目标是让开卷机张力工作在阈值 $T_{ll,fin}$ 和 $T_{ul,fin}$ 之间,既能够保证合适的轧制速度,同时在任何方向上都留有足够的开卷张力控制范围。如果开卷张力大于上限值 $T_{ul,opt}$,则速度优化控制开始升速,直到开卷张力小于上限值 $T_{ul,fin}$ 为止。如果开卷张力小于下限值 $T_{ll,opt}$,则速度优化控制开始降速,直到开卷张力大于下限值 $T_{ll,fin}$ 为止。图 4.31 所示为速度优化控制调节开卷张力的典型效果图。为了保证良好的出口厚度,开卷张力持续减小并最终达到启动速度优化控制的开卷张力下限值 $T_{ll,opt}$,速度优化控制降低轧制速度,将开卷张力增大到结束速度优化控制的开卷张力下限值 $T_{ll,fin}$。

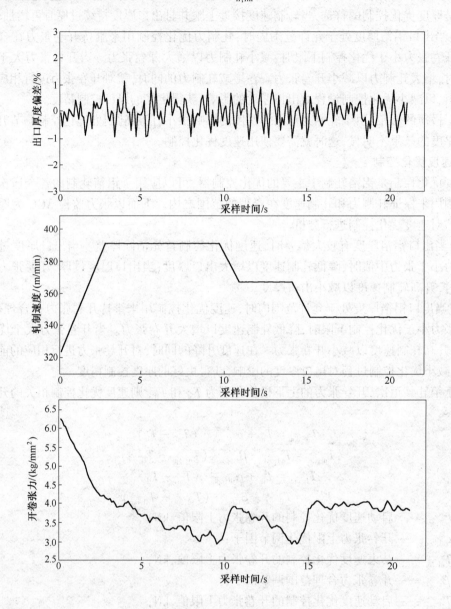

图 4.31　速度优化控制典型控制效果

4.5.5　目标厚度自适应控制

　　铝箔的销售一般分为按长度或按质量销售。就铝箔厚度而言,只要铝箔厚度公差在客户要求范围内即可,而实际能够达到的厚度控制精度一般都高于客户的厚度精度要求。因此,当厚度精度保持在客户要求范围内时,可以将目标厚度调节到其中的任一个偏差极限,即为目标厚度自适应控制。

　　如果铝箔以质量销售,那么应该增加其目标厚度,原料相同的情况下减少了铝箔的轧制长度,从而减少了轧制时间,这就是"质量最优化控制"。当厚度控制精度趋于稳定后,根据当前实际厚度偏差的上限和客户能够接受的厚度上限对厚度目标值进行修正:

$$h_{\mathrm{w,opt}} = h_{\mathrm{w,optp}} + \alpha_{\mathrm{w,opt}} \cdot (h_{\mathrm{cus,ul}} - h_{\mathrm{act,ul}}) \tag{4.79}$$

式中　$h_{\mathrm{w,opt}}$——质量最优化控制修正后的目标厚度值,mm;

　　　$h_{\mathrm{w,optp}}$——前一控制周期重量最优化控制修正后的目标厚度值,mm;

　　　$\alpha_{\mathrm{w,opt}}$——质量最优化控制的目标厚度修正因子;

　　　$h_{\mathrm{cus,ul}}$——客户可以接受的成品厚度上限,mm;

　　　$h_{\mathrm{act,ul}}$——滤波后的当前实际厚度最大值,mm。

如果铝箔以长度销售,那么应当减小其目标厚度,原料相同的情况下增加了铝箔的轧制长度,也就增加了铝箔产量,这就是"长度最优化控制"。当厚度控制精度趋于稳定后,根据当前实际厚度偏差的下限和客户能够接受的厚度下限对厚度目标值进行修正:

$$h_{\mathrm{l,opt}} = h_{\mathrm{l,optp}} + \alpha_{\mathrm{l,opt}} \cdot (h_{\mathrm{cus,ll}} - h_{\mathrm{act,ll}}) \tag{4.80}$$

式中　$h_{\mathrm{l,opt}}$——长度最优化控制修正后的目标厚度值,mm;

　　　$h_{\mathrm{l,optp}}$——前一控制周期长度最优化控制修正后的目标厚度值,mm;

　　　$\alpha_{\mathrm{l,opt}}$——长度最优化控制的目标厚度修正因子;

　　　$h_{\mathrm{cus,ll}}$——客户可以接受的成品厚度下限,mm;

　　　$h_{\mathrm{act,ll}}$——滤波后的当前实际厚度最小值,mm。

通过目标厚度自适应控制,有效地减少了轧制时间、增加了铝箔产量,为铝箔生产企业创造了更大的经济效益。

4.5.6　速度最佳化控制

为了获得更大的铝箔产量,生产企业总是希望轧机以可能的最大速度运行。出口铝箔厚度精度相对稳定之后,系统监视开卷张力、轧制力、电机功率和铝箔板形等现场轧制状态,在条件允许的情况下直接或间接的升高轧制速度以获得最大的产量,这就是速度最佳化控制。在速度最佳化控制的同时,出口铝箔厚度偏差由主控制器进行调节。

轧制力监控 AGC 或张力监控 AGC 作为厚度控制主控制器时,在开卷张力和轧制力不超限的情况下,设置较小的斜坡缓慢升高轧制速度,同时前馈开卷张力或轧制力减小,其控制原理与轧制速度 AGC 中的速度前馈控制类似。

轧制速度 AGC 作为厚度控制主控制器时,在开卷张力和轧制力不超限的情况下,设置较小的斜坡缓慢降低开卷张力或轧制力,同时前馈控制输出轧制速度升高。

$$\Delta v_{\mathrm{spd,m}} = k_{\mathrm{spd,m}} \cdot \Delta T_{\mathrm{spd,m}} \cdot \frac{\partial v}{\partial T}$$

$$\tag{4.81}$$

$$\Delta v_{\mathrm{spd,m}} = k_{\mathrm{spd,m}} \cdot \Delta F_{\mathrm{spd,m}} \cdot \frac{\partial v}{\partial F}$$

式中　$\Delta v_{\mathrm{spd,m}}$——速度最佳化控制输出的轧制速度附加量,m/s;

　　　$k_{\mathrm{spd,m}}$——速度最佳化控制调节因子;

　　　$\Delta T_{\mathrm{spd,m}}$——速度最优化控制的开卷张力调节量,kN;

　　　$\dfrac{\partial v}{\partial T}$——开卷张力前馈轧制速度控制因子,(m/s)/kN;

$$\Delta F_{\text{spd},m} \text{——速度最优化控制的轧制力调节量,kN;}$$

$$\frac{\partial v}{\partial F} \text{——轧制力前馈轧制速度控制因子,(m/s)/kN。}$$

4.6 冷连轧厚度控制策略

某薄板科技有限公司五机架冷连轧机厚度自动控制系统的仪表与执行机构配置情况如图 4.32 所示。轧机配置有五套 X 射线测厚仪,安装于 1 号机架前后和 5 号机架前后,其中 5 号机架后为两套,采用一用一备的形式,编号依次为 X0、X1、X4、X5A 和 X5B。机组配置有 4 台激光测速仪,安装于 2 号机架前后和 5 号机架前后,编号依次为 LS1、LS2、LS3 和 LS4。厚度自动控制系统的执行机构为 1 号~5 号机架的液压压上系统和 1 号~5 号机架的主传动系统。

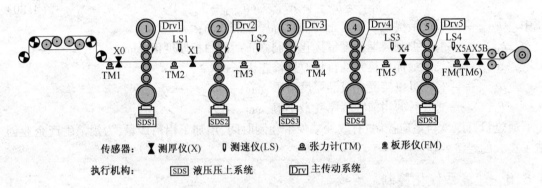

图 4.32　五机架冷连轧机厚度自动控制系统仪表与执行机构配置示意图

根据轧机仪表配置以及工艺情况,同时为了满足厚度控制精度的要求,所设计的厚度自动控制系统包括以下功能:

(1)1 号机架前馈 AGC(stand 1 feed forward AGC,Ff1);

(2)1 号机架监控 AGC(stand 1 monitoring AGC,Mon1);

(3)2 号机架秒流量 AGC(stand 2 mass flow AGC,Mf2);

(4)5 号机架前馈 AGC(stand 5 feed forward AGC,Ff5);

(5)5 号机架监控 AGC(stand 5 monitoring AGC,Mon5);

(6)末机架轧制力补偿控制(final stand roll force compensation control,Sfc);

(7)动态负荷平衡控制(dynamic load balance control,Dlb)。

五机架冷连轧机厚度控制系统总体框图如图 4.33 所示。

未经过冷轧加工的原料一般厚度偏差较大,1 号机架直接对原料进行轧制,且 1 号机架需承担消除大部分厚度偏差的任务,于是,1 号机架设置有两种类型的 AGC,包括前馈 AGC 和监控 AGC,它们均通过调节辊缝对 1 号机架的出口厚度进行控制。当带材到达后部机架时,其较严重的加工硬化将给厚度控制造成困难,所以,尽量通过前部机架来消除厚度偏差。于是,在 2 号机架设置了秒流量 AGC,以尽量消除 1 号机架的 AGC 控制后的剩余的尖峰性厚度偏差。

针对不同的工艺要求,冷连轧机设置有两种轧制策略,分别为压下模式和平整模式。轧机工作在不同轧制策略时,末机架将采用不同的厚度控制方式。轧机工作在压下模式时,总压下率较大,最大可达到 90% ,5 个机架均承担一定的压下量。为了降低进入末机架带材的加工硬化程度,以提高末机架 AGC 对厚度的控制效果,末机架也需承担很大的压下量。此时,末机架设置有两种类型的 AGC,即 5 号机架前馈 AGC 和压下模式时 5 号机架监控 AGC。当前 4 个机架已完成总压下量要求时,轧机可以采取平整模式,即末机架只承担很小的压下量,并且应用毛化辊采用恒轧制力方式进行轧制。此时,末机架将不投入前馈 AGC,只投入平整模式时 5 号机架监控 AGC。

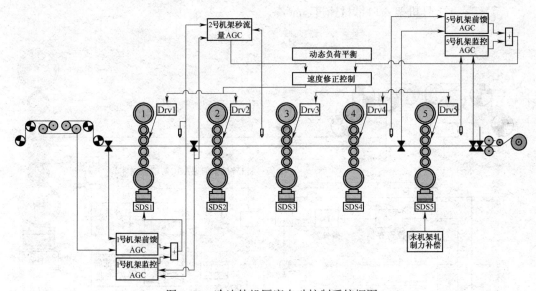

图 4.33　冷连轧机厚度自动控制系统框图

4.6.1　1 号机架前馈 AGC

1. 1 号机架前馈 AGC 控制原理

1 号机架前馈 AGC 是根据 X0 测厚仪检测的带材厚度,通过调节 1 号机架的辊缝,以消除 1 号机架的入口厚度偏差对出口厚度造成的影响。由于采用前馈控制,所以它对尖峰性的入口厚度偏差消差效果明显。

由于入口张力辊的传动系统工作在转矩环,原料厚度的波动将引起入口张力辊速度的波动,进而影响移位寄存器的跟踪精度。此外,1 号机架前馈 AGC 的作用效果将对 1 号机架的前滑值和 1 号机架的转矩产生影响。为了消除这些影响,设置了 1 号机架前馈 AGC 解耦控制环节。该环节包括:对 1 号机架前滑的补偿、对 1 号机架转矩的补偿和对入口张力辊转矩的补偿。

1 号机架前馈 AGC 的控制系统原理图如图 4.34 所示。

1)移位寄存器 1

前馈 AGC 获得良好控制效果的关键是测量信号与控制信号匹配,即在测量点带材恰好到达 1 号机架辊缝处时对其施加控制量。于是,设置了移位寄存器 1,它基于入口张力辊编码器反馈的 1 号机架入口带材速度,对测量点带材进行跟踪,在到达 1 号机架辊缝时输出测量点厚度偏差信号。移位寄存器 1 的跟踪长度综合考虑了 1 号机架液压压上系统的响应时间、X0 测厚仪的响应时间和 X0 测厚仪与 1 号机架间的距离,如式(4.82)所示。

$$l_{\text{ff1,s1}} = l_{\text{X0Std1}} - (t_{\text{resp,sds1}} + t_{\text{resp,X0}}) \cdot v_{\text{act,en,1}} \tag{4.82}$$

式中　$l_{\text{ff1,s1}}$——移位寄存器 1 的跟踪长度,mm;

　　　l_{X0Std1}——X0 测厚仪到 1 号机架轧辊中心线的距离,mm;

　　　$t_{\text{resp,sds1}}$——1 号机架液压压上系统响应时间,s;

　　　$t_{\text{resp,X0}}$——X0 测厚仪响应时间,s,

　　　$v_{\text{act,en,1}}$——1 号机架入口带材速度,mm/s。

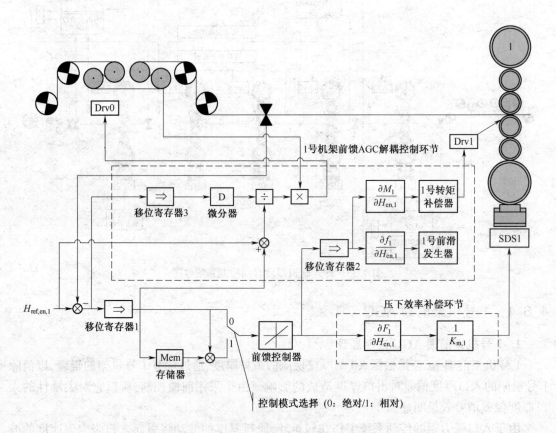

图 4.34　1 号机架前馈 AGC 的控制系统原理图

2)1 号机架前馈 AGC 控制模式

1 号机架前馈 AGC 具有两种控制模式,即绝对模式和相对模式。在绝对模式时,1 号机架前馈 AGC 的控制基准为原料的设定厚度(1 号机架设定入口厚度),参与前馈控制的厚度偏差为 1 号机架设定入口厚度与 X0 测厚仪检测的 1 号机架实际入口厚度之间的差值。然而,有时原料的实际厚度与设定厚度之间存在较大的误差,即原料的实际厚度普遍小于或大于设定厚度。如果仍采用绝对模式将造成 1 号机架前馈 AGC 的调节过大或不足,继而使 1 号机架监控 AGC 的调节承担不必要的负担。于是,在 1 号机架监控 AGC 激活的情况下,采用相对模式。在相对模式时,1 号机架前馈 AGC 投入后,采样一段原料的厚度偏差作为锁定值,并将此锁定值写入存储器,参与前馈控制的厚度偏差为检测的厚度偏差与锁定值之间的差值。

绝对模式下,送入前馈控制器的厚度偏差如式(4.83)所示。

$$\Delta H_{\mathrm{ff1,en,1}} = H_{\mathrm{ref,en,1}} - H_{\mathrm{act,s1,en,1}} \tag{4.83}$$

式中　$\Delta H_{\mathrm{ff1,en,1}}$——送入前馈控制器的厚度偏差,mm;

　　　$H_{\mathrm{ref,en,1}}$——1 号机架设定入口厚度,mm;

　　　$H_{\mathrm{act,s1,en,1}}$——经移位寄存器控制的 1 号机架实际入口厚度,mm。

相对模式下,送入前馈控制器的厚度偏差如式(4.84)所示。

$$\Delta H_{\mathrm{ff1,en,1}} = H_{\mathrm{ref,en,1}} - H_{\mathrm{act,s1,en,1}} - \Delta H_{\mathrm{frz,en,1}} \tag{4.84}$$

式中　$\Delta H_{\mathrm{frz,en,1}}$——1 号机架入口厚度偏差锁定值,mm。

3)1 号机架前馈 AGC 输出的 1 号机架辊缝修正量

前馈控制器的输出经过压下效率补偿环节控制后,转换为 1 号机架的辊缝修正量,如式(4.85)所示。

$$S_{\mathrm{ff1,cor,1}} = k_{\mathrm{ff1,srg}} \cdot \Delta H_{\mathrm{ff1,en,1}} \cdot \frac{\partial F_1}{\partial H_{\mathrm{en,1}}} \cdot \frac{1}{K_{\mathrm{m,1}}} \tag{4.85}$$

式中　$S_{\mathrm{ff1,cor,1}}$——1 号机架前馈 AGC 输出的 1 号机架辊缝修正量,mm;

　　　$k_{\mathrm{ff1,srg}}$——1 号机架前馈 AGC 控制器控制因子;

　　　$\partial F_1 / \partial H_{\mathrm{en,1}}$——1 号机架轧制力对 1 号机架入口厚度的偏微分,kN/mm;

　　　$K_{\mathrm{m,1}}$——1 号机架刚度系数,kN/mm。

4)1 号机架前馈 AGC 对 1 号机架前滑的补偿

为了实现测量与控制之间精确的匹配,经过移位寄存器 1 的控制量"超前"了 1 号机架液压压上系统的响应时间。然而,为了避免解耦控制对厚度控制产生干扰,需待辊缝调整结束后再执行解耦控制。于是,设置了移位寄存器 2,跟踪前馈控制器的控制量至辊缝调整结束时输出。移位寄存器 2 的跟踪长度如式(4.86)所示。

$$l_{\mathrm{ff1,s2}} = t_{\mathrm{resp,sds1}} \cdot V_{\mathrm{act,en,1}} \tag{4.86}$$

式中　$l_{\mathrm{ff1,s2}}$——移位寄存器 2 的跟踪长度,mm。

1 号机架前馈 AGC 输出的 1 号机架的前滑补偿量如式(4.87)所示。

$$f_{\mathrm{ff1,cor,1}} = k_{\mathrm{ff1,sf}} \cdot \Delta H_{\mathrm{ff1,cor,s2}} \cdot \frac{\partial f_1}{\partial H_{\mathrm{en,1}}} \tag{4.87}$$

式中　$f_{\mathrm{ff1,cor,1}}$——1 号机架前馈 AGC 输出的 1 号机架的前滑补偿量;

　　　$k_{\mathrm{ff1,sf}}$——1 号机架前馈 AGC 对 1 号机架前滑的控制因子;

　　　$\Delta H_{\mathrm{ff1,cor,s2}}$——经移位寄存器 2 控制的 1 号机架前馈控制器的控制量,mm;

　　　$\partial f_1 / \partial H_{\mathrm{en,1}}$——1 号机架前滑对 1 号机架入口厚度的偏微分,mm^{-1}。

5)1 号机架前馈 AGC 对 1 号机架转矩的补偿

1 号机架前馈 AGC 输出的 1 号机架的转矩补偿量的传递函数表达式如式(4.88)所示。

$$v_{\mathrm{ff1,cor,1}}(s) = \Delta H_{\mathrm{ff1,cor,s2}}(s) \cdot \frac{\partial M_1}{\partial H_{\mathrm{en,1}}} \cdot \frac{s}{G_{\mathrm{drv,pro,1}} + G_{\mathrm{drv,pro,1}} \cdot G_{\mathrm{drv,1}} \cdot s} \tag{4.88}$$

其中,

$$G_{\mathrm{drv},1} = \frac{G_{\mathrm{drv,pro},1}}{G_{\mathrm{drv,int},1}} \tag{4.89}$$

式中　　$v_{\mathrm{ff1,cor},1}$——1 号机架前馈 AGC 输出的 1 号机架的转矩补偿量,mm/s;

$\partial M_1 / \partial H_{\mathrm{en},1}$——1 号机架转矩对 1 号机架入口厚度的偏微分,Nm/mm;

$G_{\mathrm{drv,pro},1}$——1 号机架主传动系统传递函数比例增益;

$G_{\mathrm{drv,int},1}$——1 号机架主传动系统传递函数积分增益。

6)1 号机架前馈 AGC 对入口张力辊转矩的补偿

单独设置了移位寄存器 3,以跟踪原料厚度的变化值至 1 号机架辊缝时输出,并用于计算对入口张力辊转矩的补偿量。移位寄存器 3 的跟踪长度综合考虑了入口张力辊的响应时间和 X0 测厚仪的响应时间,如式(4.90)所示。

$$l_{\mathrm{ff1,s3}} = l_{\mathrm{X0Std1}} - (t_{\mathrm{resp,por}} + t_{\mathrm{resp,X0}}) \cdot V_{\mathrm{act,en},1} \tag{4.90}$$

式中　　$l_{\mathrm{ff1,s3}}$——移位寄存器 3 的跟踪长度,mm;

$t_{\mathrm{resp,por}}$——入口张力辊的响应时间,s。

1 号机架前馈 AGC 输出的入口张力辊转矩补偿量如式(4.91)所示。

$$M_{\mathrm{ff1,cor,por}} = k_{\mathrm{ff1,cor,por}} \cdot \frac{\partial(H_{\mathrm{act,s3,en},1} - H_{\mathrm{ref,en},1})}{\partial t} \cdot \frac{1}{2H_{\mathrm{ref,en},1} - H_{\mathrm{act,s1,en},1}} \cdot V_{\mathrm{act,en},1} \tag{4.91}$$

式中,$M_{\mathrm{ff1,cor,por}}$——1 号机架前馈 AGC 输出的入口张力辊转矩补偿量,Nm;

$k_{\mathrm{ff1,cor,por}}$——1 号机架前馈 AGC 对入口张力辊转矩补偿控制因子;

$H_{\mathrm{act,s3,en},1}$——经移位寄存器 3 控制的 1 号机架实际入口厚度,mm。

2. 1 号机架前馈 AGC 控制效果

1 号机架前馈 AGC 的典型控制效果如图 4.35 所示,当检测到原料厚度具有较大偏差,如图 4.35(a)所示,1 号机架前馈 AGC 输出相应的辊缝修正量,如图 4.35(b)所示,最终消除了绝大部分原料厚度偏差对 1 号机架出口厚度造成的影响,如图 4.35(c)所示。

4.6.2　1 号机架监控 AGC

1. 1 号机架监控 AGC 控制原理

由于 1 号机架前馈 AGC 属于开环控制,所以它无法保证 1 号机架轧出带材的实际厚度。于是,设置了 1 号机架监控 AGC,它基于 X1 测厚仪检测的实际厚度信号对 1 号机架出口厚度进行监控,并通过调整 1 号机架辊缝以保证 1 号机架出口带材的厚度精度。此外,与 1 号机架前馈 AGC 类似,设置了 1 号机架监控 AGC 解耦控制环节对 1 号机架的前滑、1 号机架的转矩和入口张力辊的转矩进行补偿。1 号机架监控 AGC 的控制系统原理图如图 4.36 所示。

1)1 号机架监控 AGC 的 Smith 预估器与 PI 控制器

由于 X1 测厚仪的安装位置与 1 号机架之间存在一段距离,这就造成了 1 号机架出口厚度检测的滞后,该滞后环节将影响 1 号机架监控 AGC 系统的稳定性。于是,通过引入 Smith 预估器以补偿该影响。

Smith 预估模型用以模拟 1 号机架液压压上系统执行 1 号机架监控 AGC 修正量的过程,其传递函数如式(4.92)所示。

$$G_{\text{mod,Smith}}(s) = \frac{k_{a0} + k_{a1} \cdot s}{k_{b0} + k_{b1} \cdot s} \tag{4.92}$$

式中 $G_{\text{mod,Smith}}$ ——Smith 预估模型传递函数；

k_{a0}、k_{a1}、k_{b0}、k_{b1} ——液压压上系统建模系数。

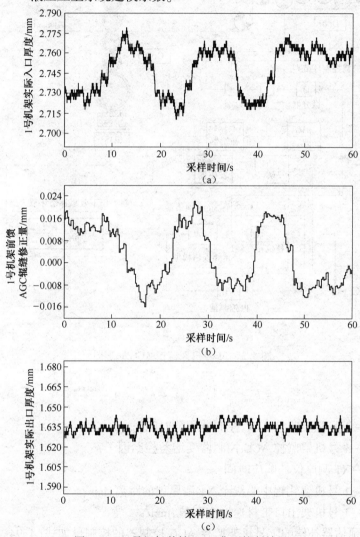

图 4.35　1 号机架前馈 AGC 典型控制效果

为了精确获得反馈信号的滞后时间,移位寄存器 1 根据 LS1 测速仪检测 1 号机架出口带材速度对 1 号机架液压压上系统执行的控制量进行跟踪,在其到达 X1 测厚仪处输出。

控制器采用 PI 控制器的形式,以确保 1 号机架出口带材实际厚度与设定厚度之间不存在稳态误差。由于冷连轧过程中,低速与高速之间的速度差异较大,且升降速阶段加速度较大,如果采用单一的积分时间常数难以保证良好的响应速度。为了解决该问题,对 PI 控制器的积分时间采用变增益控制。该积分时间与轧制速度、液压压上系统响应时间以及 X1 测厚仪响应时间相关,如式(4.93)所示。

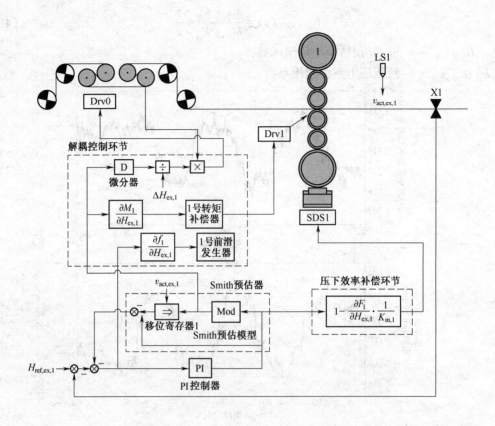

图 4.36 1 号机架监控 AGC 原理图

$$t_{\text{mon1,i}} = k_{\text{mon1,i}} \cdot \left(t_{\text{resp,sds1}} + t_{\text{resp,X1}} + \frac{l_{\text{Std1X1}}}{v_{\text{act,ex,1}}} \right) \tag{4.93}$$

式中 $t_{\text{mon1,i}}$ ——1 号机架监控 AGC 控制器积分时间,s;

$k_{\text{mon1,i}}$ ——1 号机架监控 AGC 控制器变增益控制因子;

$t_{\text{resp,X1}}$ ——X1 测厚仪的响应时间,s;

l_{Std1X1} ——1 号机架轧辊中心线至 X1 测厚仪的距离,mm;

$v_{\text{act,ex,1}}$ ——1 号机架出口带材速度实际值,mm/s。

经过 Smith 预估器补偿的 1 号机架监控 AGC 控制器的控制量如式(4.94)所示。

$$\Delta H_{\text{mon1,cor}}(s) = \frac{k_{\text{mon1},p}}{t_{\text{mon1,i}} \cdot s + k_{\text{mon1},p} \cdot G_{\text{mod,Smith}}(s) \cdot (1 - \text{e}^{-t_{\text{Std1X1}} \cdot s})} \cdot \Delta H_{\text{act,ex,1}}(s) \tag{4.94}$$

其中,

$$\Delta H_{\text{act,ex,1}} = H_{\text{ref,ex,1}} - H_{\text{act,ex,1}} \tag{4.95}$$

式中 $\Delta H_{\text{mon1,cor}}$ ——1 号机架监控 AGC 控制器的控制量,mm;

$k_{\text{mon1},p}$ ——1 号机架监控 AGC 控制器比例增益;

t_{Std1X1} ——1 号机架监控 AGC 反馈滞后时间,s;

$\Delta H_{\text{act,ex,1}}$ ——1 号机架出口厚度偏差,mm;

$H_{\text{ref,ex,1}}$ ——1 号机架出口厚度设定值,mm;

$H_{\text{act,ex,1}}$ ——1 号机架出口厚度实际值,mm。

2)1 号机架监控 AGC 的控制量

1 号机架监控 AGC 控制器的控制量经过压下效率补偿环节转换为 1 号机架辊缝修正量,作为 1 号机架监控 AGC 的控制量,如式(4.96)所示。

$$S_{\text{mon1,cor,1}} = \left(1 - \frac{\partial F_1}{\partial H_{\text{ex,1}}} \cdot \frac{1}{K_{\text{m,1}}}\right) \cdot \Delta H_{\text{mon1,cor}} \tag{4.96}$$

式中　$S_{\text{mon1,cor,1}}$ ——1 号机架监控 AGC 的 1 号机架辊缝修正量,mm;

$\partial F_1 / \partial H_{\text{ex,1}}$ ——1 号机架轧制力对 1 号机架出口厚度的偏微分,kN/mm。

3)1 号机架监控 AGC 对 1 号机架前滑的补偿

1 号机架监控 AGC 的 1 号机架前滑补偿量的传递函数表达式如式(4.97)所示。

$$f_{\text{mon1,cor,1}}(s) = k_{\text{mon1,sf}} \cdot \frac{\partial f_1}{\partial H_{\text{en,1}}} \cdot \frac{t_{\text{mon1,i}} \cdot s}{t_{\text{mon1,i}} \cdot s + k_{\text{mon1,p}} \cdot G_{\text{mod,Smith}}(s) \cdot (1 - \mathrm{e}^{-t_{\text{Std1X1}} \cdot s})} \cdot \Delta H_{\text{act,ex1}}(s)$$

$$\tag{4.97}$$

式中　$f_{\text{mon1,cor,1}}$ ——1 号机架监控 AGC 的 1 号机架前滑补偿量;

$k_{\text{mon1,sf}}$ ——1 号机架监控 AGC 对 1 号机架前滑的控制因子;

$\partial f_1 / \partial H_{\text{ex,1}}$ ——1 号机架前滑对 1 号机架出口厚度的偏微分,mm^{-1}。

4)1 号机架监控 AGC 对 1 号机架转矩的补偿

将 Smith 预估模型的输出量引入 1 号机架监控 AGC 解耦控制环节,用于计算 1 号机架监控 AGC 对转矩的补偿量。

对 1 号机架转矩的补偿控制采用与 1 号前馈 AGC 相同形式的转矩补偿器,1 号机架监控 AGC 输出的 1 号机架的转矩补偿量的传递函数表达式如式(4.98)所示。

$$v_{\text{mon1,cor,1}}(s) = \frac{\partial M_1}{\partial H_{\text{ex,1}}} \cdot \frac{s}{G_{\text{drv,pro,1}} + G_{\text{drv,pro,1}} \cdot G_{\text{drv,1}} \cdot s} \cdot \Delta H_{\text{mod,Smith}}(s) \tag{4.98}$$

式中　$v_{\text{mon1,cor,1}}$ ——1 号机架监控 AGC 的 1 号机架转矩补偿量,mm/s;

$\partial M_1 / \partial H_{\text{ex,1}}$ ——1 号机架转矩对 1 号机架出口厚度的偏微分,Nm/mm;

$\Delta H_{\text{mod,Smith}}$ ——1 号机架监控 AGC 的 Smith 预估模型输出量,mm。

5)1 号机架监控 AGC 对入口张力辊转矩的补偿

对入口张力辊的转矩补偿量如式(4.99)所示。

$$M_{\text{mon1,cor,por}} = k_{\text{mon1,cor,por}} \cdot \frac{\partial \Delta H_{\text{mod,Smith}}}{\partial t} \cdot \frac{1}{\Delta H_{\text{act,ex,1}}} \cdot V_{\text{act,ex,1}} \tag{4.99}$$

式中　$M_{\text{mon1,cor,por}}$ ——1 号机架监控 AGC 的入口张力辊转矩补偿量,Nm;

$k_{\text{mon1,cor,por}}$ ——1 号机架监控 AGC 对入口张力辊转矩补偿控制因子。

2. 1 号机架监控 AGC 控制效果

1 号机架监控 AGC 的典型控制效果如图 4.37 所示。1 号机架出口厚度设定值为2.1 mm,实际厚度偏薄且存在大约 0.25 mm 的偏差,在投入 1 号机架监控 AGC 后,通过迅速增大辊缝大约 0.45 mm,将 1 号机架出口厚度快速控制在设定值附近,并且在稳定阶段 1 号机架出口厚度偏差均保持在±0.5% 以内。

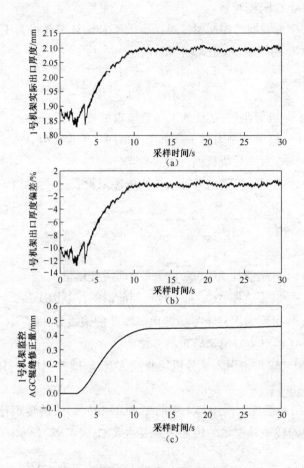

图 4.37　1 号机架监控 AGC 的典型控制效果

4.6.3　2 号机架秒流量 AGC

1. 2 号机架秒流量 AGC 控制原理

2 号机架秒流量 AGC 基于冷轧过程的金属秒流量恒定原理,通过 LS1 测速仪、LS2 测速仪和 X1 测厚仪对 2 号机架入口带材速度、2 号机架出口带材速度和 2 号机架入口带材厚度的检测,预报 2 号机架出口带材厚度偏差,继而对 1 号~2 号机架间的速度比进行相应修正,以实现对 2 号机架出口带材厚度的控制。

为了补偿 2 号机架秒流量 AGC 的作用效果对 2 号机架前滑和转矩产生的影响,设置了 2 号机架秒流量 AGC 解耦控制环节,该环节包括 2 号机架秒流量 AGC 对 2 号机架前滑的补偿、2 号机架秒流量 AGC 对 2 号机架转矩的补偿。

2 号机架秒流量 AGC 控制系统的原理图如图 4.38 所示。

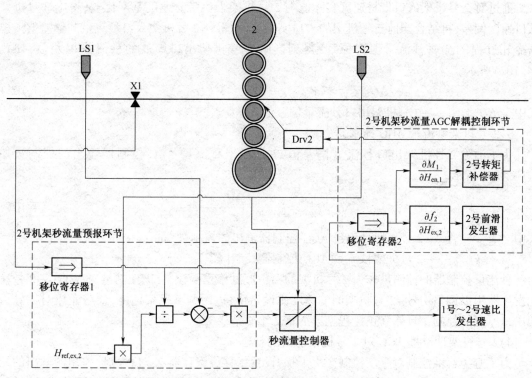

图 4.38　2 号机架秒流量 AGC 控制系统的原理图

1）移位寄存器 1

X1 测厚仪与 2 号机架之间存在一段距离,于是设置了移位寄存器 1 以将 X1 测厚仪检测的 2 号机架入口带材厚度信号跟踪至 2 号机架辊缝处,继而输出参与控制。移位寄存器 1 的跟踪长度如式(4.100)所示。

$$l_{\text{mf2,s1}} = l_{\text{Std1Std2}} - l_{\text{Std1X1}} - (t_{\text{resp,drv1}} + t_{\text{resp,X1}}) \cdot v_{\text{act,en,2}} \tag{4.100}$$

式中　$l_{\text{mf2,s1}}$ ——2 号机架秒流量 AGC 的移位寄存器 1 跟踪长度,mm;

l_{Std1Std2} ——1 号机架与 2 号机架间的距离,mm;

$t_{\text{resp,drv1}}$ ——1 号机架主传动系统响应时间,s;

$v_{\text{act,en,2}}$ ——2 号机架入口带材速度实际值,mm/s。

2）2 号机架秒流量预报

2 号机架秒流量 AGC 取得良好控制效果的关键是 2 号机架秒流量的精确预报。以 2 号机架出口厚度设定值为控制基准,可得 2 号机架入口带材速度基准如式(4.101)所示。

$$v_{\text{ref,en,2}} = v_{\text{act,ex,2}} \cdot \frac{H_{\text{ref,ex,2}}}{H_{\text{act,s1,en,2}}} \tag{4.101}$$

式中　$v_{\text{ref,en,2}}$ ——2 号机架秒流量 AGC 的 2 号机架入口带材速度基准,mm/s;

$v_{\text{act,ex,2}}$ ——2 号机架出口带材速度实际值,mm/s;

$H_{\text{ref,ex,2}}$ ——2 号机架出口带材厚度设定值,mm;

$H_{\text{act,s1,en,2}}$ ——经移位寄存器 1 控制的 2 号机架入口带材厚度实际值,mm。

通过对 2 号机架入口带材速度实际值与 2 号机架入口带材速度基准比较,得出 2 号机架入口速度偏差,再结合当前 2 号机架的入口实际厚度,得到 2 号机架入口秒流量的偏差值。根据冷轧过程的金属秒流量恒定原理,得到影响 2 号机架出口厚度的秒流量偏差值,如式(4.102)所示。

$$\Delta Q_{mf,ex,2} = (V_{ref,en,2} - V_{act,en,2}) \cdot H_{act,s1,en,2} \tag{4.102}$$

式中 $\Delta Q_{mf,ex,2}$ ——2 号机架出口秒流量偏差值,mm^2/s。

3)2 号机架秒流量 AGC 控制器

为了消除 2 号机架出口秒流量偏差值,2 号机架秒流量 AGC 控制器输出的控制量如式(4.103)所示。

$$H_{mf2,cor,2} = k_{mf2,h} \cdot \frac{\Delta Q_{mf,ex,2}}{V_{act,ex,2}} \tag{4.103}$$

式中 $H_{mf2,cor,2}$ ——2 号机架秒流量 AGC 控制器输出的控制量,mm;

$k_{mf2,h}$ ——2 号机架秒流量 AGC 控制器控制因子。

秒流量控制器的控制量作为 2 号机架的出口厚度修正量输出,该控制量送入 1 号~2 号速比发生器用以调整 1 号~2 号机架间的速度比设定值,进而调整机架速度,最终完成对 2 号机架出口厚度的控制。具体修正过程见第 2 章 2.1.2 节。

4)2 号机架秒流量 AGC 对 2 号机架前滑的补偿

为了避免解耦控制对厚度控制产生干扰,设置了移位寄存器 2,对秒流量控制器输出的控制量进行跟踪,在主传动系统对速度的调整执行到位后输出,以实现补偿控制更精确的匹配。移位寄存器 2 的跟踪长度如式(4.104)所示。

$$l_{mf2,s2} = t_{resp,drv1} \cdot V_{act,en,2} \tag{4.104}$$

式中 $l_{mf2,s2}$ ——移位寄存器 2 的跟踪长度,mm。

2 号机架秒流量 AGC 输出的 2 号机架前滑补偿量如式(4.105)所示。

$$f_{mf2,cor,2} = k_{mf2,sf} \cdot \frac{\partial f_2}{\partial H_{ex,2}} \cdot H_{mf2,cor,2} \tag{4.105}$$

式中 $f_{mf2,cor,2}$ ——2 号机架秒流量 AGC 控制器输出的 2 号机架前滑补偿量;

$k_{mf2,sf}$ ——2 号机架秒流量 AGC 对 2 号机架前滑的控制因子;

$\partial f_2/\partial H_{ex,2}$ ——2 号机架前滑对 2 号机架出口厚度的偏微分,mm^{-1}。

5)2 号机架秒流量 AGC 对 2 号机架转矩的补偿

对 2 号机架转矩的补偿采用与 1 号机架前馈 AGC 相同形式的转矩补偿器,2 号机架秒流量 AGC 输出的 2 号机架的转矩补偿量的传递函数表达式如式(4.106)所示。

$$v_{mf2,cor,2}(s) = \frac{\partial M_2}{\partial H_{ex,2}} \cdot \frac{s}{G_{drv,pro,2} + G_{drv,pro,2} \cdot G_{drv,2} \cdot s} \cdot H_{mf2,cor,2}(s) \tag{4.106}$$

其中,

$$G_{drv,2} = \frac{G_{drv,pro,2}}{G_{drv,int,2}} \tag{4.107}$$

式中 $v_{mf2,cor,2}$ ——2 号机架秒流量 AGC 的 2 号机架转矩补偿量,mm/s;

$\partial M_2/\partial H_{ex,2}$ ——2 号机架转矩对 2 号机架出口厚度的偏微分,Nm/mm;

$G_{\text{drv,pro,2}}$——2 号机架主传动系统传递函数比例增益；

$G_{\text{drv,int,2}}$——2 号机架主传动系统传递函数积分增益。

2. 2 号机架秒流量 AGC 控制效果

2 号机架秒流量 AGC 典型控制效果如图 4.39 所示。在轧制成品厚度为 0.57 mm 的带材时,由 1 号机架控制后的出口带材仍存在较大的尖峰性厚度偏差,最薄处的厚度偏差达到 0.05 mm,2 号机架秒流量 AGC 输出相应的控制量以消除该段带材的厚度偏差。由于 2 号机架出口未设置测厚仪,选取成品厚度偏差分析 2 号秒流量 AGC 的控制效果,由成品厚度偏差曲线可见,该段带材的尖峰性厚度偏差已经消除。

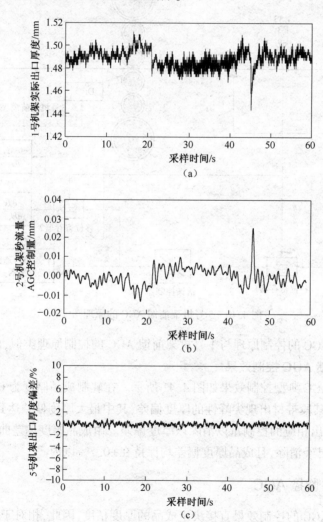

图 4.39　2 号机架秒流量 AGC 典型控制效果

4.6.4　5 号机架前馈 AGC

1. 5 号机架前馈 AGC 控制原理

轧机工作在压下模式是 5 号机架前馈 AGC 参与厚度控制的前提。由于在稳态轧制阶段

4 号~5 号机架间张力控制通过 5 号机架的辊缝调整来实现,于是,5 号机架前馈 AGC 根据 X4 测厚仪检测的带材厚度,采用修正 5 号机架出口厚度以调整 4 号~5 号机架间速度比进而调整机架速度的方式,消除 5 号机架的入口厚度偏差对成品厚度造成的影响。为了补偿 5 号机架前馈 AGC 的作用效果对 5 号机架前滑和转矩的影响,设置了 5 号机架前馈 AGC 解耦控制环节,包括 5 号机架前馈 AGC 对 5 号机架前滑的补偿、5 号机架前馈 AGC 对 5 号机架转矩的补偿。5 号机架前馈 AGC 的原理图如图 4.40 所示。

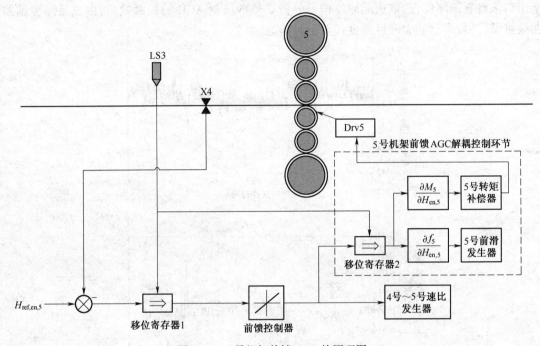

图 4.40　5 号机架前馈 AGC 的原理图

5 号机架前馈 AGC 的控制原理与 1 号机架前馈 AGC 的控制原理类似,此节不做赘述。

2. 5 号机架前馈 AGC 控制效果

5 号机架前馈 AGC 典型控制效果如图 4.41 所示。在轧制成品厚度为 0.59 mm 的产品过程中,5 号机架入口某段带材出现尖峰性的厚度偏差,其中最大厚度偏差达到 0.03 mm,继而 5 号机架前馈 AGC 输出相应的控制量以消除该厚度偏差。由成品厚度偏差曲线可见,该段带材尖峰性的厚度偏差已经消除,且成品厚度偏差均保持在 ±0.7% 以内。

4.6.5　5 号机架监控 AGC

5 号机架监控 AGC 的控制效果直接决定成品的厚度精度,因此,相对于其他类型的 AGC,5 号机架监控 AGC 最为重要。无论轧机工作在何种轧制策略时,5 号机架监控 AGC 都需要投入且需要保证良好控制效果。于是,5 号机架监控 AGC 设置了两种控制方式,以分别针对不同的轧制策略。5 号机架监控 AGC 原理图如图 4.42 所示。

轧机工作在压下模式时,5 号机架监控 AGC 基于 X5 测厚仪反馈的成品厚度信号,通过修正 4 号~5 号机架间速度比进而调整机架速度,对成品厚度进行控制。同时设置了解耦控制环节,以补偿 5 号机架监控 AGC 的作用效果对 5 号机架前滑和转矩造成的影响。轧机工作在平整模式时,5 号机架监控 AGC 厚度控制方式有所不同,即采用修正 3 号~4 号机架间速度比进而调整机架速度的方式。同时,解耦控制环节对 4 号机架前滑和转矩进行补偿。

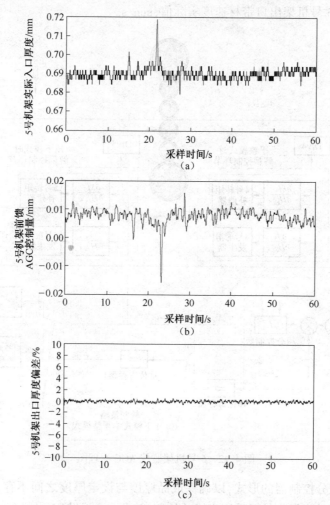

图 4.41　5 号机架前馈 AGC 典型控制效果

1. 压下模式时 5 号机架监控 AGC 控制原理

1)压下模式时 5 号机架监控 AGC 的 Smith 预估器与积分控制器

由于 X5 测厚仪的安装位置距离 5 号机架有一段距离,与 1 号机架监控 AGC 类似,5 号机架监控 AGC 采用 Smith 预估器补偿厚度信号检测滞后对系统稳定性的影响。

为了精确获得反馈信号的滞后时间,设置了移位寄存器 1,以在控制点到测量点之间对控制量进行跟踪。移位寄存器 1 的跟踪长度与 5 号机架主传动系统响应时间、X5 测厚仪响应时间以及 5 号机架与 X5 测厚仪之间距离相关,如式(4.108)所示。

$$l_{\mathrm{mon5,s1}} = l_{\mathrm{Std5X5}} + (t_{\mathrm{resp,drv5}} + t_{\mathrm{resp,X5}}) \cdot v_{\mathrm{act,ex,5}} \tag{4.108}$$

式中　$l_{\mathrm{mon5,s1}}$——5 号机架监控 AGC 的移位寄存器 1 跟踪长度,mm;

l_{Std5X5} —— 5 号机架与 X5 测厚仪之间的距离,mm;

$t_{\text{resp,drv5}}$ —— 5 号机架主传动系统响应时间,s;

$t_{\text{resp,X5}}$ —— X5 测厚仪响应时间,s;

$v_{\text{act,ex,5}}$ —— 5 号机架出口带材速度实际值,mm/s。

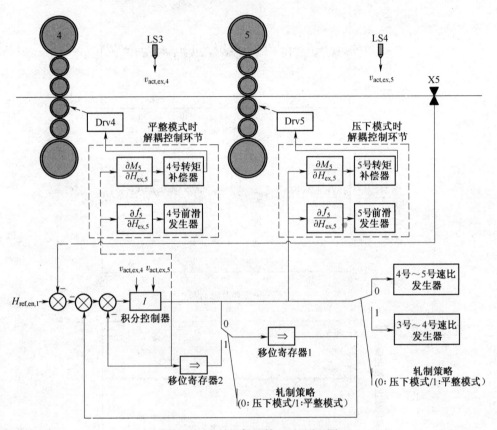

图 4.42 5 号机架监控 AGC 原理图

控制器采用积分控制器的形式,以确保成品厚度与设定厚度之间不存在稳态误差。与 1 号机架监控 AGC 类似,积分时间采用变增益控制,该积分时间与 5 号机架出口带材速度实际值、5 号机架主传动响应时间以及 X5 测厚仪响应时间相关,如式(4.109)所示。

$$t_{\text{mon5,tin},i} = k_{\text{mon5,tin},i} \cdot \left(t_{\text{resp,drv5}} + t_{\text{resp,X5}} + \frac{l_{\text{Std5X5}}}{V_{\text{act,ex,5}}} \right) \tag{4.109}$$

式中　$t_{\text{mon5,tin},i}$ ——压下模式时,5 号机架监控 AGC 积分控制器积分时间,s;

$k_{\text{mon5,tin},i}$ ——压下模式时,5 号机架监控 AGC 积分控制器变增益控制因子。

经过 Smith 预估器补偿后,5 号机架监控 AGC 控制量的传递函数表达式如式(4.110)所示。

$$H_{\text{mon5,tin,cor}}(s) = -\frac{1}{t_{\text{mon5,tin},i}s + 1 - e^{-t_{\text{Std5X5}} \cdot s}} \cdot \Delta H_{\text{act,ex,5}}(s) \tag{4.110}$$

其中,

$$\Delta H_{act,ex,5} = H_{ref,ex,5} - H_{act,ex,5} \tag{4.111}$$

式中　$H_{mon5,tin,cor}$——压下模式时,5 号机架监控 AGC 的控制量,mm;

　　　　t_{Std5X5}——压下模式时,5 号机架监控 AGC 反馈信号的滞后时间,s;

　　　　$\Delta H_{act,ex,5}$——5 号机架出口厚度偏差,mm;

　　　　$H_{ref,ex,5}$——5 号机架出口厚度设定值,mm;

　　　　$H_{act,ex,5}$——5 号机架出口厚度实际值,mm。

　　5 号机架监控 AGC 的控制量作为 5 号机架的出口厚度修正量输出,该控制量送入 4 号~5 号速比发生器用以调整 4 号~5 号机架间的速度比设定值,进而调整机架速度,最终完成对成品厚度的控制。具体修正量执行过程已在第 2 章 2.1.2 中介绍。

　　2)5 号机架监控 AGC 对 5 号机架前滑的补偿

　　5 号机架监控 AGC 的 5 号机架前滑补偿量如式(4.112)所示。

$$f_{mon5,cor,5} = k_{mon5,sf,5} \cdot \frac{\partial f_5}{\partial H_{ex,5}} \cdot H_{mon5,tin,cor} \tag{4.112}$$

式中　$f_{mon5,cor,5}$——5 号机架监控 AGC 的 5 号机架前滑补偿量;

　　　　$k_{mon5,sf,5}$——5 号机架监控 AGC 对 5 号机架前滑的控制因子;

　　　　$\partial f_5 / \partial H_{ex,5}$——5 号机架前滑对 5 号机架出口厚度的偏微分,mm^{-1}。

　　3)5 号机架监控 AGC 对 5 号机架转矩的补偿

　　采用与 1 号机架前馈 AGC 相同形式的转矩补偿器,5 号机架监控 AGC 输出的 5 号机架的转矩补偿量的传递函数表达式如式(4.113)所示。

$$v_{mon5,cor,5}(s) = \frac{\partial M_5}{\partial H_{ex,5}} \cdot \frac{s}{G_{drv,pro,5} + G_{drv,pro,5} \cdot G_{drv,5} \cdot s} \cdot H_{mon5,tin,cor}(s) \tag{4.113}$$

其中,

$$G_{drv,5} = \frac{G_{drv,pro,5}}{G_{drv,int,5}} \tag{4.114}$$

式中　$v_{mon5,cor,5}$——5 号机架监控 AGC 的 5 号机架转矩补偿量,mm/s;

　　　　$\partial M_5 / \partial H_{ex,5}$——5 号机架转矩对 5 号机架出口厚度的偏微分,Nm/mm;

　　　　$G_{drv,pro,5}$——5 号机架主传动系统传递函数比例增益;

　　　　$G_{drv,int,5}$——5 号机架主传动系统传递函数积分增益。

2. 平整模式时 5 号机架监控 AGC 控制原理

1)平整模式时 5 号机架监控 AGC 的 Smith 预估器与积分控制器

在平整模式时,5 号机架出口的厚度偏差依靠 4 号机架来消除。于是,设置移位寄存器 2,用于在 4 号机架与 5 号机架之间对 5 号机架监控 AGC 的控制量进行跟踪,以精确计算反馈信号的滞后时间。结合移位寄存器 1,平整模式时 5 号机架监控 AGC 总跟踪长度如式(4.115)所示。

$$l_{mon5,sheet} = l_{Std4Std5} + l_{mon5,s1} \tag{4.115}$$

式中　$l_{mon5,sheet}$——平整模式时 5 号机架监控 AGC 总跟踪长度,mm;

　　　　$l_{Std4Std5}$——4 号机架与 5 号机架之间的距离,mm。

　　积分控制器的积分时间与 4 号机架出口带材速度实际值、5 号机架出口带材速度实际值、

4 号机架主传动系统响应时间以及 X5 测厚仪响应时间相关，如式(4.116)所示。

$$t_{\text{mon5,sheet,i}} = k_{\text{mon5,sheet,i}} \cdot \left(t_{\text{resp,drv4}} + t_{\text{resp,X5}} + \frac{l_{\text{Std4Std5}}}{v_{\text{act,ex,4}}} + \frac{l_{\text{Std5X5}}}{v_{\text{act,ex,5}}} \right) \tag{4.116}$$

式中　$t_{\text{mon5,sheet,i}}$——平整模式时，5 号机架监控 AGC 积分控制器积分时间，s；

$k_{\text{mon5,sheet,i}}$——平整模式时，5 号机架监控 AGC 积分控制器变增益控制因子；

$t_{\text{resp,drv4}}$——4 号机架主传动系统响应时间，s；

$v_{\text{act,ex,4}}$——4 号机架出口带材速度实际值，mm/s。

经过 Smith 预估器补偿后，5 号机架监控 AGC 控制量的传递函数表达式如式(4.117)所示。

$$H_{\text{mon5,sheet,cor}}(s) = -\frac{1}{t_{\text{mon5,sheet,i}}s + 1 - e^{-t_{\text{Std4X5}} \cdot s}} \cdot \Delta H_{\text{act,ex,5}}(s) \tag{4.117}$$

式中　$H_{\text{mon5,sheet,cor}}$——平整模式时，5 号机架监控 AGC 的控制量，mm；

$e^{-t_{\text{Std4X5}}}$——平整模式时，5 号机架监控 AGC 反馈信号的滞后时间，s。

5 号机架监控 AGC 的控制量作为 4 号机架的出口厚度修正量输出，该控制量送入 3 号~4 号速比发生器用以调整 3 号~4 号机架间的速度比设定值，进而调整机架速度，最终完成平整模式下对成品厚度的控制。具体修正量执行过程已在第 2 章 2.1.2 中介绍。

2) 5 号机架监控 AGC 对 4 号机架前滑的补偿

5 号机架监控 AGC 的 4 号机架前滑补偿量如式(4.118)所示。

$$f_{\text{mon5,cor,4}} = k_{\text{mon5,sf,4}} \cdot \frac{\partial f_4}{\partial H_{\text{ex,4}}} \cdot H_{\text{mon5,sheet,cor}} \tag{4.118}$$

式中　$f_{\text{mon5,cor,4}}$——5 号机架监控 AGC 的 4 号机架前滑补偿量；

$k_{\text{mon5,sf,4}}$——5 号机架监控 AGC 对 4 号机架前滑的控制因子；

$\partial f_4 / \partial H_{\text{ex,4}}$——4 号机架前滑对 4 号机架出口厚度的偏微分，mm^{-1}。

3) 5 号机架监控 AGC 对 4 号机架转矩的补偿

5 号机架监控 AGC 输出的 4 号机架的转矩补偿量的传递函数表达式如式(4.119)所示。

$$v_{\text{mon5,cor,4}}(s) = \frac{\partial M_4}{\partial H_{\text{ex,4}}} \cdot \frac{s}{G_{\text{drv,pro,4}} + G_{\text{drv,pro,4}} \cdot G_{\text{drv,4}} \cdot s} \cdot H_{\text{mon5,sheet,cor}} \tag{4.119}$$

其中，

$$G_{\text{drv,4}} = \frac{G_{\text{drv,pro,4}}}{G_{\text{drv,int,4}}} \tag{4.120}$$

式中　$v_{\text{mon5,cor,4}}$——5 号机架监控 AGC 的 4 号机架转矩补偿量，mm/s；

$\partial M_4 / \partial H_{\text{ex,4}}$——4 号机架转矩对 4 号机架出口厚度的偏微分，Nm/mm；

$G_{\text{drv,pro,4}}$——4 号机架主传动系统传递函数比例增益；

$G_{\text{drv,int,4}}$——4 号机架主传动系统传递函数积分增益。

3. 5 号机架监控 AGC 控制效果

轧机工作在压下模式时，5 号机架监控 AGC 的典型控制效果如图 4.43 所示。在轧制成品厚度为 0.49 mm 产品时，5 号机架监控 AGC 投入前，5 号机架出口厚度存在较大偏差，投入 5 号机架监控 AGC 后，5 号机架出口厚度偏差被快速控制在允许范围内。

轧机工作在平整模式下，在轧制成品厚度为 0.47 mm 的产品时，5 号机架监控 AGC 在稳态轧制阶段的控制效果如图 4.44 所示。在 5 号机架监控 AGC 的控制下,成品厚度偏差均小于±0.7%。

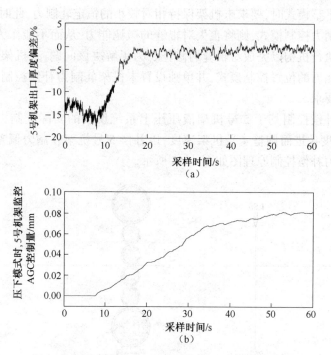

图 4.43　压下模式时 5 号机架监控 AGC 典型控制效果

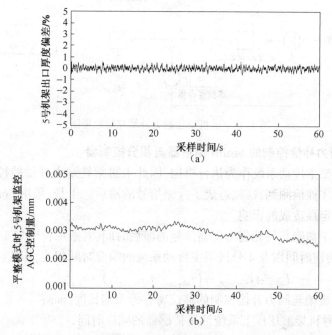

图 4.44　平整模式时 5 号机架监控 AGC 典型控制效果

4.6.6 末机架轧制力补偿控制

当轧机工作在平整模式时,要求末机架保持相对较小的恒定轧制力,此时如果末机架的液压压上系统采用轧制力控制模式,则将丧失对辊缝的微调能力,从而不能作为 4 号~5 号机架间张力控制系统的执行机构以完成对辊缝的修正。为了解决该问题,末机架液压压上系统仍采用具有辊缝微调能力的位置控制模式,并单独设置末机架轧制力补偿控制以满足平整模式对末机架轧制力的要求。

末机架轧制力补偿控制基于 5 号机架液压压上系统反馈的实际轧制力信号,通过修正 3 号~4 号机架间速度比进而调整 4 号机架速度,以补偿 5 号机架轧制力偏差,并维持轧制力恒定。末机架轧制力补偿控制原理图如图 4.45 所示。

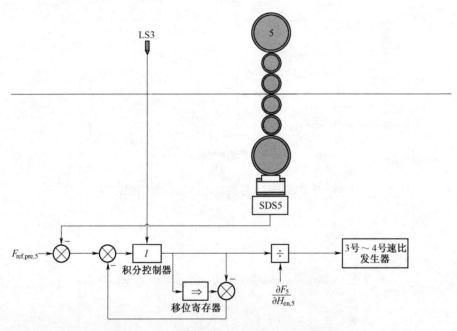

图 4.45 末机架轧制力补偿控制原理图

1. 末机架轧制力补偿控制的 Smith 预估器与积分控制器

由于将 4 号机架主传动系统作为执行机构,因此末机架轧制力补偿的控制效果需在控制段到达 5 号机架时才被检测到,这就造成了反馈信号的滞后。于是,采用 Smith 预估器以补偿反馈滞后对系统稳定性造成的影响。

移位寄存器用于精确获得轧制力反馈信号的滞后时间,其跟踪长度与 4 号~5 号机架间距离、油压传感器的响应时间以及 4 号机架主传动系统的响应时间相关,如式(4.121)所示。

$$l_{sfc,s} = l_{Std4Std5} + (t_{resp,ps5} + t_{resp,drv4}) \cdot v_{act,ex,4} \tag{4.121}$$

式中 $l_{sfc,s}$——末机架轧制力补偿控制的移位寄存器跟踪长度,mm;

$t_{resp,ps5}$——5 号机架液压压上系统油压传感器的响应时间,s。

为了在不同速度下均保证末机架轧制力的控制精度,对积分控制器的积分时间采用变增益控制,该积分时间与 4 号机架出口带材速度实际值、4 号机架主传动的响应时间以及油压传感器的响应时间相关,如式(4.122)所示。

$$t_{\text{sfc},i} = k_{\text{sfc},i} \cdot \left(t_{\text{resp,ps5}} + t_{\text{resp,drv4}} + \frac{l_{\text{Std4Std5}}}{v_{\text{act,ex},4}} \right)$$ (4.122)

式中 $t_{\text{sfc},i}$ ——末机架轧制力补偿控制器的积分时间,s;

       $k_{\text{sfc},i}$ ——末机架轧制力补偿控制器变增益控制因子。

经过 Smith 预估器补偿后,末机架轧制力补偿控制器的输出量的传递函数表达式如式(4.123)所示。

$$F_{\text{sfc,cor}}(s) = - \frac{1}{t_{\text{sfc},i} \cdot s + 1 - e^{-t_{\text{sft,dly}} \cdot s}} \cdot \Delta F_{\text{act,r},5}(s)$$ (4.123)

其中,

$$\Delta F_{\text{act,r},5} = F_{\text{ref,pre},5} - F_{\text{act,r},5}$$ (4.124)

式中 $F_{\text{sfc,cor}}$ ——末机架轧制力补偿控制器的输出量,kN;

       $e^{-t_{\text{sft,dly}}}$ ——末机架轧制力补偿控制反馈信号的滞后时间,s;

       $F_{\text{ref,pre},5}$ ——5 号机架轧制力预设定值,kN;

       $F_{\text{act,r},5}$ ——5 号机架轧制力实际值,kN。

2. 末机架轧制力补偿控制量

末机架轧制力补偿控制量为

$$H_{\text{sfc,cor}} = \frac{F_{\text{sfc,cor}}}{\partial F_5 / \partial H_{\text{en},5}}$$ (4.125)

式中 $H_{\text{sfc,cor}}$ ——末机架轧制力补偿控制量,mm;

     $\partial F_5 / \partial H_{\text{en},5}$ ——5 号机架轧制力对 5 号机架入口厚度的偏微分,kN/mm。

末机架轧制力补偿控制量作为 4 号机架的出口厚度修正量输出,该控制量送入 3 号~4 号速比发生器用以调整 3 号~4 号机架间的速度比设定值,进而调整机架速度,最终完成对末机架轧制力的控制。具体修正量执行过程已在第 2 章 2.1.2 节中介绍。

4.6.7 动态负荷平衡控制

轧机工作在平整模式时,5 号机架的厚度控制及末机架轧制力补偿控制均通过调整 4 号机架的速度实现。当轧制环境发生变化或 5 号机架出口厚度偏差较大时,易导致 4 号机架主传动系统负荷过大。于是,设置动态负荷平衡控制以防止该问题的发生。

动态负荷平衡控制对 2 号、3 号和 4 号机架主传动系统实际电流进行实时监控,并通过调整 2 号和 3 号机架压下率的方式,将负荷分配至 2 号和 3 号机架,防止 4 号机架主传动系统负荷过大。动态负荷平衡控制原理图如图 4.46 所示。

动态负荷平衡控制基于 2 号、3 号和 4 号机架预设定负荷,结合 2 号、3 号和 4 号机架主传动系统实际电流,实时计算 2 号和 3 号机架的动态负荷基准,如下:

$$A_{\text{ref,c1}} = \frac{A_{\text{act,drv},2} + A_{\text{act,drv},3} + A_{\text{act,drv},4}}{A_{\text{pre,drv},2} + A_{\text{pre,drv},3} + A_{\text{pre,drv},4}} \cdot A_{\text{pre,drv},2}$$ (4.126)

式中 $A_{\text{ref,c1}}$ ——2 号机架动态负荷基准,A;

$A_{\text{act,drv,2}}$、$A_{\text{act,drv,3}}$、$A_{\text{act,drv,4}}$——2 号、3 号和 4 号机架主传动系统实际电流,A;

$A_{\text{pre,drv,2}}$、$A_{\text{pre,drv,3}}$、$A_{\text{pre,drv,4}}$——2 号、3 号和 4 号机架预设定负荷,A。

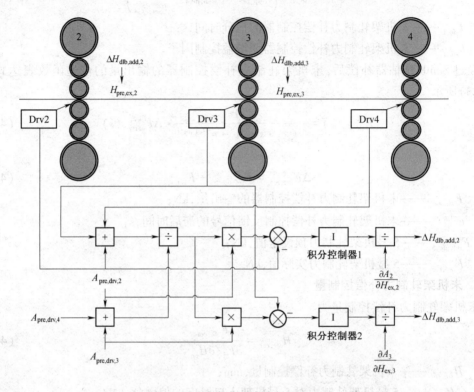

图 4.46　动态负荷平衡控制原理图

$$A_{\text{ref,c2}} = \frac{A_{\text{act,drv,2}} + A_{\text{act,drv,3}} + A_{\text{act,drv,4}}}{A_{\text{pre,drv,2}} + A_{\text{pre,drv,3}} + A_{\text{pre,drv,4}}} \cdot A_{\text{pre,drv,3}} \tag{4.127}$$

式中　$A_{\text{ref,c2}}$——3 号机架动态负荷基准,A。

2 号和 3 号机架的动态负荷基准分别与 2 号和 3 号机架主传动系统实际电流进行比较,得出的偏差分别送入积分控制器 1 和积分控制器 2,两个控制器输出的控制量经过效率转换后用于修正 2 号和 3 号机架的压下率设定值。经过动态负荷平衡控制修正后的 2 号和 3 号机架压下率设定值为

$$E_{\text{ref,2}} = \frac{1}{H_{\text{pre,en,2}}} \cdot \left[H_{\text{pre,ex,2}} + \frac{k_{\text{dlb,c1}}}{\partial A_2 / \partial H_{\text{ex,2}}} \cdot \int (A_{\text{ref,c1}} - A_{\text{act,drv,2}}) \, \mathrm{d}t \right] - 1 \tag{4.128}$$

式中　$E_{\text{ref,2}}$——2 号机架压下率设定值;

　　$H_{\text{pre,en,2}}$——2 号机架入口带材厚度预设定值,mm;

　　$H_{\text{pre,ex,2}}$——2 号机架出口带材厚度预设定值,mm;

　　$k_{\text{dlb,c1}}$——动态负荷平衡控制的积分控制器 1 控制因子;

$\partial A_2 / \partial H_{\text{ex,2}}$——2 号机架主传动电流对 2 号机架出口厚度的偏微分,A/mm。

$$E_{\text{ref,3}} = \frac{1}{H_{\text{pre,en,3}}} \cdot \left[H_{\text{pre,ex,3}} + \frac{k_{\text{dlb,c2}}}{\partial A_3 / \partial H_{\text{ex,3}}} \cdot \int (A_{\text{ref,c2}} - A_{\text{act,drv,3}}) \, \mathrm{d}t \right] - 1 \tag{4.129}$$

式中 $E_{\text{ref},3}$ ——3 号机架压下率设定值;

$\quad H_{\text{pre,en},3}$ ——3 号机架入口带材厚度预设定值,m;

$\quad H_{\text{pre,ex},3}$ ——3 号机架出口带材厚度预设定值,m;

$\quad k_{\text{dlb,c2}}$ ——动态负荷平衡控制的积分控制器 2 控制因子;

$\quad \partial A_3 / \partial H_{\text{ex},3}$ ——3 号机架主传动电流对 3 号机架出口厚度的偏微分,A/m。

4.7 冷连轧张力控制策略

冷连轧过程中,带材从入口至机架间再到出口所承受的张力将入口张力辊、各机架和出口卷取机联系起来,进而将整个机组联合成一个整体。因此,张力保持稳定是轧制过程处于平衡状态的基本条件。张力受任何因素影响而产生波动,都将会破坏轧机的平衡状态,继而影响厚度和板形等重要变量,严重时还会引起断带、失张甚至损坏设备。因此,维持冷连轧张力稳定对轧制过程顺利完成,以及提高产品的厚度和板形精度具有重要意义。

仍以 4.5 节所述某薄板科技有限公司五机架冷连轧机为例,介绍冷连轧的张力控制策略。如图 4.32 所示,该五机架冷连轧机组在轧机入口、机架间和轧机出口均配备了张力计,可以实时对轧机入出口张力及机架间张力进行检测。下面分别介绍轧线张力制度的确定以及轧机入口张力控制、轧机出口张力控制和机架间张力控制。

4.7.1 张力制度的确定

轧制过程中张力的选择主要是指单位面积上的单位张力,要分别考虑轧机入口单位张力、机架间单位张力和卷取单位张力。单位张力的选取不能过大,以免引起带材拉伸变形、拉窄甚至打滑和撕裂;张力选取也不能太小,以免引起折叠或松带。根据经验,单位张力取为 $(0.2 \sim 0.6)\sigma_s$,具体取值要考虑带材的材质、板形、厚度波动、带材的边部减薄等情况。

1. 轧机入口单位张力

轧机入口单位张力要考虑上游工序的张力匹配,可式由下式确定:

$$t_0 = T_0 / (W \times H_0) \tag{4.130}$$

对于全连续冷连轧机组,T_0 为 1200 kN。

2. 卷取单位张力

卷取单位张力与后续机组(罩式退火、热镀锌、连续退火机组等)的退火曲线及带材宽度和成品厚度有关。如卷取张力考虑下游工序罩式退火可能引起的粘接缺陷,成品卷取张力应小一些。在很难确定卷取单位张力时,则取经验值 $t_5 = 30$ MPa 作为卷取单位张力。

3. 机架间张力

机架间带材的单位张力与带材的钢种、原料厚度、成品厚度以及末机架工作辊表面粗糙度有关,按线性插值方法从系统参数数据库中确定。带材轧制时,需要对设定值张力进行极限检查,保证设定张力在最大允许范围内。低速轧制过程中的摩擦系数不稳定,导致轧制力值很大,通过附加张力的方式消除低速时摩擦系数对轧制力的影响。附加张力值在高速稳定轧制时取消,并且只用于冷连轧机组机架间张力设定。

4.7.2　入口张力控制

　　轧机入口张力采用间接张力控制法,即通过控制入口张力辊的恒转矩使得张力维持在预设值,此时张力辊工作在转矩控制模式,除了长时间停车和所有机架全部打开情况之外,入口张力辊一直工作在该模式。轧机入口张力控制系统原理图如图 4.47 所示。冷连轧机入口张力辊为 4 辊式,考虑电机不同的额定功率,设定张力按照 4 : 3 : 1.5 : 1.5 分配。入口张力辊组的设定转矩包括设定张力转矩、摩擦转矩和动态转矩三部分:设定张力转矩 M_t 是传动系统用于维持带材张力所必需的转矩;摩擦转矩 M_u 用于克服电机空载状态下机械设备的摩擦阻力;动态转矩 M_d 用于补偿轧制速度升降时负载转矩的变化,避免造成张力的波动。

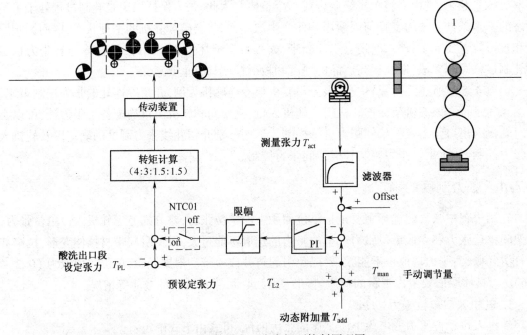

图 4.47　轧机入口张力闭环控制原理图

1. 计算轧机入口张力辊设定张力

$$T_{Bref} = T_{L2} + T_{man} + T_{add} - T_{PL} \tag{4.131}$$

式中　T_{Bref} ——轧机入口张力辊设定张力,kN;

　　　T_{L2} ——过程自动化系统预设定张力,kN;

　　　T_{man} ——张力手动调节量,kN;

　　　T_{add} ——动态附加张力调节量,kN;

　　　T_{PL} ——酸洗出口段设定张力,kN。

2. 计算设定张力转矩 M_t

$$M_t = \frac{K_b \times T_{Bref} \times g \times D}{2 \times R_i} \tag{4.132}$$

式中　K_b ——轧机入口张力分配因子;

g ——重力加速度，m/s^2；

R_i ——张力辊齿轮减速机减速比；

D ——张力辊直径，mm。

3. 计算摩擦转矩 M_f

$$M_f = k\left[k_1 v^4 + k_2 v^3 + k_3 v^2 + k_4 v + k_5 \sqrt{v} + C\right] \tag{4.133}$$

式中 　v ——轧机轧机入口张力辊速度，m/s；

　$k \sim k_5$ ——根据实际实际值数据回归得到的增益系数；

　C ——常参数。

4. 计算动态转矩 M_d

$$M_d = (C_i + E_i) \times A_c \tag{4.134}$$

式中 　C_i ——钢卷转动惯量（对于轧机入口张力辊组 $C_i = 0$），kg·m^2；

　E_i ——设备固有转动惯量，kg·m^2；

　A_c ——角加速度，r/s^2。

5. 轧机入口张力控制效果

图 4.48 给出了轧机入口张力的控制效果曲线，轧制镀锡板 MRT-2.5，来料设定厚度 2.3 mm；成品规格为 0.3 mm×885 mm；PDA 采样时间 50 ms，轧制速度从 220 mm/min 升高到 300 m/min，升速过程中给定的动态转矩补偿如图 4.48(b)所示，由轧机入口张力偏差曲线可知，升速过程中张力偏差可以控制在±5% 以内，稳定轧制过程中张力偏差维持在±2% 以内。

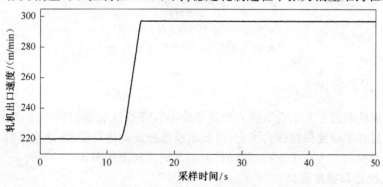

（a）轧机出口速度曲线

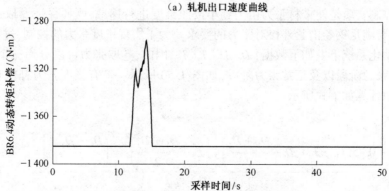

（b）张力辊BR6.4动态转矩补偿曲线

图 4.48 轧机入口张力控制效果

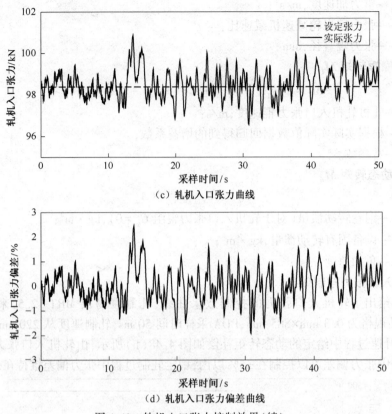

（c）轧机入口张力曲线

（d）轧机入口张力偏差曲线

图4.48 轧机入口张力控制效果（续）

4.7.3 出口张力控制

冷连轧机组轧制过中要求卷取张力控制系统不仅在稳速轧制过程中维持张力恒定，而且在加减速动态过程中也要保持张力恒定，这要求系统能准确地补偿加、减速等因素引起的动态力矩。出口张力控制与入口张力控制类似，控制系统原理图如图4.49所示。

1. 计算轧机出口锥度张力

锥度张力控制实质是使带材张力由大到小按照锥度进行递减，既要保证卷取过程中张力的相对稳定，又要满足钢卷内紧外松对张力的要求。为了实现锥度张力的控制，过程控制计算机要向基层自动化系统下发如下数据：D_1、D_2、T_1、T_2，因此，卷取张力可以分为三个阶段：硬芯张力阶段、过渡张力阶段以及正常张力阶段，如图4.50所示。带有锥度张力补偿功能的轧机出口设定张力的计算如下式所示：

$$T_{xref} = \begin{cases} T_1 & \text{当 } D < D_1 \\ \dfrac{T_1 + T_2}{2} + \dfrac{0.75(T_1 - T_2)\left(D - \dfrac{D_1 + D_2}{2}\right)\left[\left(D - \dfrac{D_1 + D_2}{2}\right)^2 - \left(\dfrac{D_1 - D_2}{2}\right)^2\right]}{[(D_1 - D_2)/2]^3} & \text{当 } D_1 \leqslant D < D_2 \\ T_2 & \text{当 } D \geqslant D_2 \end{cases}$$

(4.135)

式中　D_1——硬芯张力卷径,mm;
　　　D_2——正常张力卷径,mm;
　　　T_1——硬芯卷取张力,kN;
　　　T_2——正常卷取张力,kN。

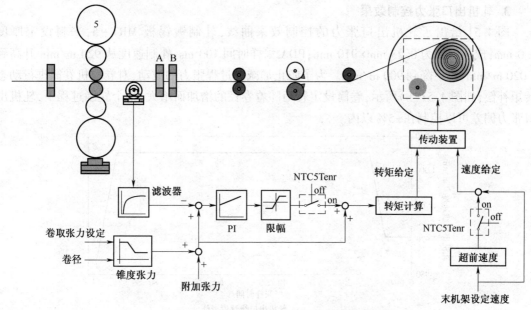

图 4.49　轧机出口张力闭环控制原理图

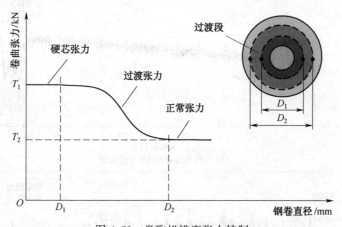

图 4.50　卷取机锥度张力控制

2. 动态转矩计算

在间接法张力控制中,为保证张力控制的准确性,要充分考虑卷取机在加减速过程中转动惯量及本身固有摩擦力对转矩的影响。由于在入口张力控制部分已经介绍了摩擦转矩和动态转矩的计算方法,这里只讨论钢卷转动惯量的计算:

$$G_c = \frac{\pi \rho W}{32 \times i^2}(D^4 - D_0^4) \tag{4.136}$$

式中　　G_c——钢卷转动惯量,kg·m²;

　　　　ρ——卷材的比重,约为 7 800 kg/m³;

　　　　i——减速比;

　　　　D_0——卷筒初始直接,m。

3. 轧机出口张力控制效果

图 4.51 给出了轧机出口张力的控制效果曲线,轧制镀锡板 MRT-5,来料设定厚度 2.0 mm;成品规格为 0.23 mm×910 mm;PDA 采样时间 100 ms,轧制速度从 920 m/min 升高到 1 020 m/min,再下降到 900 m/min。为了防止加减速过程张力的波动,对卷取机卷筒进行动态转矩补偿,如图 4.51(b)所示,卷筒设定转矩随着卷径的增加而增大,整个轧制过程中,轧机出口张力偏差可以控制在±5% 以内。

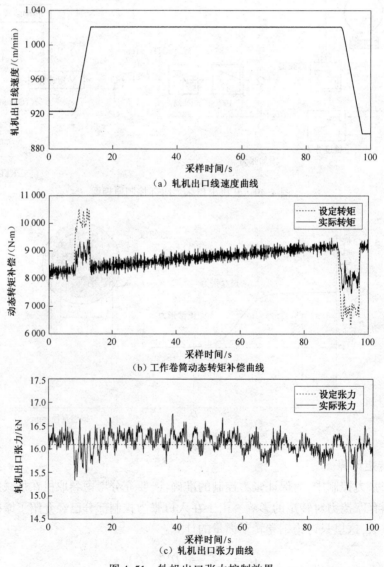

（a）轧机出口线速度曲线

（b）工作卷筒动态转矩补偿曲线

（c）轧机出口张力曲线

图 4.51　轧机出口张力控制效果

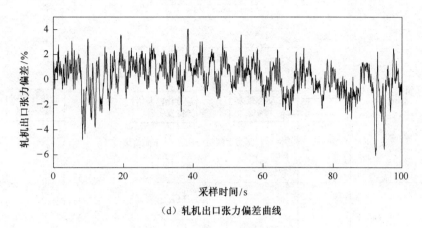

（d）轧机出口张力偏差曲线

图 4.51　轧机出口张力控制效果（续）

4.7.4　机架间张力控制

一般来说，冷连轧机的机架间张力控制系统的执行机构为液压辊缝控制系统和机架主传动系统，采用的控制方式为，在建立张力以及低速阶段通过调节机架的速度来控制张力，在高速阶段通过调节机架的辊缝来控制张力。某冷连轧机组的机架间张力控制策略如图 4.52 所示。

在该机架间张力控制系统中，设置有正常张力控制闭环（conventional tension control loop，NTC）和极限张力控制闭环（limiting tension control loop，LTC）。正常张力控制闭环采用调节下游机架辊缝控制张力的方式，同时设置张力解耦控制环节，以减小其他因素变化对机架间张力造成的影响。极限张力控制闭环采用调节机架间速度比来控制张力的方式。两个控制闭环通过动态张力阈值实现无扰切换，动态张力阈值随着轧线速度的增大而增大，当实际张力超出动态张力阈值范围时，极限张力控制闭环激活，此时机架间张力采用速度调节方式；当实际张力在动态张力阈值范围内时，正常张力控制闭环激活，此时机架间张力采用辊缝调节方式。

1. 正常张力控制闭环

以第 i 机架与第 $i+1$ 机架间的张力控制为例，正常张力控制闭环的原理图如图 4.53 所示。机架间张力设定值 $T_{\mathrm{ref},i(i+1)}$ 与机架间张力实际值 $T_{\mathrm{act},i(i+1)}$ 比较得到机架间张力偏差，送入限幅器，限幅器基于动态张力阈值 $T_{\mathrm{thld},i(i+1)}$ 与机架间张力实际值之间的偏差对当前机架间张力偏差进行限幅，继而送入控制器进行控制。控制器的输出信号送入辊缝修正量发生器转换为下游机架的辊缝修正量 $S_{\mathrm{ctc},i+1}$，同时送入解耦控制，生成相应的解耦控制量，包括上游机架的辊缝修正量 $S_{\mathrm{ctc},i}$、下游机架的速度修正量 $v_{\mathrm{ctc},i+1}$ 和上游机架的速度修正量 $v_{\mathrm{ctc},i}$。

正常张力控制闭环采用变增益 PI 控制器，其比例增益及积分增益基于当前机架间带材速度 $v_{\mathrm{act},i(i+1)}$ 实时修正，以获得在不同速度下稳定的机架间张力控制效果，比例增益及积分增益分别为

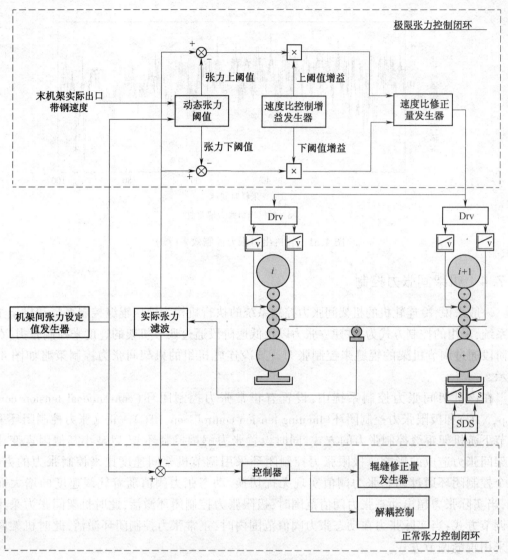

图 4.52　机架间张力控制系统原理图

$$k_{\text{pro,ctc}} = \frac{v_{\text{act},i(i+1)}}{v_{\text{act},i(i+1)} \cdot t_{\text{res,pro}} + l_{\text{res,pro}}} \tag{4.137}$$

式中　$k_{\text{pro,ctc}}$——正常张力控制闭环控制器比例增益；

$t_{\text{res,pro}}$——正常张力控制闭环控制器比例环节响应时间,为工程师调试系数,s；

$l_{\text{res,pro}}$——正常张力控制闭环控制器比例环节响应距离,为工程师调试系数,m。

$$k_{\text{int,ctc}} = \frac{1}{t_{\text{res,int}} + l_{\text{res,int}}/v_{\text{act},i(i+1)}} \tag{4.138}$$

式中　$k_{\text{int,ctc}}$——正常张力控制闭环控制器积分增益；

$t_{\text{res,int}}$——正常张力控制闭环控制器积分环节响应时间,为工程师调试系数,s；

$l_{\text{res,int}}$——正常张力控制闭环控制器积分环节响应距离,为工程师调试系数,m。

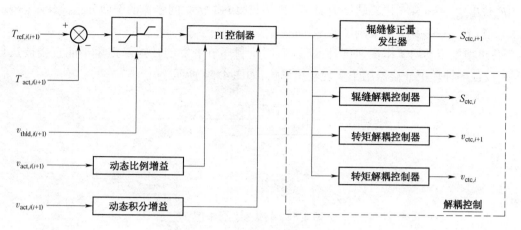

图 4.53　正常张力控制闭环原理图

基于以上分析,该控制器输出的控制量为

$$
\Delta T_{\text{cor,ctc},i(i+1)} = \begin{cases} k_{\text{pro,ctc}} \cdot (T_{\text{ref},i(i+1)} - T_{\text{thld,sup},i(i+1)}) + k_{\text{int,ctc}} \int (T_{\text{ref},i(i+1)} - T_{\text{thld,sup},i(i+1)}) \cdot \mathrm{d}t & \text{当} T_{\text{act},i(i+1)} = T_{\text{thld,sup},i(i+1)} \\ k_{\text{pro,ctc}} \cdot (T_{\text{ref},i(i+1)} - T_{\text{act},i(i+1)}) + k_{\text{int,ctc}} \int (T_{\text{ref},i(i+1)} - T_{\text{act},i(i+1)}) \cdot \mathrm{d}t & \text{当} T_{\text{thld,inf},i(i+1)} < T_{\text{act},i(i+1)} < T_{\text{thld,sup},i(i+1)} \\ k_{\text{pro,ctc}} \cdot (T_{\text{ref},i(i+1)} - T_{\text{thld,inf},i(i+1)}) + k_{\text{int,ctc}} \int (T_{\text{ref},i(i+1)} - T_{\text{thld,inf},i(i+1)}) \cdot \mathrm{d}t & \text{当} T_{\text{act},i(i+1)} = T_{\text{thld,inf},i(i+1)} \end{cases}
$$

（4.139）

式中　$\Delta T_{\text{cor,ctc},i(i+1)}$——正常张力控制闭环控制器输出的控制量,kN;

$T_{\text{thld,sup},i(i+1)}$——第 i 机架与第 $i+1$ 机架间的动态张力上阈值,kN;

$T_{\text{thld,inf},i(i+1)}$——第 i 机架与第 $i+1$ 机架间的动态张力下阈值,kN。

正常张力控制闭环下发至第 $i+1$ 机架的辊缝修正量为

$$
S_{\text{cor,ctc},i+1} = \alpha_{\text{ctc},i+1} \cdot \frac{\partial F_{i+1}}{\partial T_{i(i+1)}} \cdot \frac{1}{K_{\text{m},i+1}} \cdot \Delta T_{\text{cor,ctc},i(i+1)}
$$

（4.140）

式中　$S_{\text{cor,ctc},i+1}$——正常控制闭环下发的第 $i+1$ 机架的辊缝修正量,mm;

$\alpha_{\text{ctc},i+1}$——第 $i+1$ 机架辊缝对张力的控制因子;

$\partial F_{i+1}/\partial T_{i(i+1)}$——第 $i+1$ 机架轧制力对第 i 机架与第 $i+1$ 机架间张力的偏微分;

$K_{\text{m},i+1}$——第 $i+1$ 机架刚度,kN/mm。

机架间张力的偏差会对下游机架的转矩产生影响,同时还会对上游机架前的张力和转矩产生影响。于是,正常张力控制闭环设置解耦控制环节,分别对上游机架辊缝、上游机架转矩以及下游机架转矩进行补偿。

上游机架的辊缝修正量为

$$
S_{\text{cor,ctc},i} = \alpha_{\text{ctc},i} \cdot \frac{\partial F_i}{\partial T_{i(i+1)}} \cdot \frac{1}{K_{\text{m},i}} \cdot \Delta T_{\text{cor,ctc},i(i+1)}
$$

（4.141）

式中　$S_{\text{cor,ctc},i}$——机架间张力控制系统对上游机架的辊缝修正量,mm;

$\alpha_{\text{ctc},i}$——第 i 机架辊缝对张力的控制因子;

$\partial F_i / \partial T_{i(i+1)}$ ——第 i 机架轧制力对第 i 机架与第 $i+1$ 机架间张力的偏微分;

$K_{m,i}$ ——第 i 机架刚度,kN/mm。

各机架主传动均工作在速度环,所以解耦控制环节下发的转矩修正量不能直接被执行。于是,设计一种转矩补偿器用于实现转矩修正,如图 4.54 所示。

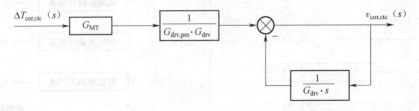

图 4.54 转矩补偿器框图

由图 4.54,可得第 i 机架与第 $i+1$ 机架间张力偏差与上游机架的速度修正量之间的传递函数为:

$$W_{\text{MT},i}(s) = \frac{G_{\text{MT},i} \cdot s}{G_{\text{drv,pro},i} + G_{\text{drv,pro},i} \cdot G_{\text{drv},i} \cdot s} \quad (4.142)$$

其中,

$$G_{\text{MT},i} = \frac{\partial M_i}{\partial T_{i(i+1)}} \quad (4.143)$$

$$G_{\text{drv},i} = \frac{G_{\text{drv,pro},i}}{G_{\text{drv,int},i}} \quad (4.144)$$

式中 $W_{\text{MT},i}(s)$ ——第 $i \sim i+1$ 机架间张力偏差与上游机架的速度修正量之间的传递函数;

$\partial M_i / \partial T_{i(i+1)}$ ——第 i 机架转矩对 $i \sim i+1$ 机架间张力的偏微分,Nm/kN;

$G_{\text{drv,pro},i}$ ——第 i 机架传动比例系数;

$G_{\text{drv,int},i}$ ——第 i 机架传动积分系数;

s ——拉普拉斯算子。

第 i 机架与第 $i+1$ 机架间张力偏差与下游机架的速度修正量之间的传递函数为

$$W_{\text{MT},i+1}(s) = \frac{G_{\text{MT},i+1} \cdot s}{G_{\text{drv,pro},i+1} + G_{\text{drv,pro},i+1} \cdot G_{\text{drv},i+1} \cdot s} \quad (4.145)$$

其中,

$$G_{\text{MT},i+1} = \frac{\partial M_{i+1}}{\partial T_{i(i+1)}} \quad (4.146)$$

$$G_{\text{drv},i+1} = \frac{G_{\text{drv,pro},i+1}}{G_{\text{drv,int},i+1}} \quad (4.147)$$

式中 $W_{\text{MT},i+1}(s)$ ——第 $i \sim i+1$ 机架间张力偏差与下游机架的速度修正量之间的传递函数;

$\partial M_{i+1} / \partial T_{i(i+1)}$ ——第 $i+1$ 机架转矩对 $i \sim i+1$ 机架间张力的偏微分,Nm/kN;

$G_{\text{drv,pro},i+1}$ ——第 $i+1$ 机架传动比例系数;

$G_{\text{drv,int},i+1}$ ——第 $i+1$ 机架传动积分系数。

2. 动态张力阈值

　　动态张力阈值决定了正常张力控制闭环和极限张力控制闭环之间的选择与切换,它与轧线速度相关。以末机架出口带材速度为横轴,以动态张力阈值与机架间张力设定值的比值为纵轴,得到动态张力阈值曲线如图 4.55 所示。

　　轧机在低速时,动态张力阈值范围很小,这时极限张力控制闭环将激活,通过调节机架间速度比将实际张力控制在动态张力阈值范围内;随着轧制速度的增大,动态张力阈值范围随之变大,此时实际张力已在动态张力阈值范围内,则正常张力控制闭环激活,实际张力通过下游辊缝微调来控制。动态张力阈值为:

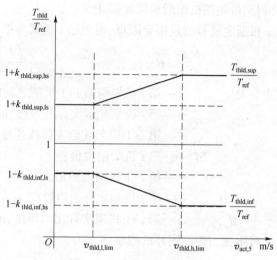

图 4.55　动态张力阈值曲线

$$
T_{\text{thld,sup}} = \begin{cases} T_{\text{ref}} + k_{\text{thld,sup,ls}} \cdot T_{\text{Ref}} & \text{当 } v_{\text{act},5} \leqslant v_{\text{thld,l,lim}} \\[2mm] (1 + k_{\text{thld,sup,ls}}) \cdot T_{\text{ref}} + \dfrac{k_{\text{thld,sup,hs}} - k_{\text{thld,sup,ls}}}{v_{\text{thld,h,lim}} - v_{\text{thld,l,lim}}} \cdot (v_{\text{act},5} - v_{\text{thld,l,lim}}) \cdot T_{\text{ref}} & \text{当 } v_{\text{thld,l,lim}} < v_{\text{act},5} < v_{\text{thld,h,lim}} \\[2mm] T_{\text{ref}} + k_{\text{thld,sup,hs}} \cdot T_{\text{ref}} & \text{当 } v_{\text{act},5} \geqslant v_{\text{thld,h,lim}} \end{cases}
$$

$$(4.148)$$

式中　　$T_{\text{thld,sup}}$——动态张力上阈值,kN;

　　　　　T_{ref}——机架间张力设定值,kN;

　　$k_{\text{thld,sup,ls}}$——动态张力上阈值低速控制因子;

　　$k_{\text{thld,sup,hs}}$——动态张力上阈值高速控制因子;

　　　　$v_{\text{act},5}$——末机架出口带材速度,mm/s;

　　$v_{\text{thld,l,lim}}$——动态张力阈值低速判断值,mm/s;

　　$v_{\text{thld,h,lim}}$——动态张力阈值高速判断值,mm/s。

$$
T_{\text{thld,inf}} = \begin{cases} T_{\text{ref}} - k_{\text{thld,inf,ls}} \cdot T_{\text{ref}} & \text{当 } v_{\text{act},5} \leqslant v_{\text{thld,l,lim}} \\[2mm] (1 - k_{\text{thld,inf,ls}}) \cdot T_{\text{ref}} - \dfrac{k_{\text{thld,inf,hs}} - k_{\text{thld,inf,ls}}}{v_{\text{thld,h,lim}} - v_{\text{thld,l,lim}}} \cdot (v_{\text{act},5} - v_{\text{thld,l,lim}}) \cdot T_{\text{ref}} & \text{当 } v_{\text{thld,l,lim}} < v_5 < v_{\text{thld,h,lim}} \\[2mm] T_{\text{ref}} - k_{\text{thld,inf,hs}} \cdot T_{\text{ref}} & \text{当 } v_{\text{act},5} \geqslant v_{\text{thld,h,lim}} \end{cases}
$$

$$(4.149)$$

式中　　$T_{\text{thld,inf}}$——动态张力下阈值,kN;

　　$k_{\text{thld,inf,ls}}$——动态张力下阈值低速控制因子;

　　$k_{\text{thld,inf,hs}}$——动态张力下阈值告诉控制因子。

3. 极限张力控制闭环

极限张力控制闭环在机架间张力实际值超出动态张力阈值范围时激活,它通过将机架间张力实际值与动态张力上下阈值进行比较,得出相应的张力偏差值,该偏差值与控制增益相乘后,得到最终的机架间速度比修正量。

根据金属秒流量恒定原理,可得第 i 机架与第 $i+1$ 机架间的实际速度比为

$$R_{\mathrm{act,s},i(i+1)} = \frac{v_{\mathrm{act,r},i}}{v_{\mathrm{act,r},i+1}} = \frac{(1 + \mathrm{Sf}_{i+1})}{(1 + \mathrm{Sf}_i) \cdot H_{\mathrm{act,ex},i}} \cdot H_{\mathrm{act,ex},i+1} \tag{4.150}$$

式中　$R_{\mathrm{act,s},i(i+1)}$ ——第 i 机架与第 $i+1$ 机架之间的实际速度比;

$\quad\quad v_{\mathrm{act,r},i}$ ——第 i 机架轧辊实际线速度,mm/s;

$\quad\quad v_{\mathrm{act,r},i+1}$ ——第 $i+1$ 机架轧辊实际线速度,mm/s;

$\quad\quad \mathrm{Sf}_i$ ——第 i 机架前滑值;

$\quad\quad \mathrm{Sf}_{i+1}$ ——第 $i+1$ 机架前滑值;

$\quad\quad H_{\mathrm{act,ex},i}$ ——第 i 机架实际出口厚度,mm;

$\quad\quad H_{\mathrm{act,ex},i+1}$ ——第 $i+1$ 机架实际出口厚度,mm。

极限张力控制闭环的控制增益为

$$G_{\mathrm{ltc,sup},i(i+1)} = k_{\mathrm{sr,sup},i(i+1)} \cdot R_{\mathrm{act,s},i(i+1)} \cdot \frac{\partial F_{i+1}/\partial T_{i(i+1)}}{\partial F_{i+1}/\partial H_{i+1}} \cdot \frac{1}{H_{\mathrm{act,ex},i+1}} \tag{4.151}$$

式中　$G_{\mathrm{ltc,sup},i(i+1)}$ ——第 i 机架与第 $i+1$ 机架间极限张力控制闭环上阈值控制增益;

$\quad\quad k_{\mathrm{sr,sup}}$ ——第 i 机架与第 $i+1$ 机架间极限张力控制闭环上阈值控制因子;

$\quad\quad \partial F_{i+1}/\partial T_{i(i+1)}$ ——第 $i+1$ 机架轧制力对第 $i+1$ 机架入口张力的偏微分;

$\quad\quad \partial F_{i+1}/\partial H_{i+1}$ ——第 $i+1$ 机架轧制力对第 $i+1$ 机架出口厚度的偏微分,kN/mm。

$$G_{\mathrm{ltc,inf},i(i+1)} = k_{\mathrm{sr,inf},i(i+1)} \cdot R_{\mathrm{act,s},i(i+1)} \cdot \frac{\partial F_{i+1}/\partial T_{i(i+1)}}{\partial F_{i+1}/\partial H_{i+1}} \cdot \frac{1}{H_{\mathrm{act,ex},i+1}} \tag{4.152}$$

式中　$G_{\mathrm{ltc,inf},i(i+1)}$ ——第 i 机架与第 $i+1$ 机架间极限张力控制闭环下阈值控制增益;

$\quad\quad k_{\mathrm{sr,inf},i(i+1)}$ ——第 i 机架与第 $i+1$ 机架间极限张力控制闭环上阈值控制因子。

极限张力控制闭环的机架间速度比修正量为

$$R_{\mathrm{cor,ltc},i(i+1)} = \begin{cases} G_{\mathrm{ltc,sup},i(i+1)} \cdot (T_{\mathrm{act},i(i+1)} - T_{\mathrm{thld,sup},i(i+1)}), \Delta R_{\mathrm{act,s},i(i+1)} > 0 \\ G_{\mathrm{ltc,inf},i(i+1)} \cdot (T_{\mathrm{act},i(i+1)} - T_{\mathrm{thld,inf},i(i+1)}), \Delta R_{\mathrm{act,s},i(i+1)} < 0 \end{cases} \tag{4.153}$$

式中　$R_{\mathrm{cor,ltc},i(i+1)}$ ——极限张力控制闭环的第 i 机架与第 $i+1$ 机架间速度比修正量;

$\quad\quad T_{\mathrm{thld,sup},i(i+1)}$ ——第 i 机架与第 $i+1$ 机架间张力上阈值,kN;

$\quad\quad T_{\mathrm{thld,inf},i(i+1)}$ ——第 i 机架与第 $i+1$ 机架间张力下阈值,kN;

$\quad\quad \Delta R_{\mathrm{act,s},i(i+1)}$ ——第 i 机架与第 $i+1$ 机架间实际速度比在两个周期内的变化量。

第5章 冷轧板形检测技术

板形及厚度精度是衡量冷轧板带材质量的两个重要外形尺寸指标。从某种意义上讲,带材的板形实际上是厚度沿带材宽度上的拓展。随着高档汽车、家电等生产用户对冷轧带材质量要求的提高,板形质量已成为冷轧带材最重要的质量指标之一。

板形缺陷可以通过带材宽度方向上各个纵条的相对延伸率来表示,然而对于实际的板形控制技术而言,如何在线测定带材的各个纵条的相对延伸率,定量地计算板形缺陷是板形自动控制技术得以实现的前提。在成熟的板形检测设备出现以前相当长的时期内,人们仅靠目测感觉和操作经验进行板形调节和控制,难以保证产品质量,尤其是宽厚比较大和压下率较大的极薄带,成材率较低。只有通过板形检测设备将带材的在线板形信息定量地反映出来,板形控制系统才能依据板形测量信息对板形调节机构发出指令控制板形。鉴于板形检测设备的重要性,从 20 世纪 60 年代开始,有关板形检测技术的研究工作十分活跃,人们不断地探索新的检测原理和开发更好的板形检测设备以提高板形检测精度。就板形检测原理和检测方法而言,几乎所有能够反映板形质量的物理量和相关元件,都被尝试用于板形检测方法和板形检测设备开发的研究,如测张法、测距法、电磁法、测振法、光学法、测厚法以及测温法等。

目前用于冷轧带材板形检测的设备主要分为接触式的和非接触式的。接触式板形辊具有信号检测直接、板形信号保真性能好以及测量精度高的特点。典型的接触式板形检测设备主要有瑞典 ABB 公司的压磁式板形辊、以德国钢铁工艺研究所(BFI)开发的压电板形检测专利技术为基础的压电式板形辊以及英国 Davy 公司的维迪蒙(Vidimon)空气轴承式板形辊。非接触式板形检测设备硬件结构相对简单且易于维护。其传感器为非传动件且不与带材表面接触,避免了带材的表面划伤。但是,非接触式板形检测设备的板形测量信号为非直接信号,测量精度较低,应用较少。

考虑到冷轧板形检测设备大多采用的是 ABB 公司的压磁式板形辊和 BFI 类型的压电式板形辊,本章主要介绍这两种板形辊的结构特点、测量原理以及板形测量信号的传输过程。另外,为了提高板形测量精度,以 BFI 类压电式板形辊为研究对象,制定了板形测量值的计算模型,并通过实际应用验证了模型的精度。

5.1 板形辊的结构、检测原理及检测信号

5.1.1 压磁式板形辊结构与检测原理

压磁传感器板形辊的生产厂家以瑞典 ABB 公司为典型代表,经过多年的实验和改进推广,其产品已经成熟地应用于工业生产。国内某些科研机构也初步开发出了压磁式板形辊,并应用到了国内一些冷轧生产线上。

1. 压磁式板形辊的结构

ABB 公司生产的压磁式板形辊由实心的钢质芯轴和经硬化处理后的热压配合钢环组成，芯轴沿其圆周方向 90° 的位置刻有 4 个凹槽，凹槽内安装有压力测量传感器。板形辊的结构和主要组件如图 5.1 所示。

位于板形辊圆周对称凹槽内的两个测量元件用作一对，当其中一个位于上部时，另一个恰好位于下部，这样就可以补偿钢环、辊体以及外部磁场的干扰。每个分段的钢环标准宽度为 26 mm 或者 52 mm，称为一个测量段。测量段的宽度对测量的精确性有较大影响，一般测量段越窄，测量精度就越高。在带材边部区域，由于带材板形变化梯度较大，为有利于精确测量，测量段宽度为 26 mm。中部区域带材板形波动不大，测量段宽度一般为 52 mm。板形辊的辊径一般为 313 mm，具体辊身长度根据覆盖最大带材宽度所需的测量段数及测量段宽度而定。板形辊的测量传感器为磁弹性压力传感器，可测量最小为 3 N 的径向压力。钢环质硬耐磨，具有足够的弹性以传递带材所施加的径向作用力。为保证各测量段的测量互不影响，各环间留有很小的间隙。

为了满足各种不同的冷轧生产条件和测量精度的要求，ABB 公司在标准分段式板形辊的基础上开发了高灵敏度板形辊和表面无缝式板形辊，如图 5.2 所示。

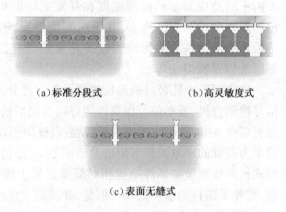

（a）标准分段式　　　　（b）高灵敏度式

（c）表面无缝式

图 5.1　ABB 板形辊的结构及主要组件　　　　图 5.2　ABB 板形辊的种类

在这三种结构的 ABB 板形辊中，标准分段式板形辊一般用于对带材表面质量要求不高、灵敏度要求一般的普通冷轧带材生产线上；高灵敏度板形辊适用于箔材轧制、超薄带材轧制等对板形辊灵敏度有较高要求的生产线上；表面无缝式板形辊主要应用于对轧材表面要求较高的轧制生产线上。

2. 压磁式板形辊的板形检测原理

压磁传感器由硅钢片叠加而成，其上缠绕有两组线圈，一组为初级线圈，另一组为次级线圈。初级线圈中有正弦交变电流，在它的周围产生交变的磁场，如果没有受到外力作用，磁感方向与次级线圈平行，不会产生感应电流；当硅钢片绕组受到压力时，会导致磁感方向与次级线圈产生夹角，次级线圈上就会产生感应电压，通过检测该感应电压来确定机械压力大小，如图 5.3 所示。

轧制过程中，带材与板形辊相接处，由于带材是张紧的，因而会对板形辊产生一个径向压力,通过板形辊身上安装的压磁式传感器可测得该径向压力大小。由于 ABB 板形辊的传感器被辊环覆盖,因此传感器所测的径向力并不是带材作用在板形辊上的实际径向力值。实际径向力中的一部分转化成导致辊环发生弹性变形的作用力,被辊环变形所吸收,剩余的部分才是传感器所测的径向力。如果通过板形辊包角和径向力测量值计算带材张应力分布,则需要进行复杂的辊环弹性变形计算。为此,引入出口带材总张力,再根据带材的宽度、厚度以及即可求解各测量段对应的带材张应力,即:

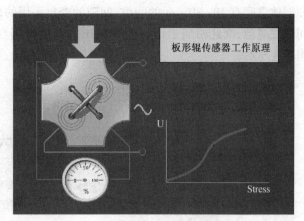

图 5.3　压磁式传感器的工作原理

$$\Delta\sigma(i) = \frac{f(i) - \dfrac{1}{n}\sum_{i=1}^{n} f(i)}{\dfrac{1}{n}\sum_{i=1}^{n} f(i)} \cdot \frac{T}{w \cdot h} \tag{5.1}$$

式中　$\Delta\sigma(i)$ ——各测量段的带材张应力,N/m^2;

$\quad\quad f(i)$ ——各测量段测量的径向压力,N;

$\quad\quad T$ ——带材总张力,N;

$\quad\quad w$ ——带材宽度,m;

$\quad\quad h$ ——带材厚度,m;

$\quad\quad i$、n ——测量段序号和总的测量段数。

　　式(5.1)中求解张应力分布的方法不需要知道板形辊包角,但需要得到出口带材的总张力数据。

　　根据延伸率与张应力的关系可得各测量段对应的带材板形值为:

$$\lambda(i) = \frac{\Delta L(i)}{L} \cdot 10^5 = \frac{-\Delta\sigma(i)}{E} \cdot 10^5 \tag{5.2}$$

式中　λ_i ——各测量段测量的板形值,习惯用 I 为单位。

5.1.2　压电式板形辊结构与检测原理

　　压电石英传感器板形辊最早由德国钢铁研究所(BFI)研制成功,这类板形辊也称 BFI 板形辊。这类板形辊具有较好的精度与响应速度,在轧制领域有着广泛的应用。

1. 压电式板形辊结构

　　压电式板形辊主要由实心辊体、压电石英传感器、电荷放大器、传感器信号线集管以及信号传输单元组成。在辊体上挖出一些小孔,在小孔中埋入压电石英传感器,并用螺栓固定,螺栓对传感器施加预应力使其处于线性变化范围内。所有这些孔中的传感器信号线通过实心辊的中心孔道与板形辊一端的放大器相连接。外部用一圆形金属盖覆盖保护着传感器,保护盖和辊体之间有 10~30 μm 的间隙,间隙的密封采用的是 Viton-O-环。由于传感器盖与辊体之间存在缝隙,因此相当于带材的径向压力直接作用在了传感器上。压电式板形辊的结构如图 5.4 所示。

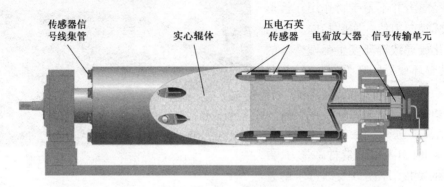

图 5.4 压电式板形辊的结构

板形辊上的每个传感器对应一个测量段,测量段的宽度有 26 mm 和 52 mm 两种规格。传感器沿辊身分布状况是中间疏、两边密,这是因为边部带材板形梯度较大,中间部分带材板形梯度较小。为了节省信号传输通道,这些压电石英传感器沿辊身的分布并不是直线排列的,而是互相错开一定的角度,这样在板形辊旋转过程中不在同一个角度上的若干传感器就可以共用一个通道传递测量信号。由于传感器彼此交错排列,因此发送的信号也是彼此错开的。例如,若沿板形辊圆周方向划分为 9 个角度区,每个角度区对应的传感器数目最大为 12 个,因此板形辊只需要有 12 个信号传输通道就可以同时传输一个角度区上各个传感器所测得的板形测量值,如图 5.5 所示。

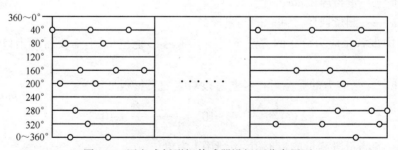

图 5.5 压电式板形辊传感器沿辊面分布展开

2. 压电式板形辊的检测原理

一些离子型晶体的电介质(如石英、酒石酸钾钠、钛酸钡等)在机械力的作用下,会产生极化现象,即:在这些电介质的一定方向上施加机械力使其变形时,会引起它内部正负电荷中心相对转移而产生电的极化,从而导致其两个相对表面,即极化面上出现大小相等、符号相反的束缚电荷,且其电位移与外加的机械力成正比。当外力消失时,又恢复原来不带电的状态。当外力变向时,电荷极性随之改变。这种现象称为正压电效应,简称压电效应。压电式板形辊采用的就是具有压电效应的传感器进行板形测量的。压电式板形辊的传感器如图 5.6 所示。

图 5.6　压电式板形辊上的压电石英传感器

压电石英传感器在带材径向压力作用下产生电荷信号,这些电荷信号经过电荷放大器转变为电压信号,通过测量该电压信号的值就可以换算出带材在板形辊上施加的径向压力。与 ABB 板形辊不同的是,由于压电式板形辊不存在辊环,压电石英传感器所测径向压力值就是带材作用在传感器受力区域上的实际径向压力大小。因此,压电式板形辊测量值的计算无须引入出口张力,只需要进行简单的板形辊受力分析即可根据径向力测量值、板形辊包角、各测量段对应的带材宽度、厚度等参数即可计算每个测量段处的带材板形值。详细的板形测量值计算模型将在后面小节中进行详细描述。另外,如果轧机出口安装有高精度的张力计,也可以通过引入出口带材总张力按照式(5.1)计算张应力分布。

5.1.3　两种板形辊板形信号之间差异

目前,在冷轧带材板形检测设备中,压磁式板形辊和压电式板形辊的使用量是最大的。因此,研究它们在板形信号处理上的不同特点可以帮助我们有针对性地开发精确的板形测量模型,提高板形测量精度。

1. 信号传输环节之间差异

以 ABB 公司为代表生产的压磁式板形辊在信号传输环节采用的是滑环配合碳刷的方式,传感器测得的板形信号首先进入集流装置,然后通过滑环与电刷之间的配合进行传输,如图 5.7 所示。

这种传输方式的优点是输出信号大、过载能力强、寿命长、抗干扰性能好、结构简单及测量精度较高,传感器在压力的作用下产生相应的电压信号,电压信号直接通过滑环传输到控制系统的 A/D 模板,减少了在信号传输环节的失真与信号转换误差。但是,这种传输方式也存在缺点。其信号传输通过电刷完成,容易在铜环和电刷之间产生磨损,长时间运行后产生摩擦颗粒附着在铜环与碳刷之间,使板形测量信号失真。

BFI 类型的板形辊分为固定端和转动端,在信号传输环节采用无线传输模式,如图 5.8 所示。

压电式板形辊的信号无线传输具有通道少、测量精度高的优点,同时也避免了由滑环和电刷的磨损造成的信号失真。但是,压电式板形辊的板形信号处理流程较长,增大了信号处理难度,需要在每个处理环节上都要制定完善的方案,保证每个环节的信号精度。压电石英传感器在带材径向压力作用下产生电荷信号,这些电荷信号经过电荷放大器转变为电压信号,经滤波、A/D 转换、编码,然后通过红外传送将测量信号由旋转的辊体中传递到固定的接收器上,再经解码后传送给板形计算机,压电式板形辊的信号处理过程如图5.9所示。

图 5.7　压磁式板形辊的信号传输方式

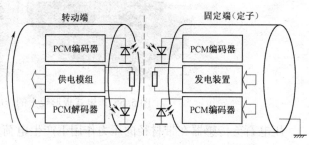

图 5.8　压电式板形辊的信号传输方式

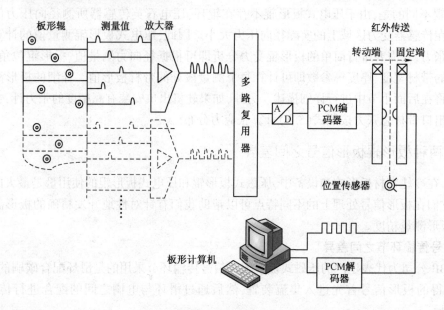

图 5.9　压电式板形辊的信号处理过程

2. 信号处理方式的区别

由于压磁式板形辊上传感器沿辊身的分布与压电式板形辊不同,因此,它们所测量的板形信号的形式也是不一样的。压磁式板形辊的传感器沿辊身轴向分布,每隔90°沿轴向有一排传感器,因此,它测量的带材板形是实时的带材横断面板形分布。压磁式板形辊的传感器分布与板形测量信号分布对应关系如图5.10所示。

(a)沿带宽方向的传感器布置方式　　　　　(b)沿带宽方向的板形信号分布

图 5.10　压磁式传感器沿辊身表面的展开图分布与板形信号分布的对应关系

对于压电式板形辊而言,由于压电石英传感器沿辊身是互相错开一个角度分布的,因此,板形信号并不是实时带材横断面的板形分布。压电式板形辊的传感器分布与板形测量信号分布的对应关系如图 5.11 所示。

（a）沿带宽方向的传感器布置方式　　　　　　　　　　（b）沿带宽方向的板形信号分布

图 5.11　压电式传感器沿辊身表面的展开图分布与板形信号分布的对应关系

压磁式板形辊的传感器沿辊身为直线分布,优点是可以保证在同一时刻测到的板形是同一个断面上的,但它的缺点是不能将其他时刻的板形信息考虑进来,容易漏掉局部离散的板形缺陷。压电式板形辊传感器沿辊身是互相错开一定的角度,可以将其他时刻的板形信息考虑到本周期的板形测量中,但是不能准确测得同一断面在同一时刻的板形分布,而需要在信号处理系统中进行数学回归,增加了信号处理难度。

5.2　板形测量信号处理模型

作为闭环板形控制系统的反馈值,板形测量值的准确性直接关系到板形控制系统的控制效果。板形辊作为在线板形测量仪器,对其测量信号进行准确的数学处理,进而使之能够精确地转化为实测板形值对闭环反馈板形控制系统至关重要。本节以 BFI 类型板形测量设备为研究对象,通过分析板形辊的结构及板形测量原理,结合现场实际生产条件,制定了板形测量数据的处理模型。相对于 BFI 类型板形辊,压磁式板形辊的板形信号更容易处理。本节所描述的板形测量值处理模型可以根据实际的生产状况进行简化,用于压磁式板形辊的板形测量值处理中。相关模型已应用于某 1 250 mm 单机架六辊可逆冷轧机的板形控制系统改造中,取得了良好的效果。

5.2.1　板形辊的结构和主要参数

研究的具体对象为德国 ACHENBACH 公司生产的一种规格的压电式板形辊（BFI 类型板形辊）。板形辊最大测量宽度为 1 408 mm,辊径为 313 mm。辊身上一共安装有 44 个传感器,因此把板形辊划分为 44 个测量段。各测量段沿辊身分布情况是:两边各有 17 个宽度为 26 mm 的测量段,中部有 10 个宽度为 52 mm 的测量段。测量段沿辊身分布状况是中间疏、两边密。这是因为边部带材板形梯度较大,中间部分带材板形梯度较小。为了节省信号传递通道,这些压电石英传感器沿辊身的分布并不是直线排列的,而是互相错开一定的角度,这样在板形辊旋转过程中不在同一个角度上的若干传感器就可以共用一个通道传递测量信号,如图 5.12 所示。

5.2.2　板形测量值表达式

根据胡克定律,板形辊上各测量段所测带材板形可表示为:

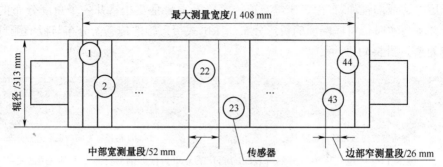

图 5.12 BFI 板形辊传感器分布

$$\lambda(i) = \frac{\Delta L(i)}{L} \cdot 10^5 = \frac{1}{E} \cdot \left[\sigma(i) - \frac{1}{n}\sum_{i=1}^{n}\sigma(i)\right] \cdot 10^5 \tag{5.3}$$

式中　$\lambda(i)$——第 i 个测量段带材的板形值，I；

　　$\dfrac{\Delta L(i)}{L}$——第 i 个测量段带材相对长度差；

　　$\sigma(i)$——第 i 个测量段带材张应力，N/mm²；

　　E——杨氏模量，N/mm²。

由于压电式板形辊不存在辊环并且传感器与辊体之间存在缝隙，相当于带材对板形辊的径向压力直接作用在传感器上，因此，带材张应力分布可以认为是以板形辊上各传感器所测径向力、板形辊包角、传感器的直径以及各测量段对应的带材厚度为参数的函数，可表示为：

$$\sigma(i) = f(f(i), \theta, d, h(i)) \tag{5.4}$$

式中　$f(i)$——第 i 个传感器所测径向力，N；

　　θ——板形辊与带材之间的包角，rad；

　　d——压力传感器直径，m；

　　$h(i)$——各测量段所对应的带材厚度，m。

由式（5.4）可知，要想准确获得每个测量段的张应力，进而得到该测量段的板形值需要两个步骤：第一步，建立这些参数与 $\sigma(i)$ 的函数关系；第二步，精确计算这些参数。这些参数与 $\sigma(i)$ 的函数关系在本节建立，精确计算这些参数的过程则在随后的几节中详细描述。

$f(i)$、θ、d、$h(i)$ 等参数与 $\sigma(i)$ 的函数关系通过分析带材与板形辊的接触状态以及传感器的受力状态建立。最能反映带材与板形辊的接触状态的就是板形辊与带材之间的包角，包角不同，板形辊上传感器的受力状态也会不同。因此，根据带材与板形辊接触弧长度，也就是包角对应的接触弧长度可以将板形辊受力状态分为不同的情况。

1. 大包角时带材张应力分布计算

设板形辊半径为 r。轧制过程中，如果板形辊包角对应的接触弧长度大于传感器直径 d 时，即包角满足 $\theta > d/r$ 时，如图 5.13 所示。带材对板形辊的径向压力不是仅作用在传感器上面，而是作用于整个接触弧面上，此时传感器测得的径向力并不等于带材张力沿传感器受力方向上的合力。为了获得传感器所测径向力与带材张力之间的关系，可以对每个传感器直径内所对应的接触弧面进行受力分解，求解单位接触弧面径向力。

板形辊单独由电机带动旋转，且带材与板形辊表面光滑，轧制过程中带材速度与板形辊线

速度相同,因此可以忽略带材与板
形辊之间的摩擦力。将板形辊的某
个测量段上带材与板形辊之间的接
触弧等分为 m 段,则每段对应的圆
心角为 θ/m ,每段所受径向力可以
看作由作用在该段接触弧上的两个
方向带材张力产生上的。如
图 5.14(a)所示,接触弧段 1 所受径
向力 F_1 可看作由两个方向上的带材
张力 T_1 和 T'_1 产生的,由于不考虑带

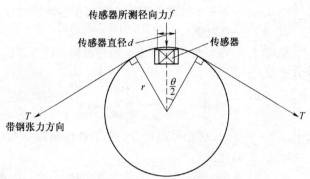

图 5.13　接触弧长大于传感器盖弧长

材与板形辊之间的摩擦力,则各个接触弧段对应的带材张力大小相同,即:

$$T_1 = T'_1 = T_2 = T'_2 \cdots = T_m = T'_m = T \tag{5.5}$$

式中　T——某个测量段上带材实际张力,N。

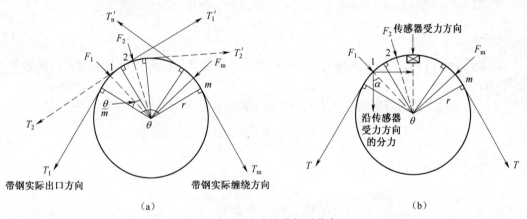

（a）　　　　　　　　　　　　　　（b）

图 5.14　径向力沿接触弧分布

当 m 取无穷大时,由式(5.5)结合图 5.15(a)分析可知单位宽度接触弧面上各段接触弧
面受力大小相同,为均匀受力状态,则各段接触弧面的单位接触弧面径向力相等,即:

$$p = \frac{F_1}{\Delta s} = \frac{F_2}{\Delta s} = \cdots = \frac{F_m}{\Delta s} = \frac{4f}{\pi \cdot d^2} \tag{5.6}$$

式中　p ——单位接触弧面所受径向力,N/mm²;

　　　$F_1 \sim F_m$ ——分别为各接触弧段所受带材张力的合力,N;

　　　Δs ——各小段接触弧面的面积,mm²;

　　　f ——传感器所测径向力,N;

　　　d ——传感器直径,mm。

如图 5.14(b)所示,每段接触弧面上受到的径向力分解到传感器受力方向上为:

$$N_k = p \cdot \Delta s \cdot \cos \alpha_k = \frac{4f}{\pi \cdot d^2} \cdot \Delta s \cdot \cos \alpha_k \tag{5.7}$$

式中　N_k ——第 k 段接触弧面所受径向力在传感器受力方向上的分力,N;

α_k ——第 k 个接触弧面中心线与传感器受力方向之间的夹角；

k ——接触弧段序号， $k \in [1, m]$ 。

对式(5.7)在整个接触弧面上积分可得各段接触弧面所受径向力在传感器受力方向上的分力之和：

$$N = 2 \int_0^s \frac{4f}{\pi \cdot d^2} \cdot \cos \alpha \mathrm{d}s = 2 \int_0^{\frac{\theta}{2}} \frac{4f}{\pi \cdot d^2} \cdot \cos \alpha \cdot d \cdot r \mathrm{d}\alpha \tag{5.8}$$

式中 N ——各段接触弧面所受径向力在传感器受力方向上的分力之和，N。

对式(5.8)化简可得：

$$N = \frac{8f}{\pi} \cdot \frac{r}{d} \cdot \sin \frac{\theta}{2} \tag{5.9}$$

该测量段对应的带材实际张力在传感器受力方向上的合力为：

$$N = 2T \cdot \sin \frac{\theta}{2} \tag{5.10}$$

由式(5.9)和式(5.10)可得传感器所测径向力与实际带材张力的关系：

$$T = \frac{4f}{\pi} \cdot \frac{r}{d} \tag{5.11}$$

由上式分析可知，当包角满足 $\theta > d/r$ 时，张力测量值 T 与包角 θ 无关，而只与传感器所测径向力有关。

各个测量段上传感器所测径向力与所在测量段对应的带材实际张力为：

$$T(i) = \frac{4f(i)}{\pi} \cdot \frac{r}{d} \tag{5.12}$$

由张应力的定义可得：

$$\sigma(i) = \frac{T(i)}{d \cdot h(i)} = \frac{4r \cdot f(i)}{\pi \cdot d^2 \cdot h(i)} \quad (\theta > d/r) \tag{5.13}$$

2. 小包角时带材张应力分布计算

当带材与板形辊之间的包角较小时，即当包角满足 $\theta \leqslant d/r$ 时，包角对应的弧长等于或小于传感器直径。此时带材对板形辊的径向力直接作用在传感器上，因此传感器所测径向力等于该测量段上实际带材张力在传感器受力方向上的合力，即：

$$T(i) = \frac{f(i)}{2\sin \frac{\theta}{2}} \tag{5.14}$$

则此时张应力分布为：

$$\sigma(i) = \frac{T(i)}{d \cdot h(i)} = \frac{f(i)}{2d \cdot h(i)\sin \frac{\theta}{2}} \quad (0 < \theta \leqslant d/r) \tag{5.15}$$

3. 实时包角计算

由式(5.15)可知，当 $\theta \leqslant d/r$ 时，板形测量值除了与实测径向力有关，还与板形辊的包角有关。如果此时板形辊的包角固定，则可直接按照式(5.15)求解张应力分布。但是在有些情况下，由于现场设备配置及安装条件限制，板形辊与卷取机之间并没有导向辊或者压辊。这样就造成带材与板形辊之间的包角随卷取机上卷径的改变而变化,如图 5.15 所示。图中 θ' 代表板形辊与卷取机之间存在导向辊时的包角,由于导向辊存在,θ' 为固定值。θ 为不存在导向辊时的包角,它的值随着卷取机卷径的变化而改变,这时就需要确定板形辊的实时包角值,比较包角 θ 和 d/r 的关系,来决定使用哪个张应力分布计算公式。图 5.15 中 R_0 和 R_1 为不同时刻的卷径。

卷取机有上卷取和下卷取两种工作方式,两种工作方式下包角的变化规律不同。根据轧机参数,以及设备之间的几何位置关系可以求解两种工作方式下的实时包角。

上卷取方式如图 5.16 所示,由几何关系可知包角:

$$\theta = \pi - \left[\left(\frac{\pi}{2} - \alpha \right) + \arctan\left(\frac{a}{b} \right) + \phi \right] \tag{5.16}$$

式中　α ——出口带材与水平轧线之间的夹角,rad;

　　　a、b ——板形辊中心到卷取机中心之间的水平距离和垂直距离,m;

　　　ϕ ——卷取机和板形辊中心线与卷取机上带材缠绕方向之间夹角。

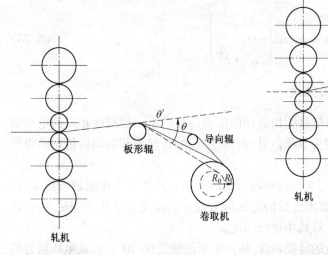

图 5.15　包角变化示意图

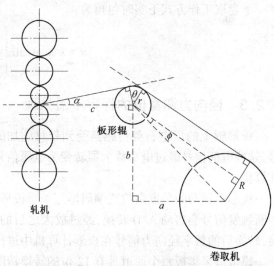

图 5.16　卷取机上卷取带材

又有:

$$\alpha = \arcsin\left(\frac{r}{c} \right) \tag{5.17}$$

$$\phi = \arcsin\left(\frac{R - r}{\sqrt{a^2 + b^2}} \right) \tag{5.18}$$

式中　c ——工作辊辊缝中心与板形辊中心距离,m;

　　　R ——钢卷卷径,m。

将式(5.17)和式(5.18)带入式(5.16)中可得包角:

$$\theta = \frac{\pi}{2} + \arcsin\left(\frac{r}{c} \right) - \arctan\left(\frac{a}{b} \right) - \arcsin\left(\frac{R - r}{\sqrt{a^2 + b^2}} \right) \tag{5.19}$$

同理通过几何计算可得卷取机下卷取方式时包角为:

$$\theta = \frac{\pi}{2} + \arcsin\left(\frac{r}{c}\right) - \arctan\left(\frac{a}{b}\right) + \arcsin\left(\frac{R + r}{\sqrt{a^2 + b^2}}\right) \tag{5.20}$$

令 $k = \frac{\pi}{2} + \arcsin\left(\frac{r}{c}\right) - \arctan\left(\frac{a}{b}\right)$,又有:

$$R = \frac{v}{\omega} \tag{5.21}$$

式中　v——当前带材速度,m/s;

　　　ω——卷取机角速度,rad/s。

则上卷取工作方式下实时包角为:

$$\theta = k - \arcsin\left(\frac{\dfrac{v}{\omega} - r}{\sqrt{a^2 + b^2}}\right) \tag{5.22}$$

下卷取工作方式下实时包角为:

$$\theta = k + \arcsin\left(\frac{\dfrac{v}{\omega} + r}{\sqrt{a^2 + b^2}}\right) \tag{5.23}$$

5.2.3　径向力测量值的标定平滑处理

板形辊上的压电石英传感器受到带材施加的径向压力后会产生一组极性相反的电荷信号,这些电荷信号经过电荷放大器转变为电压信号,再经滤波、A/D 转换和编码后传送给板形计算机。

板形辊转动的角度由位置编码器记录。板形辊每旋转一周会产生一个中断触发信号,该中断触发信号会启动 A/D 转换,经过放大之后的电压信号通过模拟量采集板来完成 A/D 转换,转换后的数字径向力信号在板形计算机中进行标定。

模拟量采集板每个通道具有 12 位的转换精度,输入电压范围是 0~10 V,因此电压信号与数字信号的对应关系为:0 V 对应数字量 0,10 V 对应数字量 4 095,则板形信号的标定方法为:

$$t(i) = \alpha(i) \cdot \frac{m(i)}{4\ 095} \cdot F_{max} \tag{5.24}$$

式中　i——测量段序号;

　$t(i)$——标定后的各传感器所测径向力,N;

　$m(i)$——由电压信号进行 A/D 转换之后的数字信号;

　$\alpha(i)$——各传感器的转换系数;

　F_{max}——传感器在线性工作区间内所测径向力的最大值,N。

为了去除径向力测量中的尖峰信号,首先对径向力测量值进行一阶低通滤波处理。具体方法是取上周期径向力测量值的部分比例成分与本周期径向力测量值的部分比例成分进行叠加,作为本周期径向力测量值的输出量,计算公式为:

$$f(i) = k_0 \cdot t_0(i) + k_1 \cdot t_1(i) \tag{5.25}$$

式中　$f(i)$——本周期板形辊径向力的输出量,N;

$t_0(i)$ ——上周期板形辊所测径向力,N;

$t_1(i)$ ——本周期板形辊所测径向力,N;

k_0、k_1 ——滤波系数。

5.2.4　边部测量段径向力的修正

轧制过程中,带材宽度常常与板形辊有效测量宽度不同,因此会发生带材边部不能完全覆盖板形辊两端传感器的情况,如图 5.17 所示。板形辊传感器所测径向力和带材与该传感器之间接触面积相关,在带材宽度与检测辊有效检测宽度大小不一致的情况下,板形辊检测出来的带材边部张力并不能真实反映带材张力。由于生产中会不断产生带材偏移,因此,在需要实时确定板形辊边部有效测量段,并计算该测量段上压电石英传感器上带材覆盖率,进而修正边部传感器所测径向力,使之精确地转化为带材边部实际张力。

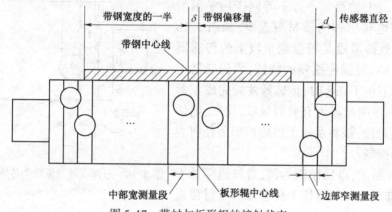

图 5.17　带材与板形辊的接触状态

1. 边部测量段的带材覆盖率计算

操作侧未被带材覆盖的区域长度为:

$$l_{uc\_os} = \frac{l_r - w}{2} - \delta_s + \delta_r \tag{5.26}$$

式中　l_{uc_os} ——操作侧板形辊上未被带材覆盖的长度,m;

　　　l_r ——板形辊各测量段长度和,m;

　　　w ——带材宽度,m;

　　　δ_s ——带材偏移量,其符号与带材偏移方向有关,当带材向操作侧偏移时为正,向传动侧偏移时为负,m;

　　　δ_r ——板形辊沿轴向偏移轧制中心线的距离,m。

同理,传动侧未被带材覆盖的区域长度为:

$$l_{uc\_ds} = \frac{l_r - w}{2} + \delta_s - \delta_r \tag{5.27}$$

式中　l_{uc_ds} ——传动侧板形辊上未被带材覆盖的长度,m。

由于边部窄测量段区域的总宽度很大,因此实际轧制过程中,带材边部不会落在中部的宽测量段上,可以只考虑带材边部落在板形辊的窄测量段上。由操作侧未被带材覆盖的区域长

度及测量段宽度可得到操作侧板形辊上未被带材覆盖的测量段数,即:

$$n_{uc\_os} = \frac{l_{uc\_os}}{26} \tag{5.28}$$

则操作侧带材边部所覆盖的测量段的覆盖率为:

$$\alpha_{c\_os} = 1 - (n_{uc\_os} - [n_{uc\_os}]) \tag{5.29}$$

式中　α_{c_os}——操作侧带材带材边部覆盖的测量段的覆盖率,%;

　　　$[n_{uc\_os}]$——对 n_{uc_os} 取整后的整数。

同理,可以按照上述方法求得传动侧带材边部所覆盖的测量段的覆盖率。

2. 边部有效测量段上的传感器覆盖率计算

由于板形辊边部每个测量段宽度为 26 mm,而传感器直径为 35 mm,传感器之间有 4.5 mm 的重叠,因此,测量段上的覆盖率并不等同于用于测量带材张力的压电传感器的带材覆盖率,如图 5.18 所示。边部有效测量段是根据测量段上的传感器覆盖率来确定的,根据传感器的特性,当传感器上的带材覆盖率不小于 0.8 时,传感器才能完成正常的测量,则认为该测量段为有效测量段;反之,则认为是无效的测量段,该测量段上传感器所测径向力不再用于板形控制。

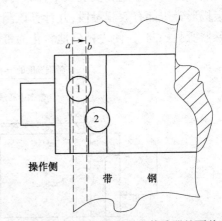

图 5.18　边部有效测量段上传感器的覆盖率

如图 5.18 所示,以操作侧为例,带材边部处于位置 a 时,操作侧边部测量段上传感器的带材覆盖率为:

$$\varepsilon_{c\_os} = \frac{w_z \cdot \alpha_{c\_os} + 0.5 \cdot (d - w_z)}{d} \tag{5.30}$$

式中　ε_{c_os}——边部测量段上传感器的带材覆盖率,%;

　　　w_z——测量段宽度,m;

　　　d——传感器直径,m。

带材边部由位置 a 到位置 b 的过程中,传感器 1 上的覆盖率逐渐变小,当 $\varepsilon_{c\_os} < 0.8$ 时,则认为该测量段为无效的测量段,对该测量段上传感器所测径向力不再进行补偿,直接舍弃。此时,将传感器 2 所在测量段作为边部有效测量段,在带材边部未到达传感器 2 的边部时,传感器 2 上的覆盖率 ε_{c_os} 为 1。当带材边部开始覆盖传感器 2 的边部时,此时带材边部位置仍在测量段 1 上,边部有效测量段上传感器的覆盖率 ε_{c_os} 为:

$$\varepsilon_{c\_os} = \frac{w_z \cdot \alpha_{c\_os} + 0.5 \cdot (d + w_z)}{d} \tag{5.31}$$

当带材边部开始完全离开测量段 1,落在测量段 2 内时,与在位置 a 处一样,传感器的覆盖率按照式(5.30)计算。同理,带材边部落在其他测量段上时,传感器覆盖率也是按照上述计算方法确定。传动侧边部测量段上传感器的带材覆盖率同样按照上述算法确定。

3. 有效测量段上传感器的覆盖面积因子计算

传感器所测径向力大小与带材在传感器上的覆盖面积相关,要对边部传感器所测径向力进行补偿,需要确定带材边部在传感器上的覆盖面积因子。有效测量段上传感器的带材覆盖率要在 0.8 以上,因此,在计算传感器被覆盖面积时,只考虑传感器被覆盖的面积大于未被覆盖面积的情况,如图 5.19 所示。

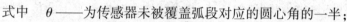

图 5.19　传感器上带材覆盖的面积

根据图 5.19 中几何关系可知传感器被覆盖面积为:

$$\Delta s = \pi \cdot \left(\frac{d}{2}\right)^2 \cdot \left(1 - \frac{\theta}{\pi}\right) + l \cdot \sqrt{\left(\frac{d}{2}\right)^2 - l^2}$$

$$(5.32)$$

式中　θ——为传感器未被覆盖弧段对应的圆心角的一半;

　　　l——传感器中心距带材边部的距离,m。

由图 5.19 中几何关系可知:

$$\theta = \arccos(2l/d) \qquad\qquad (5.33)$$

根据边部有效测量段上传感器覆盖率 ε 可得:

$$l = d \cdot \varepsilon - d/2 \qquad\qquad (5.34)$$

式中　ε——传感器上的覆盖率,%。

将式(5.33)和式(5.34)带入式(5.32),则有效测量段上传感器的覆盖面积因子为:

$$\gamma = \frac{\Delta s}{s} = 1 - \frac{1}{\pi} \cdot \arccos(2\varepsilon - 1) + \frac{4\varepsilon - 2}{\pi\sqrt{\varepsilon - \varepsilon^2}} \qquad (5.35)$$

式中　γ——边部有效测量段上传感器的覆盖面积因子,%;

　　　s——传感器面积,m²。

4. 边部有效测量段径向力的修正

边部未被带材全部覆盖的传感器受力状态与全被带材覆盖的传感器受力状态不同,它不能像其他传感器一样工作于一个稳定的线性区间。可以使用面积覆盖因子及它内侧相邻两个传感器所测径向力来修正边部未被带材全部覆盖的传感器所测径向力。为了减小操作侧与传动侧两者之间的修正误差,在对一侧边部传感器所测径向力进行修正时,将另一侧边部传感器相邻的两个传感器所受径向力考虑进来。操作侧边部传感器所测径向力的修正方法为:

$$f(\text{os}) = \frac{1}{2\gamma_{\text{os}}} \cdot \left[f_{\text{m}}(\text{os}) + \frac{2 \cdot f_{\text{m}}(\text{os}+1) - f_{\text{m}}(\text{os}+2)}{2 \cdot f_{\text{m}}(\text{ds}-1) - f_{\text{m}}(\text{ds}-2)} \cdot f_{\text{m}}(\text{ds}) \right] \qquad (5.36)$$

式中　$f(\text{os})$——操作侧边部未被带材全部覆盖的传感器所测径向力的修正值,N;

　　　γ_{os}——操作侧边部传感器的面积覆盖因子,%;

　　　$f_{\text{m}}(\text{os})$——操作侧边部未被带材全部覆盖的传感器所测径向力,N;

　　　os——操作侧边部有效测量段号;

　　　$f_{\text{m}}(\text{os}+1)$——第 os+1 测量段所测径向力,N;

　　　$f_{\text{m}}(\text{os}+2)$——第 os+1 测量段所测径向力,N;

$f_m(ds)$ ——传动侧边部未被带材全部覆盖的传感器所测径向力,N;

  ds ——传动侧边部有效测量段号;

$f_m(ds-1)$ ——第 ds - 1 测量段所测径向力,N;

$f_m(ds-2)$ ——第 ds - 2 测量段所测径向力,N。

同理,传动侧边部传感器所受径向力的修正方法为:

$$f(ds) = \frac{1}{2\gamma_{ds}} \cdot \left[f_m(ds) + \frac{2 \cdot f_m(ds-1) - f_m(ds-2)}{2 \cdot f_m(os+1) - f_m(os+2)} \cdot f_m(os) \right] \tag{5.37}$$

式中 $f(ds)$ ——传动侧边部未被带材全部覆盖的传感器所测径向力的修正值,N;

  γ_{ds} ——操作侧边部传感器的面积覆盖因子,%。

5.2.5 板形辊故障测量段处径向力的确定

实际轧制过程中,板形辊的工作环境较为复杂,如乳液、灰尘等均会对板形辊上的传感器造成不利影响。经过一段时间的运行后,某些传感器可能会产生故障,即使对其进行重新标定也无法完成测量工作,这些出现故障传感器所在测量段称为故障测量段,如图 5.20 所示。为了不影响板形控制,需要对这些故障测量段进行处理,得到一个近似的板形测量值,用于板形控制系统中。

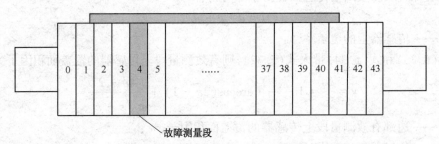

图 5.20 故障测量段的插值计算

故障测量段处带材作用于板形辊上的径向力可以通过对其两侧有效传感器所测径向力进行线性插值处理获得,计算方法为:

$$f_{dummy}(i) = \frac{f_{active}(j) - f_{active}(k)}{k - j} \cdot (j - i) + f_{active}(j) \tag{5.38}$$

式中 $f_{dummy}(i)$ ——测量段号为 i 的故障测量段板形辊所受径向力,N;

  $f_{active}(j)$ ——故障测量段的操作侧最相邻的一个有效测量段所测径向力,N;

  $f_{active}(k)$ ——故障测量段传动侧最相邻的一个有效测量段所测径向力,N;

  $j、k$ ——操作侧和传动侧与故障测量段最相邻的两个有效测量段序号。

如图 5.20 所示,4 号测量段为故障测量段时,可通过对操作侧和传动侧与其最相邻的 3、5 两个有效测量段上所测径向力进行插值计算来近似获得 4 号测量段上板形辊所受到的径向力。当连续的两个测量段都是故障测量段时,同样可以按照上述插值算法进行计算。

5.2.6 带材横向厚度分布计算

由于带材横向厚度分布不均,每个测量段对应的带材厚度也不相同,因此轧后带材断面形貌对板形测量也会产生影响。

轧后带材断面形貌基本可以分为对称二次抛物线形和楔形两种情况,如图 5.21 所示。无论轧后带材断面形貌是对称的还是楔形,除去边部减薄外的部分的横向厚度分布都可以用二次曲线来表示,即:

$$h(i) = -\frac{4h_c \cdot \lambda}{w_s^2} \cdot i^2 + \frac{h_c \cdot (h_{ds} - h_{os})}{w_s} \cdot i + h_c \tag{5.39}$$

式中　h_c——带材中心厚度,由测厚仪测得,m;

　　　w_s——去除减薄区后的带材宽度,m;

　　　λ——厚度附加系数,由轧后带材目标厚度设定模型计算获得;

h_{os}、h_{ds}——除去边部减薄区外的操作侧与传动侧带材边部厚度,由过程计算机根据轧后带材目标厚度设定模型计算获得,m。

由式(5.39)可知,当除去边部减薄区外的操作侧与传动侧带材边部厚度 h_{os} 和 h_{ds} 相同时,带材形貌为对称的抛物线,如图 5.21(a)所示;反之,则为非对称的楔形分布,如图 5.21(b)所示。

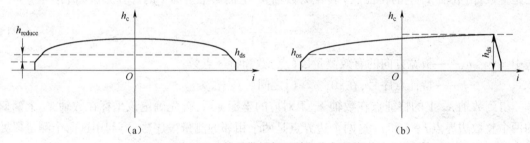

图 5.21　轧后带材断面厚度分布形貌

边部减薄区域的厚度分布按照线性分布计算,计算公式为:

$$h_{redu}(i) = h_c + h_c \cdot \frac{h_{ds} - h_{os}}{w_s} \cdot i - h_c \cdot \lambda \cdot k(i) \tag{5.40}$$

式中　$k(i)$——边部减薄区域所在测量段的边部减薄系数,在操作侧和传动侧各选择最外侧的两个有效测量段作为边部减薄区域,这两个测量段的减薄系数分别取 3.0 和 1.5。

5.3　板形测量信号处理模型的实际应用

5.3.1　板形测量值的插值转换

将经过上述计算处理后的板形辊包角、径向力测量值以及各测量段对应的带材厚度带入式(5.13)或式(5.15)中,就可以准确地确定各测量段的带材张应力值,再结合式(5.3)就可以得到各个测量段的板形测量值。将这些板形测量值与板形目标值作差就可以得到板形控制系统的实测板形偏差输入 $\Delta\lambda(i)$。

但是,这些测量段上的实测带材板形偏差并不是直接用于板形闭环控制中。为了便于说明问题在板形控制系统中,为了简化数据处理过程,将各测量段上的实测带材板形偏差 $\Delta\lambda(i)$ 进行插值计算转换为若干特征点处的带材板形偏差 $\Delta\lambda_j$,如图 5.22 所示。

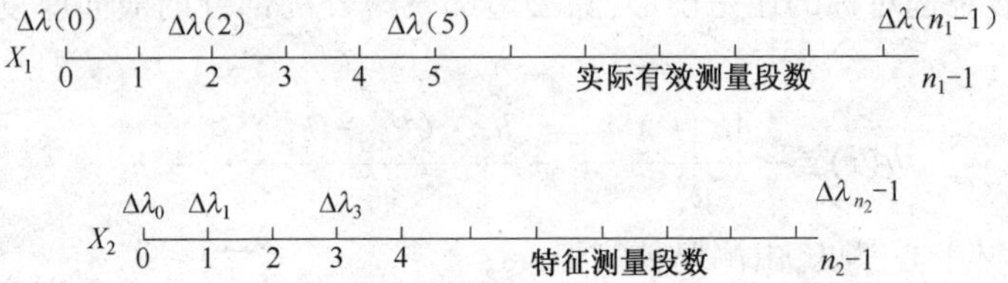

图 5.22　带材宽度方向有效测量段插值为若干特征点

图 5.22 中数轴 X_1 为板宽方向上的有效测量段分布,为了便于说明问题,将操作侧到传到侧的有效测量段序号编排为 $0\sim n_1-1$,每个测量段对应一个实测板形偏差 $\Delta\lambda(i)$ 。数轴 X_2 为板宽方向的特征点分布,每个特征点处对应一个经过插值计算的板形偏差 $\Delta\lambda_j$,这些特征点处的板形偏差将作为实测板形偏差用于板形闭环反馈控制系统中。

将数轴 X_2 上每个特征点 j 对应于数轴 X_1 上的一个坐标 x ,这个坐标在数轴 X_1 上不一定会是整数,由数轴 X_2 上的特征点 j 转化为数轴 X_1 上的一个坐标 x 的计算方法如下:

$$x = \frac{n_1 - 1}{n_2 - 1} \cdot j \tag{5.41}$$

式中　　n_1、n_2——板宽方向的有效测量段(点)数和特征点数;

　　　　j——特征点序号,在 $[0, n_2-1]$ 之间。

得到数轴 X_2 上的特征点在数轴 X_1 上对应的坐标 x 后,首先确定该坐标在数轴 X_1 上两侧的两个整数边界点 $i-1$ 和 i ,这两个边界点是两个相邻的测量段序号,再利用这两个测量段处的实测板形偏差插值计算坐标 x 处的板形偏差值,计算方法如下:

$$\Delta\lambda(x) = [\Delta\lambda(i) - \Delta\lambda(i-1)] \cdot (x - i + 1) + \Delta\lambda(i-1) \quad (i-1 \leqslant x \leqslant i) \tag{5.42}$$

插值计算出的板形偏差值作为数轴 X_2 上的特征点 j 处的板形偏差值,即:

$$\Delta\lambda_j = \Delta\lambda(x) \tag{5.43}$$

数轴 X_2 两端处的特征点不需要进行处理,只是取数轴 X_1 上两端边部各一个有效测量段值,即 $\Delta\lambda_0 = \Delta\lambda(0)$, $\Delta\lambda_{n_2-1} = \Delta\lambda(n_1 - 1)$ 。

经过插值处理,板形辊上各测量段上的测量值被转换为 n_2 个特征点处的测量值。

5.3.2　板形测量值计算模型应用效果

板形测量值计算模型已用于某 1 250 mm 单机架六辊可逆冷轧机的板形控制系统改造中。为了能够有效地剔除异常径向力测量值,测量值的滤波系数 k_0 和 k_1 分别取 0.8 和 0.2。为了检测使用该模型后的在线板形测量精度,从 PDA(process data acquisition)中引出在线带材板形测量值 $\lambda(i)$ 。

为了与在线板形测量值进行对比,使用激光式带材波浪度检测仪检测轧后带材的波浪度 δ ,并将其转换为延伸率形式的板形值作为带材实际板形与在线板形测量值进行对比。由带材波浪度与相对长度差之间的关系可得:

$$\lambda'(i) = \frac{\pi^2}{4}\delta^2(i) \cdot 10^5 \tag{5.44}$$

式中　　$\delta(i)$——第 i 个测量段带材波浪度；

　　　　$\lambda'(i)$——第 i 个测量段的延伸率形式的板形值，I。

将各测量段带材波浪度 $\delta(i)$ 通过式(5.44)转换为延伸率形式的板形值 $\lambda'(i)$ 并与在线板形测量值 $\lambda(i)$ 进行对比分析可以检测在线板形测量值计算模型的精度。

图 5.23 给出了模型投入后，末道次带材的一组在线板形测量值和最终离线板形实际值分布图(材质为 ST12，原料厚度为 3 mm，成品厚度为 0.8 mm，带宽为 1 020 mm，轧制速度为 500~600 m/min)。由图 5.22 可知，使用该模型获得的在线板形测量值与离线的实际板形值基本吻合，具有良好的测量精度。

为了统计每个断面处在线板形测量值与实际板形值的误差，引入标准差统计方法，即：

$$\varepsilon = \sqrt{\frac{\sum\limits_{i=1}^{n}\left[\lambda(i) - \lambda'(i)\right]^2}{n-1}} \tag{5.45}$$

式中　　ε——每个断面处各个测量段的实际板形和在线实测板形值的标准差；

　　　　n——带材宽度方向上的测量段数；

　　　　i——第 i 个测量段。

沿整个带材长度方向上，ε 的分布如图 5.24 所示。从图 5.24 中可以看到，整个带材长度方向上，每个横断面处的各个测量段的在线板形测量值和实际板形值之间的误差非常小，其标准差基本在 0.1~0.2 之间，这与板形控制偏差相比非常微小，可以忽略不计。

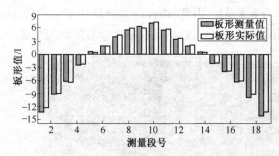

图 5.23　在线板形测量值与离线实际板形的分布

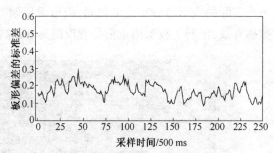

图 5.24　沿带材长度方向上每个断面处的在线板形测量值与实际板形值的标准差分布

标准差统计法通过统计带材断面上各个板形测量段的测量值和实际值的均方差来表征板形测量值处理模型的使用效果，但是这种统计方法也有其局限性，主要是不能全面反映带材断面板形测量值的精度。例如：当带材宽度方向上出现一至两个测量段的板形测量值和实际板形值偏差较大，而其他测量段都只有很微小的偏差时，这时的板形测量精度并不高，但是整个断面的板形测量值偏差的标准差仍然可以很小。为了克服标准差统计法的这个缺点，需要将这种方法与整体板形测量值偏差的分布联系起来。这样做的优点是既可以通过标准差统计法可以定量评价板形测量值计算模型的精度，又可以通过对比分析在线的整体板形测量值分布和实际的整体板形测量值分布判断带材断面板形测量偏差的分布是否均匀。若均匀,则标准差统计法的定量评价计算则有效;反之,则不能完全反映出板形测量值计算模型的精度。

基于上述分析,为了检验整个带材长度方向上的整体板形值分布,将离线实测的板形测量数据引入 PDA 系统中使用 ibaAnalyzer 软件对其进行运算,并与在线实测板形数据进行分析对比。

图 5.25 为同一卷带材整个长度方向上的在线实测板形测量值和离线实测板形测量值的3D 视图,图中的横坐标为沿带材长度方向上的测量点,纵坐标为 I 单位的板形值。

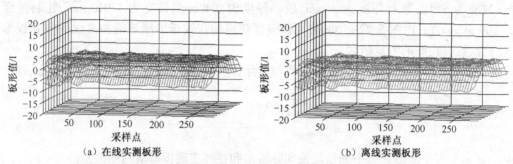

图 5.25 在线实测板形测量值和离线实测板形测量值的 3D 线框图

图 5.26 所示为同一卷带材整个长度方向上的在线实测板形测量值和离线实测板形测量值的 2D 云图,图中的横坐标为沿带材长度方向上的测量点,纵坐标为带材宽度方向上的测量点。颜色标尺的范围为$-20\sim20$ I,将板形值云图中的颜色与标尺对应的颜色进行对比即可确定云图中各个区域的板形值大小和分布区域。

由图 5.25 和图 5.26 所示的数据分析可知,在线板形测量值沿带材长度方向上的整体分布与实际的板形值分布几乎相同,板形测量偏差分布均匀。因此,由标准差统计法得到的评价数据有效,证明了板形测量值处理模型具有很高的精度,完全可以满足高精度板形控制的要求。

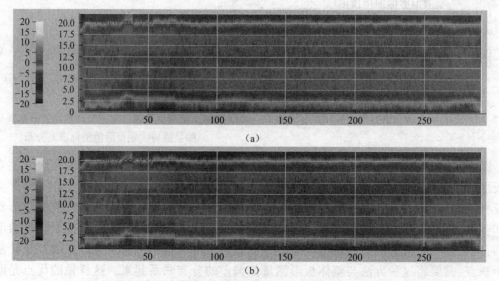

图 5.26 在线实测板形测量值和离线实测板形测量值的 2D 云图

第6章　冷轧板形控制

现代化的冷轧机通常具备多种板形控制的调节机构,如轧辊倾斜控制、工作辊弯辊控制、中间辊弯辊控制和工作辊分段冷却控制。众多的板形调节机构是实现高精度板形控制的保证,但也为实际的控制带来了很大的难题。由于多种板形调节机构参与板形闭环反馈控制,从而使此类轧机的板形控制数模及系统更为复杂。冷轧板形控制系统具有典型的多变量、多控制回路、非线性、强耦合、时变性强的特征,是最复杂的控制系统之一。本章以国内某1 250 mm单机架 UCM 可逆冷轧机板形控制系统为例,介绍板形预设定策略、板形闭环控制策略和板形控制模型。

6.1　冷轧板形预设定控制

板形预设定控制是板形控制计算机在带材进入辊缝前,根据所选定的目标板形,预先设置板形调控机构的调节量并输出到执行机构。如果轧机或机架没有反馈控制,则该预设定值在没有人工干预的条件下,将会自始至终对当前带材产生作用,影响整个轧制过程。如果轧机或机架有反馈控制,则从带材带头进入辊缝至建立稳定轧制的一段时间内,在反馈控制模块不能投入的情况下,仍需要预设定值保证这一段带材的板形,因此,预设定控制的精度关系到每一卷带材的废弃长度,亦即成材率。而且,当反馈控制模块投入运行时,当时的预设定值就是反馈控制的起始点、初始值,它的正确与否将影响反馈控制模块调整板形达到目标值的收敛速度和收敛精度。因此,预设定计算的精度直接影响到带材板形质量和轧制稳定性。板形预设定计算的组成与功能框图如图 6.1 所示。

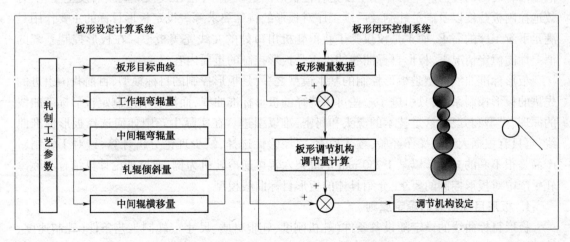

图 6.1　板形预设定计算的组成与功能框图

6.1.1 板形预设定计算策略

现代板带轧机的板形调控手段一般都有两个或两个以上，因此预设定计算时必须考虑这些调控手段如何搭配以实现最佳的板形控制。预设定计算的控制策略就是根据板形调控机构的数量和各自特点，确定预设定计算调节的优先级，以及计算初值和极限值如何选取。

预设定值计算的基本过程为：根据各调控手段的优先级，按照选定的初值，具有高优先级的先进行计算，对辊缝凸度进行调节，当调节量达到极限值，但辊缝凸度没有达到要求且还有控制手段可调时，剩下的偏差由具有次优先级的调控手段进行调节，依此类推，直至辊缝凸度达到要求或再没有调节机构可调为止。

各调节机构优先级的选取一般根据两个原则。第一个原则是响应慢的、灵敏度小的、轧制过程中不可动态调节的调节机构先调。这是因为在轧制过程中，操作工或者闭环反馈控制系统还要根据来料和设备状态的变化情况，动态调节板形调控手段，因此，希望响应快、灵敏度大的调节机构的预设定值处于中间值，这样在轧制过程中可调节的余量最大。反之，如果响应快的先调，当调节量达到极限值时，再进入下一个调控手段的计算，这样如果在轧制过程中还需要进一步调节，就只能调节响应慢的调节机构，影响了调节的速度和效率。第二个原则是轧制过程中也就是带材运行过程中不能调节的手段先调，其原因与第一条原则相似。

在板形调控手段中，轧辊横移属于响应慢、灵敏度小的一类，工作辊弯辊属于响应快、灵敏度大的一类，中间辊弯辊介于二者之间。PC 轧辊交叉属于动态不可调的一类。

图 6.2 为某 1 250 mm 单机架六辊轧机的板形预设定策略。调节机构有轧辊倾斜、工作辊弯辊、中间辊弯辊、中间辊横移 4 种。预设定计算的优先级由低到高划分如下：轧辊横移、中间辊弯辊、工作辊弯辊、轧辊倾斜。

6.1.2 板形目标曲线设定模型

板形目标曲线是板形控制的目标，控制时，将实际的板形曲线控制到标准曲线上，尽可能消除两者之间的差值。它的作用主要是补偿板形测量误差、补偿在线板形离线后发生变化、有效地控制板凸度以及满足轧制及后续工序对板形的特殊要求等。设定板形目标的主要作用是满足下游工序的需求，而不是仅仅为了获得轧机出口处的在线完美板形。在板形控制系统的消差性能恒定情况下，板形目标曲线的设定是板形控制的重要内容。

板形标准曲线模型是板形控制的基本模型之一，是板形控制的目标模型，目前我国引进的先进的板形控制系统，只引进了一些可供选择的板形标准曲线，而没有引进制定板形标准曲线的原理、模型和方法，这是技术的源头和秘密，难以引进。在实际生产中如何选择板形标准曲线，也只有根据大量的操作经验，逐步摸索，属经验性选择，缺少理论分析计算，这对于轧制新产品是很不利的。本节以某 1 250 mm 单机架六辊可逆冷轧机为例，通过理论计算结合实际冷轧生产中对板形控制的要求，介绍具体的板形目标曲线模型。

1. 板形目标曲线的确定原则

板形目标曲线的设定随设备条件(轧机刚度、轧辊材质、尺寸)、轧制工艺条件(轧制速度、轧制压力、工艺润滑)及产品情况(尺寸、材质)的变化而不同，总的要求是使最终产品的板形良好，并降低边部减薄。制定板形目标曲线的原则主要如下所示。

1）目标曲线的对称性

板形目标曲线在轧件中心线两侧要具有对称性，曲线要连续而不能突变，正值与负值之和相等。

2）板形板凸度综合控制原则

轧件的板形和板凸度（横向厚差）两种因素相互影响、相互制约。在板形控制中，不能一味地控制板形而牺牲对板凸度的要求，带材的板凸度也是衡量最终产品质量的重要指标。板凸度控制在前几道次进行，板形控制在后几道次进行。

3）补偿附加因素对板形的影响

主要考虑温度补偿、卷取补偿及边部补偿，消除这些因素对板形测量造成的影响，以及减轻边部减薄。

4）满足后续工序的要求

板形目标曲线的制定需要考虑后续工序对带材板形以及凸度的要求，如对"松边"及"紧边"等工艺的要求。

2. 板形目标曲线的设定方法

当来料和其他轧制条件一定时，一定形式的板形目标曲线不但对应着一定的板形，而且对应着一定的板凸度。选用不同的板形目标曲线，将会得到不同的板形和板凸度。板形目标曲线对板凸度的控制主要体现在前几个道次。通常，前几个道次带材较厚，不易出现轧后翘曲

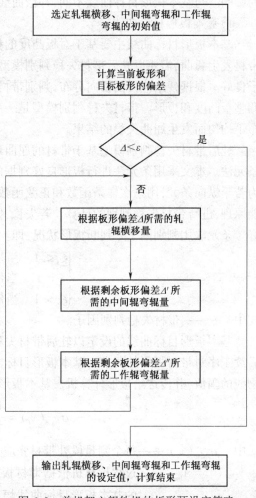

图 6.2　单机架六辊轧机的板形预设定策略

变形，且此时带材在辊缝中横向流动现象相对明显，因此充分利用这一工艺特点，选用合适的板形目标曲线，既可达到控制板凸度的目的，又不会产生明显的板形缺陷。此外，板形目标曲线还可以用来保持中间道次的比例凸度一致。

在 1 250 mm 单机架可逆冷轧机的板形控制系统改造中，根据轧制工艺及后续工序对带材板形的要求，板形目标曲线的制定方案是：给定来料板凸度，前三个道次以轧后带材不失稳为限制条件，即以保证轧后带材不发生翘曲为前提条件，尽量减小板凸度，后两个道次集中控制板形，使成品带材尽可能具有较好的板形。

板形目标曲线是由各种补偿曲线叠加到基本板形目标曲线上形成的。基本板形目标曲线根据后续工序对带材凸度的要求由过程计算机计算得到，然后传送给板形控制计算机。带材凸度改变量的计算以带材不发生屈曲失稳为条件，保证在对板凸度控制的同时，不会产生轧后瓢曲现象。补偿曲线主要是为了消除板形辊表面轴向温度分布不均匀、带材横向温度分布不均匀、板形辊挠曲变形、板形辊或卷取机几何安装误差、带卷外廓形状变化等因素对板形测量

的影响。与基本板形目标曲线不同,补偿曲线在板形控制基础自动化中完成设定。

1) 基本板形目标曲线

基本板形目标曲线主要基于对板凸度的控制设定。在减小带材凸度时,为了不造成轧后带材发生瓢曲,需要以轧后带材失稳判别模型为依据,不能一味地减小带材凸度,必须保证板形良好。根据残余应力的横向分布,判别带材是否失稳或板形良好程度,从而决定如何进一步调整板凸度和板形。带材失稳判别模型是一个力学判据,机理是轧制残余应力沿板宽方向分布不均匀而发生屈曲失稳的结果。

轧后带材失稳判别模型基于带材的屈曲理论来制定,计算方法主要有解析法、有限元法、条元法。本文采用条元法进行板形良好判据的计算。条元法的基本原理是,将轧后带材离散为若干纵向条元,用三次样条函数和正弦函数构造挠度模式,应用薄板的小挠度理论和最小势能原理,进行带材失稳判别的计算。若失稳,则认为板形不好;若不失稳,则认为板形可以比较好。条元法用判别因子 ξ 判断板形状况,即:

$$\begin{cases} \xi < 1 & \text{当带材失稳屈曲} \\ \xi = 1 & \text{当带材临界失稳} \\ \xi > 1 & \text{当带材没有失稳} \end{cases} \tag{6.1}$$

式中　ξ ——带材失稳判别因子。

基本板形目标曲线的设定以轧后带材失稳判别模型为依据,充分考虑来料带材凸度以及后续工序对带材板形的要求。基本板形目标曲线的形式为二次抛物线,由过程计算机计算抛物线的幅值,并传送给板形计算机。基本板形目标曲线的形式为:

$$\sigma_{\text{base}}(x_i) = \frac{A_{\text{base}}}{x_{\text{os}}^2} \cdot x_i^2 - \overline{\sigma}_{\text{base}} \tag{6.2}$$

式中　$\sigma_{\text{base}}(x_i)$ ——每个测量段处带材张应力偏差的设定值,N/m^2;

A_{base} ——过程计算机依据带材板凸度的调整量以及带材失稳判别模型计算得到的基本板形目标曲线幅值,其符号与来料形貌有关,N/m^2;

x_i ——以带材中心为坐标原点的各个测量段的坐标,带符号,操作侧为负,传动侧为正;

x_{os} ——操作侧带材边部有效测量点的坐标;

$\overline{\sigma}_{\text{base}}$ ——平均张应力,N/m^2。

过程计算机计算幅值 A_{base} 时,根据不同的来料带材规格,以带材失稳判别模型为基础,在保证板形不产生缺陷即判别因子 $\xi > 1$ 的情况下,在前几道次尽可能地减小带材凸度。在后几道次则着重控制板形,保持带材比例凸度一致。

平均张应力计算公式为:

$$\overline{\sigma}_{\text{base}} = \frac{1}{n} \sum_{i=1}^{n} \frac{A_{\text{base}}}{x_{\text{os}}^2} \cdot x_i^2 \tag{6.3}$$

式中　n ——板形有效测量段数。

以 1 250 mm 冷轧机的板形控制系统为例,板形辊共有 23 个测量段,因此带材上最大有效测量段数为 23。基本板形目标曲线的形式为二次曲线,在每个道次开始时,板形计算机接收到过程计算机发送的幅值后,首先判断带材是否产生跑偏,然后根据传动侧和操作侧的带材边部有效测量点来确定总的有效测量点数,并按照式(6.2)逐段计算每个有效测量点处的张应力设定值,最终形成完整的基本板形目标曲线,如图 6.3 所示。

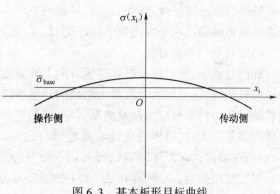

图 6.3　基本板形目标曲线

其次,由带材内应力自相平衡条件,在带材宽度范围内,基本板形目标曲线还应满足下式:

$$\sum_{i=1}^{n} \sigma_{\text{base}}(x_i) = 0 \tag{6.4}$$

2)卷取形状补偿

卷形修正又称卷形补偿,由于带材横向厚度分布呈正凸度形状,随着轧制的进行,卷取机上钢卷卷径逐渐增大,致使卷取机上钢卷外廓沿轴向呈凸形或卷取半径沿轴向不等,这将导致带材在卷取时沿横向产生速度差,使带材在绕卷时沿宽度方向存在附加应力。卷取附加应力的计算公式为:

$$\sigma_{\text{cshc}}(x_i) = \frac{A_{\text{cshc}}}{x_{\text{os}}^2} \cdot \frac{d - d_{\min}}{d_{\max} - d_{\min}} \cdot x_i^2 \tag{6.5}$$

式中　A_{cshc}——卷形修正系数,由过程计算机根据实际生产工艺计算得到,N/m^2;

　　　d——当前卷取机卷径,m;

　　　$d_{\min}$——最小卷径,m;

　　　$d_{\max}$——最大卷径,m。

3)卷取机安装几何误差补偿

由于设备安装条件限制,常常会出现卷取机轴线与板形辊轴线不平行的情况。造成卷取过程中存在不均匀的卷取张力,对带材的板形测量造成影响,如图 6.4 所示。

为了消除这种影响,在板形目标曲线中增加了板形辊安装几何误差补偿环节,该误差补偿为线性修正,根据卷取机与板形辊之间的偏斜方向及偏斜角度来制定,其计算公式为:

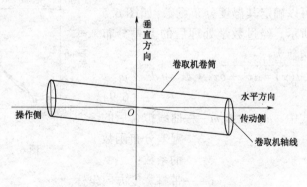

图 6.4　卷取机安装几何误差

$$\sigma_{\text{geo}}(x_i) = -x_i \cdot \frac{A_{\text{geo}}}{2 \cdot x_{\text{os}}} \tag{6.6}$$

式中　A_{geo}——线性补偿系数,N/mm^2。

式(6.6)中的 A_{geo} 与卷取机及板形辊轴线之间的偏斜方向和偏斜角度有关,表征了由于卷取机轴线与板形辊轴线之间的偏斜,导致的板形辊操作侧与传动侧之间产生的板形偏差大小。当卷取机传动侧在水平方向低于操作侧时,A_{geo} 值为负,反之为正。

4)带材横向温差补偿

轧制过程中,变形使带材在宽度方向上的温度存在差异,它将引起带材沿横向出现不均匀的横向热延伸,这反映为卷取张力沿横向产生不均匀的温度附加应力。如不修正其影响,尽管在轧制过程中将带材应力偏差调整到零,仍不能获得具有良好平直度的带材。这是因为当带材横向温差较大时,板形辊在线实测板形与轧后最终实际板形并不相同,轧后带材温差消失后,沿带材横向原来温度较高的部分由于热胀冷缩的影响会产生回缩,从而影响板形控制效果。当带材横向两点之间存在 $\Delta t(℃)$ 的温差时,按照线弹性膨胀简化计算,则可以得到产生的浪形为:

$$\frac{\Delta l}{l} = \frac{\Delta t \cdot \alpha \cdot l}{l} = \Delta t \cdot \alpha \tag{6.7}$$

式中　Δl、l ——分别为带材长度方向上的延伸差和基准长度,m;

　　　α ——带材热膨胀系数,m/(m·℃)。

该 1 250 mm 冷轧机分为 5 道次轧制,在经过前几个道次的轧制后,带材产生了较大的变形量,导致带材在宽度上有较大的温差,必将影响最终的板形控制效果。为了消除带材横向温差对轧后板形的影响,可以采用设定温度补偿曲线的方法。

由式(6.7)结合胡克定律可知温度附加应力表达式为:

$$\Delta\sigma_t(x) = k \cdot t(x) \tag{6.8}$$

式中　$\Delta\sigma_t(x)$ ——不均匀温度附加应力,N/m^2;

　　　k ——比例系数;

　　　$t(x)$ ——温差分布函数,℃。

使用红外测温仪实测出机架出口带材各部位温度后,通过曲线拟合可以确定其温度分布函数,如图 6.5 所示。经过数学处理后的温差分布函数为:

$$t(x) = ax^4 + bx^3 + cx^2 + dx + m \tag{6.9}$$

式中　a、b、c、d、m ——曲线拟合后的温差分布函数的系数;

　　　x ——带材宽度方向坐标。

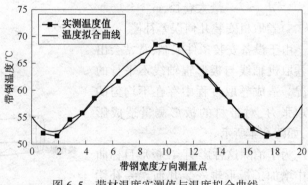

图 6.5　带材温度实测值与温度拟合曲线

用于抵消带材横向温差产生的附加应力曲线为:

$$\sigma_t(x_i) = -2.5(ax_i^4 + bx_i^3 + cx_i^2 + dx_i + m) \tag{6.10}$$

5)边部减薄补偿

冷轧带材的横截面轮廓形状,除边部区域外,中间区域的带材断面大致具有二次曲线的特征。而在接近边部处,厚度突然迅速减小,形成边部减薄,就是生产中所说的边缘降,简称边降。边部减薄是带材重要的断面质量指标,直接影响到边部切损的大小,与成材率有密切的关系。为了降低边部减薄,制定了边部减薄补偿方案,根据生产中边部减薄的情况,在操作侧和传动侧各选择若干测量点进行补偿,操作侧补偿计算公式为:

$$\sigma_{\text{os\_edge}}(x_i) = \frac{A_{\text{edge}} + A_{\text{man\_edge}}}{(x_{\text{os}} - x_{\text{os\_edge}})^2} \cdot (x_i - x_{\text{os\_edge}})^2 \quad (x_{\text{os}} \leqslant x_i \leqslant x_{\text{os\_edge}}) \quad (6.11)$$

式中　A_{edge}——边部减薄补偿系数,根据生产中出现的带材边部减薄情况确定,由过程计算机计算得到,发送给板形计算机,N/m²;

$A_{\text{man\_edge}}$——边部减薄系数的手动调节量,这是为了应对生产中边部减薄不断产生变化而设定的,由斜坡函数生成,并经过限幅处理,N/m²;

$x_{\text{os\_edge}}$——从操作侧第一个有效测量点起,最后一个带有边部减薄补偿的测量点坐标,它们都是整数。

操作侧进行边部减薄补偿的测量点个数为:

$$n_{\text{os}} = |x_{\text{os}} - x_{\text{os\_edge}}| \quad (6.12)$$

传动侧的边部减薄补偿计算公式为:

$$\sigma_{\text{ds\_edge}}(x_i) = \frac{A_{\text{edge}} + A_{\text{man\_edge}}}{(x_{\text{ds}} - x_{\text{ds\_edge}})^2} \cdot (x_i - x_{\text{ds\_edge}})^2 \quad (x_{\text{ds\_edge}} \leqslant x_i \leqslant x_{\text{ds}}) \quad (6.13)$$

式中　$x_{\text{ds\_edge}}$——从传动侧第一个有效测量点起,最后一个带有边部减薄补偿的测量点坐标。

操作侧进行边部减薄补偿的测量点个数为:

$$n_{\text{ds}} = |x_{\text{ds}} - x_{\text{ds\_edge}}| \quad (6.14)$$

根据轧制工艺及生产中出现的边部减薄情况,一般将操作侧和传动侧边部补偿的测量点数目相同,即 $n_{\text{os}} = n_{\text{ds}}$。

6) 板形调节机构的手动调节附加曲线

为了得到更好的板形控制效果,以及更适应实际生产的灵活性,除了补偿各种影响因素对板形测量造成的影响,还根据轧机具有的板形调节机构对板形控制的特性,分别制定了弯辊和轧辊倾斜手动调节附加曲线,可以根据实际生产中出现的板形问题,由操作工在画面上在线调节板形目标曲线。

弯辊手动调节附加曲线为

$$\sigma_{\text{bend}}(x_i) = \frac{A_{\text{man\_bend}}}{x_{\text{os}}^2} \cdot x_i^2 \quad (6.15)$$

式中　$A_{\text{man\_bend}}$——弯辊手动调节系数,不进行手动调节时值为 0,调节时由斜坡函数生成,并经过限幅处理,N/m²。

倾斜手动调节附加曲线为

$$\sigma_{\text{tilt}}(x_i) = -\frac{A_{\text{man\_tilt}}}{2 \cdot x_{\text{os}}} \cdot x_i \quad (6.16)$$

式中　$A_{\text{man\_tilt}}$——轧辊倾斜手动调节系数,不进行手动调节时值为 0,调节时由斜坡函数生成,并经过限幅处理,N/m²。

6.1.3 板形调节机构设定计算流程

板形调节机构设定计算的具体过程是:首先根据来料情况和轧机状态计算目标辊缝凸度和实际辊缝凸度,然后计算板形调控手段对辊缝的影响函数。此时的影响函数为对应于离散化分段的一组系数,因此也称影响系数。根据目标辊缝和实际辊缝的偏差以及影响系数的数值,计算板形调控机构的设定值,使实际辊缝和目标辊缝的偏差最小。具体过程分为如下 6 个步骤。

1. 离散化

根据轧制的对称性,为提高计算速度,一般在计算时只取一半轧辊和一半带材进行计算。

在计算过程中首先将轧辊和带材在辊缝宽度方向上离散化,即沿轴线方向分成 n 个单元,各单元的编号分别为 1,2,3,…,n。编号的方式有两种:第一种是以带材中心位置为 0 点,从中心向边部编号;第二种是以带材边部为 0 点,从边部向中心编号。第二种方法计算时表达式较为复杂。

2. 计算辊缝凸度目标值

由带材的入口凸度、入口板形、出口板形、入口厚度和出口厚度计算带材的出口凸度,也就是目标辊缝凸度:

$$C'_s(i) = C_1(i) = \left\{\left[\frac{C_0(i)}{h_0} + \lambda_0(i)\right] - \lambda_1(i)\right\} \cdot h_1 \tag{6.17}$$

式中 i ——轴向单元序号;

   $C'_s(i)$ ——目标辊缝凸度,mm;

   $C_1(i)$ ——带材的出口凸度,mm;

   $C_0(i)$ ——带材的入口凸度,mm;

   $\lambda_1(i)$ ——带材的出口板形,I;

   $\lambda_0(i)$ ——带材的入口板形,I;

   h_1 ——带材的出口厚度,mm;

   h_0 ——带材的入口厚度,mm。

3. 计算板形调控机构的影响系数

当将辊间压力或轧制力等分布力离散化为一系列集中力后,应用影响函数的概念可得出集中力 $p(1)$,$p(2)$,…,$p(n)$ 引起第 i 单元的位移,如图 6.6 所示。

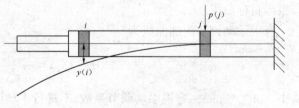

图 6.6 影响函数法的计算原理

第 i 单元的位移可以按下式叠加:

$$y(i) = \sum_{i=1}^{n} \text{eff}(i,j) \cdot p(j) \tag{6.18}$$

式中 $y(i)$ ——分布力作用下轧辊在第 i 单元处产生的挠曲变形,mm;

   $\text{eff}(i,j)$ ——在 j 单元处的分布力对轧辊第 i 单元挠曲变形的影响系数,mm/kN;

   $p(j)$ ——j 单元处的分布力,kN。

式(6.18)中 $y(i)$ 就是离散化了的变形,它表示在载荷系列 $p(1)$, $p(2)$, $\cdots$, $p(n)$ 作用下 i 单元的中点所产生的总变形。可以看出,分布力的影响系数为一个二维数组。

同理,也可以定义弯辊力、轧辊横移量、PC 轧辊交叉角等板形调控手段对辊缝的影响系数 $eff(i)$,也称效率因子。此时,影响系数为一维数组:

$$C_s(i) = eff(i) \cdot F \tag{6.19}$$

式中　$C_s(i)$ ——板形调控机构作用下辊缝在第 i 单元处产生的改变量,mm;

　　　$eff(i)$ ——板形调控机构对辊缝第 i 单元的影响系数,mm/kN(弯辊),mm/mm(轧辊横移),$\dfrac{180 \cdot mm}{\pi \cdot \theta}$(轧辊交叉);

　　　F ——板形调节机构的调节量,kN(弯辊),mm(轧辊横移),$\dfrac{\pi \cdot \theta}{180}$(轧辊交叉)。

影响系数的大小可以根据材料力学的理论,可以由卡氏定理求出,也可以由简化方法近似计算得出。

4. 计算实际辊缝凸度

利用计算得到的影响系数,实际辊缝凸度可以由式(6.19)求出:

$$C_s(i) = y_r(i) + r_{sr}(i) - k(i) + k(0) + y_l(i) + r_{sl}(i) - k(i) + k(0) \tag{6.20}$$

式中　$C_s(i)$ ——实际辊缝凸度,mm;

　　　$y_r(i)$ ——工作辊右侧挠曲变形轴线;

　　　$r_{sr}(i)$ ——工作辊右侧初始凸度,mm;

　　　$y_l(i)$ ——工作辊左侧挠曲变形轴线;

　　　$k(i)$ ——工作辊压扁量,mm;

　　　$k(0)$ ——工作辊中心点处的压扁量,mm。

工作辊的初始凸度为:

$$r_s(i) = c(i) + c_t(i) + c_w(i) \tag{6.21}$$

式中　$c(i)$ ——工作辊原始凸度,mm;

　　　$c_t(i)$ ——工作辊热凸度,mm;

　　　$c_w(i)$ ——工作辊磨损凸度,mm。

5. 计算实际辊缝凸度和目标辊缝凸度之间的偏差

实际辊缝凸度和目标辊缝凸度的偏差可以由式(6.21)计算:

$$C_{dev}(i) = C_s(i) - C_s'(i) \tag{6.22}$$

式中　$C_{dev}(i)$ ——实际辊缝凸度和目标辊缝凸度的偏差,mm;

　　　$C_s'(i)$ ——目标辊缝凸度,mm。

该辊缝凸度偏差 $C_{dev}(i)$ 用于计算板形调控机构的设定值。

6. 计算板形调节机构的设定值

计算板形调控机构设定值的方法一般选用最小二乘法建立最优评价函数。最小二乘法的基本原理是使板形偏差的控制误差平方和达到最小。令最优评价函数为 U,则有:

$$U = \sum_{i=1}^{n} \left[C_{dev}(i) - eff(i) \cdot F \right]^2 \tag{6.23}$$

对式(6.23)求偏导:

$$\frac{\partial U}{\partial F} = 0 \tag{6.24}$$

求出设定值的表达式为:

$$F = \frac{\sum_{i=0}^{n} C_{\text{dev}}(i) \cdot \text{eff}(i)}{\sum_{i=0}^{n} \text{eff}(i)^2} \tag{6.25}$$

通过式(6.25)即可求出用于板形预设定的各个板形调节机构的设定值。

6.1.4 轧辊热凸度与磨损计算

1. 轧辊热凸度计算

轧辊的热凸度是由轧辊内部温度分布场和轧辊材料热膨胀参数决定的。因此热凸度计算一般分为两步完成:第一步进行温度场计算,第二步按照温度场结果计算出轧辊热凸度。

轧辊内部温度场计算具有一定难度,因为其涉及轧辊与带材、冷却液、空气及其他轧辊之间的热交换过程,是一个非线性问题。求解轧辊内部温度场,一般采用有限差分法,包括一维、二维和三维差分。

以标准二维有限差分法求解时如图6.7所示,首先将轧辊沿轴向分为有限个相等的区段,沿径向分为若干层等截面积的圆筒,建立离散化的轧辊热模型。

图6.7 轧辊温度场计算的二维有限差分法的单元划分

每个离散单元体按照有限差分的基本原理采用一定的假设,建立每个单元的温度计算公式。沿工作辊轴向和径向的温度分布由热传导方程确定:

$$c \cdot \rho \cdot \left(\frac{\partial T}{\partial t}\right) = \frac{\lambda}{r} \cdot \frac{\partial}{\partial r}\left(r \frac{\partial T}{\partial r}\right) + \lambda \cdot \frac{\partial^2 T}{\partial z^2} \tag{6.26}$$

轧辊表面的边界条件为:

$$-\lambda \cdot \frac{\partial T}{\partial r} = h_{\text{w}}(T - T_{\text{w}}) - q \tag{6.27}$$

在轧辊的边部,边界条件为:

$$-\lambda \cdot \frac{\partial T}{\partial z} = h_{\text{a}}(T - T_{\text{a}}) \tag{6.28}$$

式中　T——轧辊在轴向坐标 z,径向坐标 r 点处的温度,℃;

　　t——传热时间,s;

　　c——轧辊的比热容,kJ/(kg·℃);

　　ρ——轧辊的密度,kg/m³;

λ ——轧辊的热传导率，$W/(m \cdot ℃)$；

h_w ——冷却液的散热系数，$W/(m \cdot ℃)$；

h_a ——空气的散热系数，$W/(m \cdot ℃)$；

T_w、T_a ——分别为冷却液和空气的温度，$℃$；

q ——从带材到轧辊的热流量，J。

在建立每个单元的温度计算公式之后，将这些方程组成方程组，然后采用迭代法计算出各个单元体的温度。得出温度场后，按线膨胀计算每个单元体的变形，叠加得出轧辊的热变形 $D(i)$：

$$D(i) = \frac{D_0 \cdot \sum_{j=0}^{N-1} \alpha [T(i)(j) - T_0(i)(j)]}{N} \quad (i = 1, 2, \cdots, M) \quad (6.29)$$

式中 $T(i)(j)$ ——第 i、j 单元体的温度，$℃$；

$T_0(i)(j)$ ——第 i、j 单元体的初始温度，$℃$；

i ——轴向第 i 段；

j ——径向第 j 段；

D_0 ——轧辊初始直径，m；

α ——线膨胀系数，$m/(m \cdot ℃)$；

N、M ——分别为径向圆筒数层数和轴向的段数。

通过这种方法进行轧辊热凸度计算的流程图如图 6.8 所示。

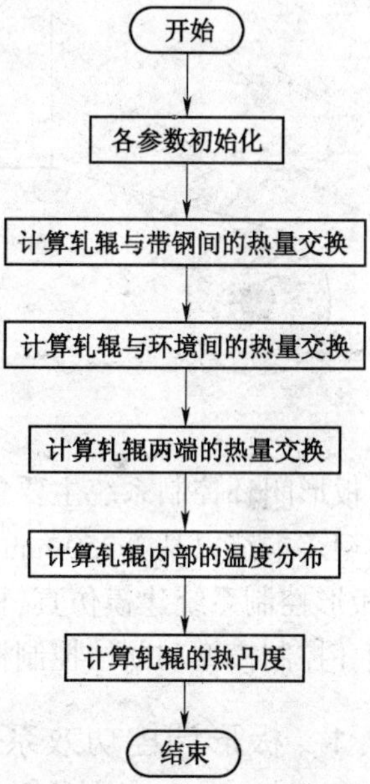

2. 轧辊磨损计算

与轧辊热凸度和辊系弹性变形相比，轧辊磨损具有更多的不确定性和难以控制性，且磨损一旦出现，便不可恢复，不能在短期内加以改变。轧辊磨损对设定计算也有很大影响，而且随着带材轧制长度的增加，这种影响也越来越大。轧辊磨损模型一般采用统计模型。

轧辊磨损与带材轧制长度、轧辊负荷分布及轧辊磨损系数成正比。轧辊负荷分布沿轧辊长度是变化的，为便于计算，将轧辊分成等距离的若干段，从轧制辊缝计算模型可以得到轧辊每段的负荷分布。另外，轧辊的磨损与轧辊的材质有极大的关系，轧辊磨损系数主要由轧辊材质、轧辊的工作环境等因素确定。

图 6.8 轧辊热凸度的计算流程图

6.2 冷轧板形闭环控制

板形控制主要分为开环和闭环两种。在没有板形检测装置的情况下，只能采用开环控制，板形调节机构的调节量要依据规程给定的板宽和实测的轧制力由合理的数学模型给出。如果具有板形检测装置，则可以进行闭环控制。板形闭环反馈控制是在稳定轧制工作条件下，以板形辊实测的板形信号为反馈信息，计算实际板形与目标板形的偏差，并通过反馈计算模型分析计算消除这些板形偏差所需的板形调控手段的调节量,然后不断地对轧机的各种板形调节机构发出调节指令,使轧机能对轧制中的带材板形进行连续的、动态的、实时的调节,最终使板带产品的板形达到稳定、良好。板形闭环反馈控制的目的是消除板形实测值与板形目标曲线之间的偏差。图6.9所示的板形控制系统正是这样一个典型的闭环反馈式板形控制系统。

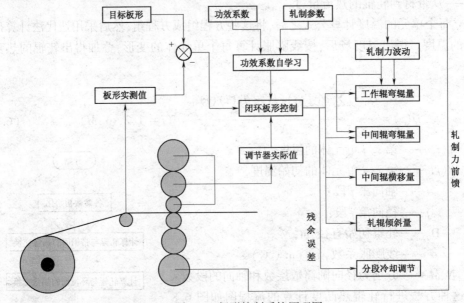

图6.9 板形控制系统原理图

板形闭环控制系统主要包括板形调控功效系数计算、板形闭环控制模型以及板形前馈控制模型。本节以某1 250 mm单机架六辊可逆冷轧机为例,介绍板形调控功效系数的计算方法,板形控制系统建模仿真,板形闭环控制的策略、控制方式以及以板形调控功效为基础的最优闭环控制模型和前馈控制模型。

6.2.1 板形调控功效系数计算

现代高技术带材冷轧机通常具备多种板形调节手段,如压下倾斜、弯辊、中间辊横移等。实际应用中,需要综合运用各种板形调节手段,通过调节效果的相互配合达到消除偏差的目的。因此,板形控制的前提是对各种板形调节手段性能的正确认识。随着工程计算及测试手段的进步,利用调控功效函数描述轧机性能成为可能。调控功效作为闭环板形控制系统的基础,是板形调节机构对板形影响规律的量化描述。目前板形调控功效系数基本上通过有限元仿真计算和轧机实验两种方法确定,由于各板形调节机构对板形的影响很复杂,且它们之间互相影响,因此很难通过传统的辊系弹性变形理论以及轧件三维变形理论来精确地求解各板形调节机构的调控功效系数。在实际轧制过程中,调控功效系数还受许多轧制参数的影响,如带材宽度、轧制力以及中间辊横移位置,因而通过轧机实验和离线模型计算的板形调控功效并不能满足实际生产中板形控制的要求。本节以某冷轧厂1 250 mm单机架六辊可逆冷轧机为研究对象,研究了一种板形调控功效的在线自学习算法,使用在线自学习模型来获得板形调节机构的调控功效系数,并将其应用于闭环板形控制系统中,具有较高的板形控制精度。

调控功效系数从实测板形应力分布的角度进行相关的分析和计算,对板形控制机构调节性能的认识不再局限于 1 次、2 次、4 次板形偏差的范畴,可以描述任意形态的板形调节性能,并且不需要再进行板形偏差模式识别与解耦计算。与传统模型相比,能够实现对板形测量信息更为全面的利用,有利于轧机板形控制能力的充分发挥和板形控制精度的提高。板形调控功效是在一种板形控制技术的单位调节量作用下,轧机承载辊缝形状沿带材宽度上各处的变化量,可表示为:

$$\text{Eff}_{ij} = \Delta Y_i \cdot (1./\Delta U_j) \tag{6.30}$$

式中　Eff_{ij}——板形调控功效系数,它是一个大小为 $m \times n$ 的矩阵中的一个元素,m 和 n 分别为板宽方向上测量点的数目和板形调节机构数目;

　　　i——板宽方向上的测量点序号;

　　　j——板形调节机构序号;

　　　ΔY_i——第 j 个板形调节机构调节量为 ΔU_j 时,第 i 个测量段带材板形变化量,I;

　　$1./\Delta U_j$——表示 1 点除 ΔU_j。

　　　ΔU_j——第 j 个板形调节机构调节量,若调节机构为轧制力、弯辊力时,其单位为 kN,若为中间辊横移量和轧辊倾斜量则单位是 mm。

对于 1 250 mm 单机架冷轧机而言,板宽方向板形测量点有 23 个,为了便于建模,将板宽方向上的测量点插值为 20 个特征点。板形调节机构有 4 个,分别是工作辊弯辊、中间辊正弯辊、中间辊横移、轧辊倾斜。轧制力波动对板形的影响也通过调控功效来表达,因此板形调控功效系数矩阵大小为 20 × 5,即:

$$\text{Eff} = \Delta Y \cdot (1./\Delta U) = \begin{bmatrix} \Delta y_1 \\ \Delta y_2 \\ \vdots \\ \Delta y_{20} \end{bmatrix} \cdot \begin{bmatrix} \dfrac{1}{\Delta u_1} & \dfrac{1}{\Delta u_2} & \cdots & \dfrac{1}{\Delta u_5} \end{bmatrix} = \begin{bmatrix} \text{eff}_{1,1} & \text{eff}_{1,2} & \cdots & \text{eff}_{1,5} \\ \text{eff}_{2,1} & \text{eff}_{2,2} & \cdots & \text{eff}_{2,5} \\ \vdots & \vdots & & \vdots \\ \text{eff}_{20,1} & \text{eff}_{20,2} & \cdots & \text{eff}_{20,5} \end{bmatrix}$$

$$\tag{6.31}$$

板形调控功效系数是板形控制的基础和落脚点,没有准确的板形调控功效系数,实现高精度的板形控制就无从谈起。鉴于板形调控功效系数在板形控制系统中的重要性,为了获得精确的板形调控功效系数,制定了板形调控功效的自学习模型。

在正常轧制模式下,通过测量轧制过程实际板形数据,以及板形调节机构的当前调节量就可以在线自动获取板形调节机构的调控功效系数。功效系数的自学习过程是:在对轧机进行调试时,根据板形调节机构的调节量和产生的板形变化量,计算几个轧制工作点处的板形调控功效系数,这些功效系数作为自学习模型的先验值,然后不断通过自学习过程来改进功效系数的先验值,进而获得较为精确的板形调控功效系数。

如图 6.10 所示,在板形调控功效系数自学习模型中,各个板形调节机构的调节量为 u_1,$u_2, \cdots, u_n$,沿带材宽度方向板形辊对应的各个测量点的张应力变化量为 $y_1, y_2, \cdots, y_m$,正常轧制时的工作点参数为 $b_1, b_2, \cdots, b_r$,通过这些参数就可以在线获得各个板形调节机构的调控功效系数矩阵 $q_{11}, q_{12}, \cdots, q_{mn}$。

1. 板形调控功效系数先验值的确定

调控功效系数的自学习过程以先验值为基础。在对轧机调试时,选择几种不同宽度规格

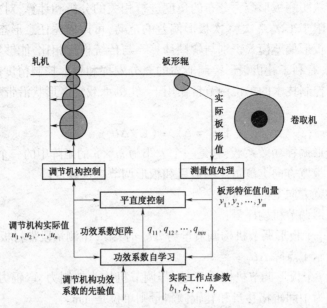

图 6.10　板形调控功效系数的自学习确定

的带材进行轧制,板形闭环控制系统不投入,当出现板形缺陷时,手动调节各个板形调节机构来调节板形,板形计算机记录由板形辊测得的带材宽度方向上各个测量点的板形改变量。根据板形调节机构的调节量与板形变化量之间的关系,计算出各个测量点处调节器对板形的影响系数,这些影响系数就是各个板形调节机构的调控功效系数先验值。

板形调控功效系数的计算公式为:

$$
\mathbf{Eff} = \Delta Y \cdot (1./\Delta U) = \begin{bmatrix} \Delta y_1 \\ \Delta y_2 \\ \vdots \\ \Delta y_i \end{bmatrix} \cdot \begin{bmatrix} \dfrac{1}{\Delta u_1} & \dfrac{1}{\Delta u_2} & \cdots & \dfrac{1}{\Delta u_j} \end{bmatrix} = \begin{bmatrix} \mathrm{eff}_{11} & \mathrm{eff}_{12} & \cdots & \mathrm{eff}_{1j} \\ \mathrm{eff}_{21} & \mathrm{eff}_{22} & \cdots & \mathrm{eff}_{2j} \\ \vdots & \vdots & & \vdots \\ \mathrm{eff}_{i1} & \mathrm{eff}_{i2} & \cdots & \mathrm{eff}_{ij} \end{bmatrix} \tag{6.32}
$$

式中　Eff——板形调控功效系数矩阵;

ΔY——板宽方向的板形变化量矩阵,I;

ΔU——板形机构调节量矩阵,矩阵中的轧制力、弯辊力的单位是 kN,中间辊横移量和轧辊倾斜量单位是 mm;

i——板宽方向上的测量点序号;

j——板形调节机构序号。

图 6.11 为 1 250 mm 单机架冷轧机调试时,由实测板形数据计算得到的某个轧制工作点(轧制力为 6 000 kN,带材宽度为 1 000 mm)处的板形调控功效系数曲线,由图中数据可知对称性的弯辊和中间辊横移对板形的影响基本是对称的,可以用来消除二次和高次板形缺陷;轧辊倾斜调节对板形的影响是非对称性的,可以用来消除一次板形缺陷。在板形影响因素中,轧制力波动对板形的影响较大。

在轧制不同宽度规格的带材时,这些先验值并不准确,通过自学习过程,可以获得精确的板形调控功效系数。

2. 板形调控功效系数的自学习过程

轧机调试时,选择几种不同规格的带材进行轧制,将每一组轧制力和宽度参数作为一个工作点,得到若干工作点处的板形调控功效系数的先验值后,将这若干不同的工作点做成表格,然后以文件的形式保存下来,如图 6.12 所示。每个工作点都对应一个二维的先验功效系数矩阵。

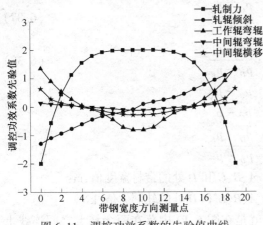

图 6.11　调控功效系数的先验值曲线

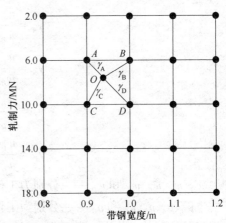

图 6.12　用于板形调控功效自学习的轧制工作点表

表中的工作点参数有两类,即轧制力和带材宽度。每个结点的值都是一个 $i \times j$ 的矩阵,表示在这个工作点下的板形调控功效系数,i、j 分别为沿带材宽度方向上的板形测量点数目和板形调节机构数目。各结点的初值是板形调控功效系数的先验值,由于只是通过一组实测板形数据确定的,因此这些先验值并不精确。为了得到精确的板形调控功效系数,使之更接近于现场实际情况,需要根据实测板形数据来不断地提高这些先验值的精确度。

轧制过程中,根据实际带材宽度和轧制力大小可以在图中确定实际轧制过程的工作点位置。如图 6.12 所示,当轧制过程中实际轧制力和带材宽度分别为 7 600 kN 和 0.94 m 时,可通过查表确定其在图中的工作点位置为 O 点,它在图中的边界分别为 A、B、C、D 四点。A、B、C、D 这 4 个工作点下的板形调节机构调节量和板形改变量是在轧机调试阶段记录下来的,用来计算这 4 个工作点下的板形调控功效系数。4 点的板形调节机构调节量分别为:

$$\Delta U_K = \begin{bmatrix} \Delta u_{K1} & \Delta u_{K2} & \cdots & \Delta u_{Kj} \end{bmatrix}^T \quad (K = A, B, C, D) \tag{6.33}$$

对应的板形改变量分别为:

$$\Delta Y_K = \begin{bmatrix} \Delta y_{K1} & \Delta y_{K2} & \cdots & \Delta y_{Ki} \end{bmatrix}^T \quad (K = A, B, C, D) \tag{6.34}$$

根据式(6.34)可得 4 点的板形调控功效系数值分别为 Eff_A、Eff_B、Eff_C 和 Eff_D,即:

$$\text{Eff}_K = \Delta Y_K \cdot (1./\Delta U_K) \quad (K = A, B, C, D) \tag{6.35}$$

它们都是一个大小为 $i \times j$ 的矩阵,也就是这 4 个工作点处的板形调控功效系数先验值。

1)实际轧制工作点处板形调控功效系数的模型计算值

功效系数自学习模型使用边界点的先验功效系数加权叠加得到实际轧制工作点下的板形调控功效系数,实际轧制工作点处的板形调控功效系数为:

$$\text{Eff}_O = \text{Eff}_A \cdot \gamma_A + \text{Eff}_B \cdot \gamma_B + \text{Eff}_C \cdot \gamma_C + \text{Eff}_D \cdot \gamma_D \tag{6.36}$$

式中　　　　　　Eff_O ——实际轧制工作点处 O 板形调控功效系数的模型计算值；

　　$\gamma_A、\gamma_B、\gamma_C、\gamma_D$ —— $A、B、C、D$ 这 4 个工作点与工作点 O 之间的权重因子。

2）权重因子的确定

权重因子 $\gamma_A、\gamma_B、\gamma_C、\gamma_D$ 表征了 $A、B、C、D$ 这 4 个工作点与工作点 O 之间参数的相似程度，它是与工作点参数（宽度、轧制力）有关的量，计算公式如下：

$$\gamma_A = \frac{w_B - w_O}{w_B - w_A} \cdot \frac{p_C - p_O}{p_C - p_A} \tag{6.37}$$

$$\gamma_B = \frac{w_O - w_A}{w_B - w_A} \cdot \frac{p_D - p_O}{p_D - p_B} \tag{6.38}$$

$$\gamma_C = \frac{w_D - w_O}{w_D - w_C} \cdot \frac{p_O - p_A}{p_C - p_A} \tag{6.39}$$

$$\gamma_D = \frac{w_O - w_C}{w_D - w_C} \cdot \frac{p_O - p_B}{p_D - p_B} \tag{6.40}$$

式中　$w_O、w_A、w_B、w_C$ 和 w_D ——分别为工作点 $O、A、B、C$ 和 D 处的带材宽度值，m；

　　$p_O、p_A、p_B、p_C$ 和 p_D ——分别为工作点 $O、A、B、C$ 和 D 处的轧制力值，kN。

当实际轧制的工作点 O 位于两点之间时，也就是在图 6.12 中落在两个结点之间连线上时，该工作点只有两个边界点。例如：当工作点位于 $A、B$ 两点之间的连线上时，它的两个边界点为 $A、B$，则 γ_C 和 γ_D 均为零。由于工作点 O 的轧制力参数与 $A、B$ 两个工作点处的轧制力参数相同，因此在计算这两点的权重因子时，只考虑工作点 O 与 $A、B$ 两个工作点处带材宽度参数的相似程度，权重因子计算公式为：

$$\gamma_A = \frac{w_B - w_O}{w_B - w_A} \tag{6.41}$$

$$\gamma_B = \frac{w_O - w_A}{w_B - w_A} \tag{6.42}$$

同理，当工作点位于 $A、C$ 两点之间的连线上时，它的两个边界点为 $A、C$，则 γ_B 和 γ_D 均为零。此时工作点 O 的带材宽度参数与 $A、C$ 两个工作点处的带材宽度参数相同，因此只考虑工作点 O 与 $A、C$ 两个工作点处轧制力参数的相似程度，权重因子的计算公式为：

$$\gamma_A = \frac{p_C - p_O}{p_C - p_A} \tag{6.43}$$

$$\gamma_C = \frac{p_O - p_A}{p_C - p_A} \tag{6.44}$$

将权重因子带入式（6.36）中即可求得实际轧制工作点处 O 板形调控功效系数的模型计算值 Eff_O。

3. 板形调控功效系数的改进

工作点 O 处的实测板形调节机构的调节量和板形改变量分别为 $\Delta U_O = [\Delta u_{O1}\quad \Delta u_{O2}\quad \cdots\quad \Delta u_{Oj}]^{\mathrm{T}}$，$\Delta Y_O = [\Delta y_{O1}\quad \Delta y_{O2}\quad \cdots\quad \Delta y_{Oi}]^{\mathrm{T}}$。为了提高 $A、B、C、D$ 这 4 个工作点下的板形调控功效系数的精度，首先根据这 4 个点的板形调控功效系数先验值以及工作

点 O 处的实测板形调节机构的调节量计算 O 处的板形改变量,即:

$$\Delta Y'_O = \text{Eff}_O \cdot \Delta U_O \tag{6.45}$$

令 δ_O 为工作点 O 处板形改变量的实测值与由式(6.45)得到的板形改变量的计算值之间的偏差,即:

$$\delta_O = \Delta Y_O - \Delta Y'_O \tag{6.46}$$

使用该偏差建立反向扩散学习算法,即可对 A、B、C、D 这 4 个工作点处的板形调控功效系数不断进行改进,直至满足精度要求。

模型中使用一个误差死区 ε 作为判断学习是否完成的条件。经过若干周期学习后,判断由自学习模型计算的板形改变量与实测板形改变量之间的偏差 δ_O 与 ε 的关系,然后决定自学习过程是否可以结束,如果满足 $\delta_O \leq \varepsilon$,则认为学习后的板形调控功效系数精度已经满足要求,可以结束自学习过程。图 6.13 为某个工作点处学习完成后的一组功效系数曲线,$\varepsilon = +/-0.001$,工作点参数:轧制力为 15 200 kN,带材宽度为 940 mm。

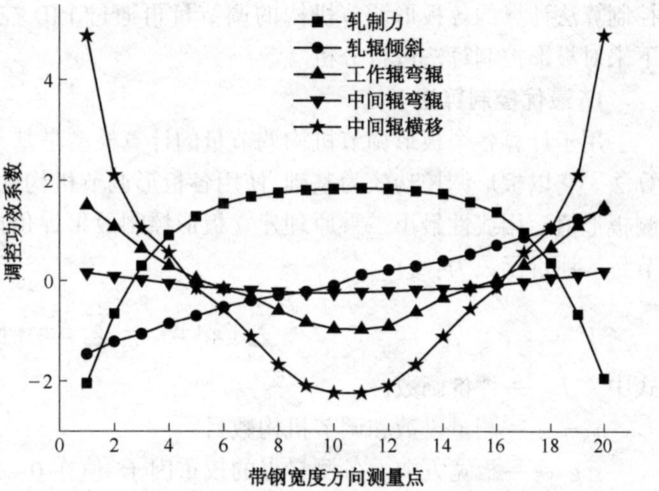

图 6.13　学习完成后的一组调控功效系数曲线

轧制过程中,当轧制操作对应的工作点(轧制力和带材宽度)落在图 6.12 中的其他区间时,同样按照这种自学习模型来提高其他边界点的板形调控功效系数的精度。板形调控功效系数的自学习模型不断利用本周期的实测板形数据改进上周期学习后的板形调控功效系数,同时将改进后的板形调控功效系数以文件的形式保存下来,并按照式(6.36)计算当前实际工作点的调控功效系数,用于下周期的板形闭环反馈控制以及轧制力前馈控制,可以使板形控制精度不断得到提高。当学习达到精度要求后,则停止学习,并将最终的板形调控功效系数文件保存起来,供板形控制系统调用。

6.2.2　多变量最优板形闭环控制

板形闭环控制采用接力方式的控制策略。具体过程是:首先计算实测板形和板形目标之间的偏差。通过在板形偏差和各板形调节机构调控功效之间做最优计算,确定各个调节机构的调节量。本层次调节量计算循环结束后,按照接力控制的顺序开始计算下一个控制层次的调节量,此时板形偏差需作更新,即要从原有值中减去可由上次计算得出的调节量消除的部分,并在新的基础上进行下一层次的调节量计算。在同一控制层次中,如果有两种或者两种以上的板形调节机构的效果相似,按照设定的优先级只调节一种。当高优先级的板形调节机构调节量达到极限值,但板形偏差没有达到要求且还有可调的板形调节机构时,剩下的板形偏差则由具有次优先级的板形调节机构进行调节,依此类推,直至板形偏差达到要求或者再没有板形调节机构可调为止。

下面分别定义 Eff_{WRB}、Eff_{IRB}、Eff_{Tilt}、Eff_{Shift} 为工作辊弯辊、中间辊弯辊、轧辊倾斜、中间辊横移的板形调控功效系数；$G_c(s)^{WRB}$、$G_c(s)^{IRB}$、$G_c(s)^{Tilt}$、$G_c(s)^{Shift}$、$G_c(s)^{Cool}$ 分别为工作辊弯辊、中间辊弯辊、轧辊倾斜、中间辊横移、工作辊分段冷却控制的控制器，其中作辊分段冷却控制采用模糊控制器，其他执行机构采用 PID 控制器；$G_p(s)^{WRB}$、$G_p(s)^{IRB}$、$G_p(s)^{Tilt}$、$G_p(s)^{Shift}$、$G_p(s)^{Cool}$ 分别为工作辊弯辊、中间辊弯辊、轧辊倾斜、中间辊横移、工作辊分段冷却控制不含滞后环节的过程模型；$e^{-\tau s}$ 为纯滞后环节；$G_{FF}(s)$ 为轧制力前馈的传递函数。最优控制算法是基于板形调控功效的最小二乘算法，用于根据板形偏差求取各板形调节机构的调节量。由最优控制算法计算的各板形调节机构的调节量再通过 PID 控制器对板形调节机构进行控制。接下来对板形控制算法进行分析。

1. 最优控制算法

用于计算各个板形调节机构调节量的计算模型是基于带约束的最小二乘评价函数的控制算法。它以板形调控功效为基础，使用各板形调节机构的调控功效系数及板形辊各测量段实测板形值运用线性最小二乘原理建立板形控制效果评价函数，求解各板形调节机构的最优调节量。评价函数为：

$$J = \sum_{i=1}^{n} \left[g_i \left(\Delta y_i - \sum_{j=1}^{m} \Delta u_j \cdot Eff_{ij} \right) \right]^2 \tag{6.47}$$

式中　J——评价函数；

n、m——测量段数和调节机构数目；

g_i——板宽方向上各测量点的权重因子，值在 0~1 之间设定，代表调节机构对板宽方向各个测量点的板形影响程度，对于一般的来料而言，边部测量点的权重因子要比中部区域大；

Δu_j——第 j 个板形调节机构的调节量，kN；

Eff_{ij}——第 j 个板形调节机构对第 i 个测量段的板形调节功效系数；

Δy_i——第 i 个测量段板形设定值与实际值之间的偏差，I。

使 J 最小时有：

$$\partial J / \partial \Delta u_j = 0 \quad (j = 1, 2, \cdots, n) \tag{6.48}$$

可得 n 个方程，求解方程组可得各板形调节结构的调节量 Δu_j。

上述算法就是最优控制算法的核心思想。获得各板形调节机构的板形调控功效系数之后，板形控制系统按照接力方式计算各个板形调节机构的调节量。首先根据板形偏差计算出工作辊弯辊调节量，即：

$$J_{WRB} = \sum_{i=1}^{n} \left[g_{iWRB} (\Delta y_i - \Delta u_{WRB} \cdot Eff_{WRB}) \right]^2 \tag{6.49}$$

式中　J_{WRB}——用于求解工作辊弯辊调节量的评价函数；

g_{iWRB}——工作辊弯辊在板宽方向各个测量点的板形影响因子。

Δu_{WRB}——工作辊弯辊的最优调节量，kN；

Eff_{WRB}——工作辊弯辊的板形调节功效系数；

Δy_i——第 i 个测量段板形设定值与实际值之间的偏差，I。

使 J_{WRB} 最小时有：

$$\partial J_{\mathrm{WRB}} / \partial \Delta u_{\mathrm{WRB}} = 0 \tag{6.50}$$

可得 n 个方程,求解方程组可得工作辊弯辊的调节量 Δu_{WRB}。

计算出的工作辊弯辊调节量需要经过变增益补偿环节、限幅输出的处理,再输出给工作辊液压弯辊控制环。变增益补偿环节为:

$$\Delta u_{\mathrm{WRB\_gained}} = \Delta u_{\mathrm{WRB}} \cdot \frac{T}{T_{\mathrm{WRB}} + T_{\mathrm{Shapemeter}} + L/v} \cdot K_{\mathrm{T}} \tag{6.51}$$

式中　$\Delta u_{\mathrm{WRB\_gained}}$ ——变增益补偿后的工作辊弯辊调节量,kN。

$\quad\quad\quad T$ ——测量周期,s;

$\quad\quad\quad T_{\mathrm{WRB}}$ ——工作辊弯辊液压缸的时间常数;

$\quad\quad T_{\mathrm{Shapemeter}}$ ——板形辊的时间常数;

$\quad\quad\quad L$ ——板形辊到辊缝之间的距离,m;

$\quad\quad\quad v$ ——轧制速度,m/s;

$\quad\quad\quad K_{\mathrm{T}}$ ——与板形偏差大小、材料系数相关的增益。

输出前的限幅处理主要是防止调节量超过执行机构的可调范围而损坏设备。设完成限幅后工作辊调节量为 $\Delta u_{\mathrm{WRB\_gained\_lim}}$,则从板形偏差中减去工作辊弯辊所调节的板形偏差,从剩余的板形偏差中计算中间辊弯辊调节量,即:

$$\Delta y_i' = \Delta y_i - \Delta u_{\mathrm{WRB\_gained\_lim}} \cdot \mathrm{Eff}_{\mathrm{WRB}} \tag{6.52}$$

式中　$\Delta y_i'$ ——工作辊弯辊完成调节后剩余板形偏差,I。

建立的中间辊弯辊调节量计算的评价函数为:

$$J_{\mathrm{IRB}} = \sum_{i=1}^{n} \left[g_{i\mathrm{IRB}} (\Delta y_i' - \Delta u_{\mathrm{IRB}} \cdot \mathrm{Eff}_{\mathrm{IRB}}) \right]^2 \tag{6.53}$$

式中　J_{IRB} ——用于求解中间辊弯辊调节量的评价函数;

$\quad\quad g_{i\mathrm{IRB}}$ ——中间辊弯辊在板宽方向各个测量点的板形影响因子。

$\quad\quad \Delta u_{\mathrm{IRB}}$ ——中间辊弯辊的最优调节量,kN;

$\quad\quad \mathrm{Eff}_{\mathrm{IRB}}$ ——中间辊弯辊的板形调节功效系数;

使 J_{IRB} 最小时有:

$$\partial J_{\mathrm{IRB}} / \partial \Delta u_{\mathrm{IRB}} = 0 \tag{6.54}$$

求解方程组可得工作辊弯辊的调节量 Δu_{IRB}。

同工作辊弯辊一样,中间辊弯辊调节量输出给液压弯辊控制环之前也需要按照同样的方法进行变增益补偿、限幅输出的处理。依此类推,板形控制系统按照这种接力方式依次计算出轧辊倾斜调节量、中间辊横移量,最后残余的板形偏差由分段冷却消除。

2. 闭环滞后补偿

在轧制过程中,许多控制对象存在着严重的滞后时间。这种纯滞后往往是由于物料或能量的传输过程引起的,或者是由于过程测量传感器的客观布置引起的。在板形控制中,由于板形辊和辊缝之间有一定的距离,导致板形辊反馈的板形测量信号并不是当前辊缝中带材的实际板形,而是滞后一定的时间。因此板形控制也是一种典型的滞后控制过程。由于滞后的影响,使得被调量不能及时控制信号的动作,控制信号的作用只有在延迟 τ 以后才能反映到被调量,使控制系统的稳定性降低;另外,当对象受到干扰而引起被调量改变时,控制作用不能立即对干扰产生抑制作用。这样,含有纯滞后环节的闭环控制系统必然存在较大的超调量和较长的调节时间。因此,纯滞后对象也成为很难控制的问题。纯滞后过程是一类复杂的过程,它的控制问题一直是困扰着自动控制和计算机应用领域的一大难题。因此,对滞后工业过程方法和机理的研究一直受到专家学者普遍的重视。1958 年,美国人 Smith 提出了著名的 Smith 预估器来控制含有纯滞后环节的对象,从理论上解决了纯滞后系统的控制问题。

以常规的单回路闭环控制为例,其控制系统结构如图 6.14 所示。

图 6.14 中,s 为拉普拉斯算子,$R(s)$ 为输入信号,$Y(s)$ 为输出信号,$U(s)$ 为控制器的输出信号,$G_c(s)$ 表示调节器的传递函数,$G_p(s)e^{-\tau s}$ 表示对象的传递函数,其中 $G_p(s)$ 为对象不包含纯滞后部分的传递函数,$e^{-\tau s}$ 为对象纯滞后部分的传递函数。

其闭环传递函数为:

$$G_S(s) = \frac{G_c(s)G_p(s)e^{-\tau s}}{1 + G_c(s)G_p(s)e^{-\tau s}} \tag{6.55}$$

可见特征方程中包含有纯滞后环节 $e^{-\tau s}$,使系统的稳定性降低,如果 τ 足够大,那么系统是不稳定的。为了改善这类大纯滞后对象的控制质量,引入一个补偿环节,即 Smith 预估器,对系统滞后进行补偿,如图 6.15 所示。

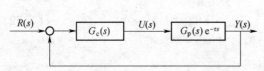

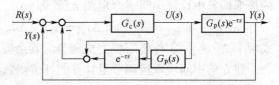

图 6.14 带有纯滞后的单回路控制系统　　图 6.15 带 Smith 补偿的系统结构

图 6.15 的传递函数为:

$$G_s(s) = \frac{Y(s)}{R(s)} = \frac{G_c(s)G_p(s)}{1 + G_c(s)G_p(s)} \cdot e^{-\tau s} \tag{6.56}$$

由式(6.56)可知,经纯滞后补偿后,已消除纯滞后部分对系统的影响,即 $e^{-\tau s}$ 在闭环控制回路之外,不影响系统的稳定性;由拉氏变换的位移定理可以证明,它仅仅将控制过程在时间坐标上推移了一个时间 τ,其过渡过程的形状及其他所有质量指标均与对象特性为 $G_p(s)$(不存在纯滞后部分)时完全相同。所以,对任何大滞后时间 τ,系统都是稳定的。

由上述分析可知,Smith 预估器的引入可以消除纯滞后部分对系统的影响,而不影响控制系统的特性。为此,将 Smith 预估控制的思想引入板形控制系统中,建立控制外环采用最优控制算法求解板形调节机构的调节量,内环采 Smith+PID 控制完成对板形调节机构位置控制的控制策略。以工作辊弯辊对板形的控制为例,对该过程建模并进行仿真,分析系统的特性,确定闭环控制的方式,如图 6.16 所示。

图 6.16 中,ΔF_{WRB} 为工作辊弯辊力的调节量,$G_s(s)^{ShapeMeter}$ 为板形辊的传递函数。设工作辊弯辊的传递函数为:

$$G_p(s)^{WRB} = \frac{1}{1 + T_{WRB} \cdot s} \tag{6.57}$$

式中　T_{WRB}——工作辊弯辊缸的时间常数,s。

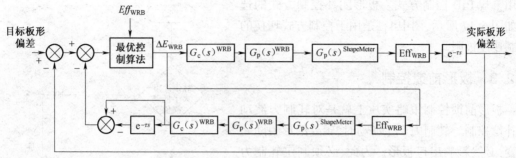

图 6.16　带 Smith 补偿的工作辊弯辊控制

板形辊的传递函数为：

$$G_p(s)^{\text{WRB}} = \frac{1}{1 + T_{\text{Shapemeter}} \cdot s} \tag{6.58}$$

式中　$T_{\text{Shapemeter}}$——板形辊的时间常数,s。

因为只是考察 Smith 预估器对改善板形控制系统性能的效果,这里忽略其他板形调节机构的影响,将求取工作辊调节量的最优控制算法等效为一个比例环节。

板形变化量和工作辊弯辊的板形调控功效 Eff_{WRB} 均为一组向量,它们之间的数学关系为：

$$\Delta \mid \text{Flatness} \mid_{1 \times n} = \Delta F_{\text{WRB}} \cdot \mid \text{Eff}_{\text{WRB}} \mid_{1 \times n} \tag{6.59}$$

式中　$\Delta \mid \text{Flatness} \mid_{1 \times n}$——板形变化量向量,I;

$\mid \text{Eff}_{\text{WRB}} \mid_{1 \times n}$——板形调控功效系数向量,I/kN;

n——沿带材宽度方向上的测量段数。

为了简化建模过程,将工作辊弯辊的板形调控功效、目标板形向量以及实测板形向量分别等效为一个单一数值。

系统之后因子 τ 可以通过带材速度和板形辊距辊缝的距离求出,即：

$$\tau = \frac{l_{\text{Delay}}}{v_{\text{Strip}}} \tag{6.60}$$

式中　l_{Delay}——板形辊和辊缝之间的距离,m。

v_{Strip}——带材速度,m/s。

整个系统对象控制模型的传递函数为：

$$G_p(s) = \frac{\text{Eff}_{\text{WRB}}}{(1 + T_{\text{WRB}}s)(1 + T_{\text{Shapemeter}}s)} \cdot e^{-\tau s} \tag{6.61}$$

由于板形调节机构众多,板形控制系统是多回路控制系统。每个板形调节机构的控制回路结构与对工作辊弯辊控制结构都是一样的,不同的仅是控制器参数和对象模型。因此,对工作辊弯辊控制的仿真分析也适用于其他板形调节机构。

由上述工作辊弯辊的板形控制过程仿真分析可知,当系统滞后较大时,引入 Smith 预估控制思想可以克服常规 PID 调节器必须经过延时 τ 后才能收到调节信号的缺点,使得控制系统的动态参数得到很好的改善。当系统滞后较小时,两者具有相同的控制效果。相比常规 PID 控制方式,Smith 预估+PID 控制对对象模型偏差更为敏感,更容易导致系统振荡。

为此,制定板形闭环控制的方式为:低速轧制时,Smith 预估+PID 控制方式;高速轧制时,采用常规 PID 控制方式。板形闭环控制方式的选择如图 6.17 所示,图中 V_{lim} 是用于控制方式切换的轧制速度极限。

6.2.3 板形前馈控制

板形前馈控制策略实质上就是对轧制力波动的补偿控制。轧制力产生波动时,辊缝的形貌随之改变,必然影响出口板形。为此,必须制定轧制力波动的补偿控制模型。由于相对于闭环控制系统而言没有滞后,因此称为板形前馈控制。

根据板形调控功效系数分析,轧制力对板形的影响与弯辊控制相似,因此采用弯辊控制来抵消轧制力波动对板形的影响。以 1 250 mm 轧机为例,轧机同时装备有工作辊弯辊和中间辊弯辊,可通这两种弯辊控制来完成板形前馈控制。板形前馈控制系统结构如图 6.18 所示。

图 6.17 板形闭环控制方式的选择

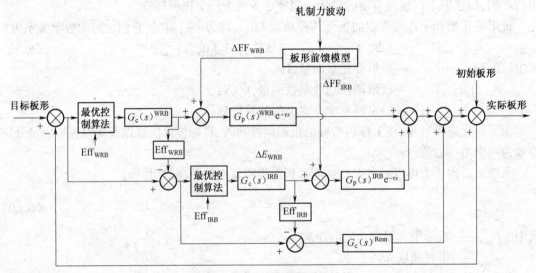

图 6.18 板形前馈控制系统结构

图中,ΔFF_{WRB} 和 ΔFF_{IRB} 分别为由板形前馈模型计算的工作辊弯辊和中间辊弯辊的附加调节量。$G_c(s)^{Rem}$ 为剩余板形调节机构的传递函数。

为了避免出现调节振荡,设置有轧制力波动补偿死区。若轧制力波动在死区范围内,板形前馈控制功能不投入。同时,考虑到工作辊弯辊和中间辊弯辊对轧制力波动的补偿效率不同,对这两种补偿机构设定了不同级别的优先级,调节速度快的、效率高的先调,反之则后调。

和闭环反馈板形控制策略相同,板形前馈计算模型也是以板形调控功效为基础,基于最小二乘评价函数的板形控制策略。其评价函数为:

$$J' = \sum_{i=1}^{m} \left[\left(\Delta p \cdot Eff'_{ip} - \sum_{j=1}^{n} \Delta u_j \cdot Eff_{ij} \right) \right]^2 \tag{6.62}$$

式中 Δp——轧制力变化量的平滑值,kN;

Eff'_{ip}——轧制力在板宽方向上测量点 i 处的影响系数(等同于轧制力的板形调控功效系数);

Δu_j——用于补偿轧制力波动对板形影响的板形调节机构调节量;

Eff_{ij}——用于补偿轧制力波动对板形影响的板形调节机构在测量点 i 处的调控功效系数。

使 J' 最小时有:

$$\partial J'/\partial\Delta u_j = 0 \quad (j = 1, 2, \cdots, n) \tag{6.63}$$

求解方程组可得用于补偿轧制力波动的各板形调节结构的调节量 Δu_j。

6.3　中间辊横移速度控制模型

UCM 轧机通过上下中间辊沿相反方向进行轴向的相对横移,改变工作辊与中间辊的接触长度,使工作辊和支撑辊在板宽范围之外脱离接触,可以有效地消除有害接触弯矩,使工作辊弯辊的控制效果得到了大幅增强。通过轧机中间辊的横移,可以适应轧制板宽的变化,实现轧机的较大横向刚度,具有较强的板形控制能力。本章所介绍的某 1 250 mm 单机架可逆冷轧机就是这样一种典型的 UCM 六辊冷轧机。一般来说,中间辊的横移控制主要通过预设定以及在线手动调节完成。由于轧制过程中带材板形质量起伏较大,仅靠中间辊横移预设定和在线弯辊调节很难满足板形质量要求。当弯辊达到极限时,需要通过中间辊横移来降低工作辊弯辊的负荷。为了调高轧机的板形控制能力,在对该轧机的板形系统改造过程中,根据实际生产设备条件及产品规格要求,有些冷轧机增加了中间辊横移闭环控制功能。该功能可以简单描述如下:首先由预设定给出中间辊横移量的初值,进入稳定轧制时,再由闭环板形控制系统根据板形偏差实时调节中间辊横移量;为了减少中间辊在线横移对轧辊的损害性磨损,通过理论计算以及实验确定横移阻力大小;根据轧制压力、横移阻力和移辊速比之间的关系,设定横移速度。这样可以充分发挥 UCM 轧机的板形控制能力,实现轧机的高精度板形控制。

6.3.1　UCM 轧机中间辊初始位置计算

中间辊横移时,上下中间辊同时相互反向沿轧辊轴向横移。每个中间辊都配有两个横移缸,分别安装在轧机出口侧和入口侧,每个横移缸均安装有位置传感器,并且有单独的伺服阀控制。从带材带头进入辊缝直至建立稳定轧制的一段时间内,板形闭环反馈控制功能未能投入使用,为了保证这一段带材的板形,需要对各板形调节机构进行设定。中间辊的初始位置设定主要考虑来料带材宽度和钢种。设定模型为:

$$S_{ir} = (L - B)/2 - \Delta - \delta \tag{6.64}$$

式中　S_{ir}——中间辊横移量,以横移液压缸零点标定位置为原点,mm;

L——中间辊辊面长度,mm;

B——带材宽度,mm;

Δ——带材边部距中间辊端部的距离,mm;

δ——中间辊倒角宽度,rad。

对于本章所介绍的 1 250 mm 单机架可逆冷轧机的板形控制系统,根据轧制工艺,Δ 一般为设置为 20~30 mm。

6.3.2 中间辊横移阻力的确定

UCM 轧机各轧辊的辊身部分可以看作相互接触的圆柱体,由于中间辊与工作辊的接触面相对于辊径很小,所以,可以认为两接触体是半无限体,且接触应力沿接触区宽度方向上近似成椭圆形分布,故可采用 Hertz 接触理论来分析该模型中的接触宽度问题。

图 6.19 是两个相互接触圆柱体在匀速转动中产生相对移动时的横移力分析模型。柱体之间的总接触压力为 P_0,它沿轴向的分布为 $p(y)$,沿接触宽度方向成椭圆分布状态:

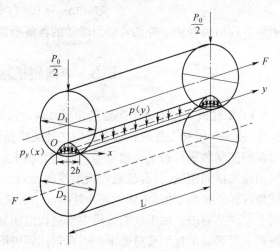

$$\frac{p_y^2(x)}{p_m^2} + \left(\frac{x}{b} - 1\right)^2 = 1 \qquad (6.65)$$

式中　x——以 O 点(接触区咬入点)为坐标原点的接触宽度方向坐标;

　　　y——圆柱体轴向坐标;

　　　p_m——最大单位接触压力,N/mm;

　　　$p_y(x)$——接触压力沿接触宽度方向的压力分布,N/mm;

　　　b——半接触宽度,可由 Hertz 公式求出,mm。

图 6.19　中间辊横移力分析模型

对受力椭圆分析可知,$p(y)$ 为作用在该椭圆上半部的合力,则椭圆面积为 $p(y)$ 的 2 倍,有:

$$p_m = p(y) \cdot \frac{2}{\pi \cdot b} \qquad (6.66)$$

式中　$p(y)$——接触压力轴向分布,可根据轧机的辊系平衡方程和变形协调条件求解。

将式(6.66)代入式(6.65)即可求出接触宽度上的压力分布 $p_y(x)$。

以相同线速度 v_R 转动的两圆柱体在轴向力 F 的作用下产生相对移动速度 v_F,则相互接触的表面点对必然会产生轴向相对位移 Δs。接触区内任意接触点对的轴向相对位移可由下式求出:

$$\Delta s = v_F \cdot t_x = v_F \cdot x/v_R \qquad (6.67)$$

式中　t_x——接触点对沿接触宽度方向由接触区入口移至 x 处所需时间,s。

根据预位移理论,由于两个相互接触的粗糙表面弹性体,在产生相对滑动之前会产生一定量的预位移 ξ,只有当预位移达到极限预位移 $[\xi]$ 时,两表面的接触点对才产生相对滑动。由此可知,接触区可以分为两个部分,一部分是黏附区,另一部分是滑动区。在黏附区,摩擦规律可通过预位移原理表达:

$$\xi = [\xi] \cdot \{1 - [1 - T/f \cdot N]^{2/(2\mu+1)}\} \qquad (6.68)$$

式中　T——摩擦力,N;

　　　f——摩擦系数;

N——正压力，N；

μ——表面状态系数。

滑动区与黏附区的分界点可由表面各接触点对的相应轴向相对位移达到极限预位移这一条件确定。根据预位移原理，$[\xi]$ 沿接触宽度的分布为：

$$[\xi] = k \cdot p_y^{2/(2\mu+1)}(x) \tag{6.69}$$

式中　k——比例系数。

将式(6.67)与式(6.69)联立求解可以得到滑动区和黏附区的分界点 x_1，x_1 是方程 $\Delta s = [\xi]$ 的非零解。分别求出各区域的单位轴向摩擦力 τ。在黏附区预位移 ξ 等于相应轴向相对位移 Δs，将式(6.67)代入式(6.68)中得：

$$\tau = f \cdot p_y(x) \cdot \left[1 - \left(1 - \frac{x \cdot v_F}{v_R \cdot [\xi]} \right)^{(2\mu+1)/2} \right] \quad (0 \leqslant x \leqslant x_1) \tag{6.70}$$

在滑动区有：

$$\tau = f \cdot p_y(x) \quad (x_1 \leqslant x \leqslant 2b) \tag{6.71}$$

在整个接触区内对单位轴向摩擦力积分，通过数值积分求解即可求出两接触圆柱体在匀速转动中产生轴向移动时的移动力 F 为：

$$F = \int_0^L \int_0^{x_1} f \cdot p_y(x) \cdot \left[1 - \left(1 - \frac{v_F}{v_R} \cdot \frac{x}{[\delta]} \right)^{(2\mu+1)/2} \right] \mathrm{d}x\mathrm{d}y + \int_0^L \int_{x_1}^{2b} f \cdot p_y(x) \mathrm{d}x\mathrm{d}y \tag{6.72}$$

在对 UCM 轧机中间辊横移时，中间辊分别受到来自支撑辊和工作辊的轴向摩擦力 F_1、F_2，两者之和就是中间辊横移阻力 F_s，即：

$$F_s = F_1 + F_2 \tag{6.73}$$

根据两圆柱体横移阻力模型对式(6.72)进行数值积分求解就可以得到中间辊横移时所需要的横移力。轧机参数和部分计算所使用的 1 250 mm 单机架可逆冷轧机部分参数值如表 6.1 所示。

表 6.1　轧机参数与计算参数

参　数	数　值
工作辊尺寸	ϕ420×1 250 mm
中间辊尺寸	ϕ470×1 310 mm
支撑辊尺寸	ϕ1 150×1 250 mm
成品带材规格	宽度为 800~1 130 mm，厚度为 0.2~0.55 mm
最大轧制力	18 000 kN(动压)，20 000 kN(静压)
μ	0.02~0.03
k	0.19~0.25
f	0.03~0.06
σ_s	140~450 N/mm^2

6.3.3　中间辊横移速度设定

在正常轧制模式下，随着中间辊横移速度的增加，横移阻力会不断增加，为了不损伤辊面，除了增大辊间的乳液润滑,还需要确定中间辊的横移速度。由上述分析可知,横移阻力受轧制压力以及移辊速比 v_F/v_R 两者的影响,因此可以通过分析三者之间的关系来确定横移速度。

如图6.20所示,横移阻力与轧制力基本成线性关系,随着速比的增大,两者线性关系的斜率也逐渐增大。图6.21为根据中间辊横移阻力表达式计算出来的轧制力恒定时横移阻力与速比的关系。速比较小时,横移阻力与速比近似成线性关系。

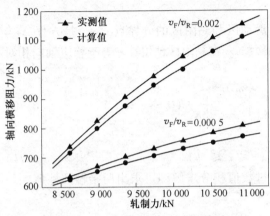

图6.20 横移阻力与轧制力的关系

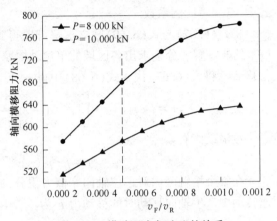

图6.21 横移阻力与速比的关系

由图6.20和图6.21及上述横移阻力表达式推导分析可知,当移辊速比较小时,横移阻力与速比近似成线性关系,而横移阻力又与轧制压力近似成线性关系,因此可以在相应的线性区间内将速比 v_F/v_R 作为轧制力的线性函数来设定中间辊横移速度,如图6.22所示。

当辊缝打开时,辊间压力较小,中间辊横移阻力也较小,横移速度可以不考虑轧制力因素,只设为轧辊线速度的函数,并根

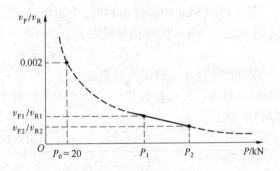

图6.22 中间辊横移速度模型

据轧辊线速度通过斜坡函数进行调节。穿带后,中间辊的横移速度不仅要考虑轧制速度,还要考虑轧制力的因素。当轧制力较大时,必须降低中间辊的横移速度。

在速比 v_F/v_R 与横移阻力对应的线性区间内,相应的速比 v_F/v_R 和轧制力对应的区间范围分别为 $[v_{F1}/v_{R1}, v_{F2}/v_{R2}]$ 和 $[P_1, P_2]$。在此线性区间内,横移速度设定为:

$$v_F = \left[\frac{v_{F2}/v_{R2} - v_{F1}/v_{R1}}{P_2 - P_1} \cdot (P - P_1) + \frac{v_{F1}}{v_{R1}} \right] \cdot v_R \qquad (P_1 \leqslant P \leqslant P_2) \qquad (6.74)$$

式中　v_{F1}/v_{R1}、v_{F2}/v_{R2} ——0.000 5 和 0.000 25;

　　　P_1,P_2 ——2 000 kN 和 10 000 kN。

根据该1 250 mm单机架可逆冷轧机的轧制工艺和设备参数,正常轧制操作基本处于该线性区间范围内。在线性区域范围外,横移速度按照下式设定为轧制速度的函数:

$$v_F = \begin{cases} \dfrac{v_{F1}}{v_{R1}} \cdot v_R & \text{当 } P \leqslant P_1 \\[3mm] \dfrac{v_{F2}}{v_{R2}} \cdot v_R & \text{当 } P \geqslant P_2 \end{cases} \qquad (6.75)$$

当轧制力小于 20 kN 时,认为辊缝处于打开状态,此时中间辊的横移速度设定为:

$$v_F = v_R / 500 \qquad (P \leqslant P_0) \qquad\qquad (6.76)$$

式中　P_0——辊缝打开时的轧制力,值为 20 kN。

6.4　板形调节机构动态替代控制

实际轧制过程中,当带材沿宽度方向上发生不均匀的延伸变形时,就会产生瓢曲、浪形等板形缺陷。板形缺陷分为全局板形缺陷和局部板形缺陷。弯辊和中间辊横移控制主要用于消除全局板形缺陷中的对称部分板形缺陷,轧辊倾斜控制主要用于消除全局板形缺陷中的非对称部分。对于局部板形缺陷,则采用轧辊分段冷却控制来加以消除。对于一般的对称性板形缺陷,工作辊弯辊可以起到良好的板形控制效果,然而,当来料带材或者在线轧制带材出现较大的对称性板形缺陷时,就会出现对称性板形缺陷还没完全被消除,工作辊弯辊就达到了调节极限的状况。此时,如果其他板形调节机构还没有超限,并且可以控制带材的对称性板形缺陷,则可以利用它们在其调节区间内进行调节来消除那些工作辊弯辊未能消除的对称性板形缺陷,这就是板形调节机构动态交替控制的研究思路。

6.4.1　工作辊弯辊超限时的替代板形调节机构选择

通过在线自学习模型获得各个板形调节机构的调控功效系数之后,分别对它们进行分析,找出同工作辊弯辊具有相似板形调控功效的板形调节机构,用于完成对工作辊弯辊调节超限时剩余的对称板形缺陷的调节。

对 6.2.1 节中通过在线自学习确定的各板形调节机构的板形调控功效系数曲线(图 6.13)进行分析可知,工作辊弯辊的板形调控功效系数曲线呈对称分布,且曲线上各点的斜率比较大,对带材的对称性板形缺陷有较高的调控能力。但是,由于工作辊辊径较小,在弯辊力较大的情况下容易发生挠曲变形,导致对带材中部的板形调控能力降低,尤其是在轧制超薄带材时,这种情况更为突出。从工作辊弯辊的板形调控功效系数曲线也可以看出,其曲线并不完全呈抛物线形状分布,而是在靠近带材中部的区域出现了拐点,带材中部区域其调控功效系数曲线基本趋于一条水平线,这说明工作辊弯辊对靠近带材中部的对称性板形缺陷调控能力不足。如果来料带材或者轧制过程中的带材在沿宽度方向上从中部到边部出现较大的对称性板形缺陷时,在对边部的对称性板形缺陷起到控制的同时,若要消除带材中部的对称性板形缺陷,很容易使工作辊弯辊控制达到调节极限。而且,如果使用工作辊负弯辊时,一味地增大弯辊力还容易导致上下两工作辊端部无带材处发生两工作辊接触压扁的情况,导致工作辊端部磨损加速。

中间辊弯辊和横移的板形调控功效系数曲线也呈对称性的抛物线分布,曲线上各点的斜率较小,相比工作辊弯辊控制而言,对带材的对称性板形缺陷调控能力较弱。但是,由于中间辊弯辊和横移对带材中部的对称性板形缺陷具有一定程度上的调控能力,而且中间辊辊径较大,靠近辊颈处不易发生挠曲变形,因此,在对带材中部对称性板形缺陷进行调节的同时,不会影响到带材边部的板形控制效果。

根据上述分析,可以确定用于工作辊弯辊调节超限时的替代板形调节机构有中间辊和中间辊横移两个。

6.4.2 工作辊弯辊与其他替代执行器的在线控制模型

工作辊弯辊及其他替代执行器的在线控制模型在板形闭环控制系统中制定,如图6.23所示。

如图6.23所示,工作辊弯辊超限替代控制的过程是:首先按照最优控制算法根据实测板形偏差以及板形调控功效系数来计算轧辊倾斜、工作辊弯辊、中间辊弯辊和中间辊横移等板形调节机构的调节量,若计算后的工作辊弯辊实际值超过其极限值 Lim_wb,则检查用于实现替代功能的中间辊弯辊/横移的实际值是否超过其极限值 Lim_ib/Lim_is,若不超限,则使用替代模式进行控制,反之则使用正常控制模式。

6.4.3 工作辊弯辊超限替代模型的制定

为了更符合现场实际生产状况,在研究制定工作辊弯辊超限替代控制方案时,按照工作辊弯辊实际值超限的程度制定两种替代控制模式。

1. 替代控制模式 A

此时,工作辊正弯辊的实际值已经超限,即:

$$\mathrm{WB_{act}} \geqslant \mathrm{WB_{max}} \cdot k_{\mathrm{WB\_max}} \tag{6.77}$$

式中　$\mathrm{WB_{act}}$——工作辊弯辊的实际值,kN;

　　　$\mathrm{WB_{max}}$——工作辊弯辊的正极限值,kN;

　　　$k_{\mathrm{WB\_max}}$——工作辊正弯辊极限约束系数,取值范围为0~1,按照实际生产情况设定。

或者工作辊负弯辊的实际值已经超过了极限,即:

$$\mathrm{WB_{act}} \leqslant \mathrm{WB_{min}} \cdot k_{\mathrm{WB\_min}} \tag{6.78}$$

式中　$\mathrm{WB_{min}}$——工作辊弯辊的负极限值,kN;

　　　$k_{\mathrm{WB\_min}}$——工作辊负弯辊极限约束系数,取值范围为0~1,根据实际生产情况设定。

考虑到实际生产中工作辊弯辊控制的动态特性,还可以根据其执行效率设定动作滞后因子,将工作辊弯辊控制的响应滞后考虑进来,判断工作辊弯辊是否调节超限,则式(6.77)变为:

$$\mathrm{WB_{act}} \geqslant \mathrm{WB_{max}} \cdot (k_{\mathrm{WB\_max}} - k_{\mathrm{WB\_max\_hyst}}) \tag{6.79}$$

式中　$k_{\mathrm{WB\_max\_hyst}}$——工作辊正弯辊的响应滞后因子,取值范围为0~1,与轧机的工作辊弯辊机构动态特性有关,各个轧机不同。

同理,工作辊负弯辊超限的判断依据可以设定为:

$$\mathrm{WB_{act}} \leqslant \mathrm{WB_{min}} \cdot (k_{\mathrm{WB\_min}} - k_{\mathrm{WB\_min\_hyst}}) \tag{6.80}$$

式中　$k_{\mathrm{WB\_min\_hyst}}$——工作辊负弯辊的响应滞后因子,取值范围为0~1,与轧机的工作辊弯辊机构动态特性有关,各个轧机不同。

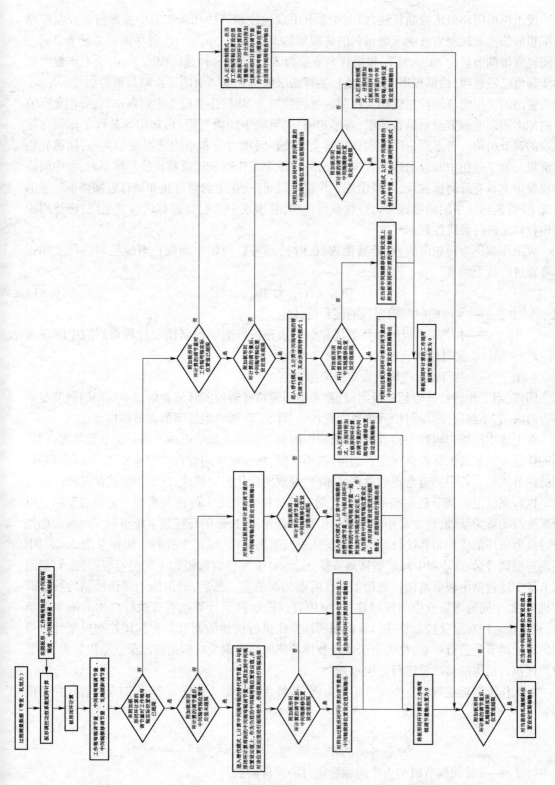

图 6.23 工作辊弯辊超限替代控制流程图

设由板形闭环最优控制算法,即由 4.2 节中最优控制算法和 4.3 节中板形前馈控制模型根据板形偏差和轧制力波动求解得到的轧辊倾斜调节量为 Δu_{T}、工作辊弯辊调节量为 Δu_{WB}、中间辊弯辊调节量为 Δu_{IB}、中间辊横移调节量为 Δu_{IS}。在这种替代模式下,由于工作辊弯辊的实际值已经超限,根据板形闭环最优控制算法求解得到本周期的工作辊弯辊附加量 Δu_{WB} 不能再输出给工作辊弯辊控制机构。在制定替代控制方案时,还要检查中间辊正/负弯辊实际值并附加本周期的调节量后是否超限,若不超限,则可将中间辊弯辊/横移作为替代工作辊弯辊控制的调节机构。考虑到中间辊横移控制会导致辊间压力分布不均情况更加突出,加速轧辊的磨损。为了避免中间辊出现高频横移动作,在制定工作弯辊超限替代控制模型时,将中间辊弯辊设定为具有最高优先级,一旦出现工作辊弯辊超限,在中间辊弯辊和横移控制都不超限的情况下,首先选择中间辊弯辊作为替代执行机构,若出现中间辊弯辊替代调节超限,再使用中间辊横移来进行替代控制。

以工作辊正弯辊超限为例,若满足式(6.81),则可以使用中间辊正弯辊控制替代工作辊正弯辊进行板形调节。

$$\mathrm{IB}_{\mathrm{act}} + \Delta u_{\mathrm{IB}} \leqslant \mathrm{IB}_{\mathrm{max}} \tag{6.81}$$

式中 $\mathrm{IB}_{\mathrm{act}}$ ——本周期中间辊弯辊的实际值,kN;

Δu_{IB} ——本周期由板形闭环最优控制算法和板形前馈控制模型计算得到的中间辊弯辊附加调节量,kN;

$\mathrm{IB}_{\mathrm{max}}$ ——中间辊正弯辊的设定极限值,kN。

同理,当工作辊负弯辊超过极限时,检查中间辊负弯辊的实际值并附加本周期的调节量后是否超限,若不超限,则可将中间辊负弯辊作为替代工作辊弯辊控制的调节机构。

在上述中间辊弯辊超限检查时,若出现中间辊弯辊的实际值附加本周的调节量超限,则运用同样的方法判断中间辊横移是否超限,若不超限,则使用中间辊横移作为替代工作辊弯辊控制的调节机构。若中间辊弯辊和横移均超限,则取消替代控制模式,进入正常控制模式。

执行完以上的调节机构超限检查后,制定替代控制模式 A 的控制模型。采用的思路是以板形调控功效为基础,建立最小二乘评价函数。首先,由板形闭环控制系统根据实测板形偏差通过板形闭环最优控制算法计算本周期的轧辊倾斜调节量 Δu_{T}、工作辊弯辊调节量 Δu_{WB}、中间辊弯辊调节量 Δu_{IB} 和中间辊横移调节量 Δu_{IS},对于工作辊弯辊和中间辊弯辊而言,它们的调节量中还包括由板形前馈控制模型计算的附加调节量。然后,确定用于替代控制的板形调节机构,如中间辊弯辊或中间辊横移,并使用替代控制模型计算该替代执行机构的附加调节量,对由板形闭环最优控制算法计算得到的该替代执行机构的调节量和替代控制模型计算得到的附加调节量进行叠加,作为用于实现替代功能的板形调节机构的输出量。输出之前,还要对替代执行机构的输出量进行超限检查。

以工作辊弯辊正弯辊发生调节超限为例,若替代执行器为中间辊弯辊,制定的替代控制模型为:

$$J_{\mathrm{IB}} = \sum_{i=1}^{m} \left(\Delta u_{\mathrm{WB}} \cdot \mathrm{Eff}_{i\mathrm{WB}} - \Delta u'_{\mathrm{IB}} \cdot \mathrm{Eff}_{i\mathrm{IB}} \right)^2 \tag{6.82}$$

式中 J_{IB} ——替代调节机构为中间辊弯辊时的评价函数;

$\mathrm{Eff}_{i\mathrm{WB}}$ ——工作辊弯辊的板形调控功效系数;

Eff_{iIB} ——中间辊弯辊的板形调控功效系数；

$\Delta u'_{IB}$ ——替代控制的中间辊弯辊附加调节量，kN。

使 J_{IB} 最小时有：

$$\partial J_{IB}/\partial\Delta u'_{IB} = 0 \qquad (6.83)$$

在满足约束条件的情况下求解该偏微分方程，即可得到用于替代工作辊弯辊超调的中间辊弯辊附加调节量 $\Delta u'_{IB}$。同时，还要对中间辊弯辊总的调节量是否超限进行检查，即判断式（6.84）是否成立：

$$IB_{act} + \Delta u_{IB} + \Delta u'_{IB} \leqslant IB_{max} \qquad (6.84)$$

若式（6.84）成立，则本周期中间辊弯辊的总附加调节量输出为：

$$\Delta U_{IB} = \Delta u_{IB} + \Delta u'_{IB} \qquad (6.85)$$

若式（6.84）不成立，即中间辊弯辊的总调节量超限，则对中间辊弯辊的总调节量进行限幅输出：

$$\Delta U_{IB} = IB_{max} - IB_{act} \qquad (6.86)$$

本周期内其他未参与替代控制的轧辊倾斜调节量输出 ΔU_T、中间辊横移的附加调节量输出 ΔU_{IS} 不变，仍为：

$$\Delta U_T = \Delta u_T \qquad (6.87)$$

$$\Delta U_{IS} = \Delta u_{IS} \qquad (6.88)$$

在替代控制模式 A 下，由于工作辊弯辊的实际值已经超限，因此本周期的工作辊弯辊调节量输出设为 0，即：

$$\Delta U_{WB} = 0 \qquad (6.89)$$

同理，若替代执行机构为中间辊横移时，替代控制模型仍采用以板形调控功效为基础，建立最小二乘评价函数的思路，即：

$$J_{IS} = \sum_{i=1}^{m} (\Delta u_{WB} \cdot Eff_{iWB} - \Delta u'_{IS} \cdot Eff_{iIS})^2 \qquad (6.90)$$

式中　J_{IS} ——替代调节机构为中间辊弯辊时的评价函数；

Eff_{iIS} ——中间辊横移的板形调控功效系数；

$\Delta u'_{IS}$ ——替代控制的中间辊横移附加调节量，kN。

使 J_{IS} 最小时有：

$$\partial J_{IS}/\partial\Delta u'_{IS} = 0 \qquad (6.91)$$

在满足约束条件的情况下求解该偏微分方程，即可得到用于替代工作辊弯辊超调的中间辊横移的附加调节量。同中间辊弯辊替代控制一样，还要对中间辊横移总的调节量是否超限进行检查，若不超限，则本周期中间辊横移的总调节量输出为：

$$\Delta U_{IS} = \Delta u_{IS} + \Delta u'_{IS} \qquad (6.92)$$

若超限，则对中间辊横移的总调节量进行限幅输出：

$$\Delta U_{IS} = IS_{max} - IS_{act} \qquad (6.93)$$

式中　IS_{max} ——中间辊横移设定的最大值，mm；

IS_{act} ——本周期中间辊横移设定的实际值，mm。

本周期内其他未参与替代控制的轧辊倾斜调节量输出 ΔU_T 不变。如前文中对替代调节机构优先级的描述中所述,在中间辊横移作为替代调节机构时,中间辊弯辊的实际值 IB_{act} 叠加本周期的调节量 Δu_{IB} 后已经超限,即不满足式(6.81),因此不再输出闭环板形控制系统计算的调节量 Δu_{IB},而是按照式(6.86)进行限幅输出。由于工作辊实际值超限,因此工作辊的本周期输出量仍旧为 0。

同工作辊正弯辊超限一样,工作辊负弯辊调节超限时的替代控制方案也是按照上述模型制定。

2. 替代控制模式 B

在替代控制模式 B 的描述中,仍以工作辊正弯辊调节超限为例说明。此时,工作辊弯辊的实际值还未超限,但附加本周期的弯辊调节量之后则会产生超限,即:

$$WB_{act} < WB_{max} \cdot k_{WB\_max} < WB_{act} + \Delta u_{WB} \tag{6.94}$$

在这种情况下制定的方案是:对本周期计算的工作辊弯辊调节量 Δu_{WB} 进行限幅处理,超限部分的工作辊弯辊量调节则采用替代控制方式。

本周期的工作辊弯辊调节量限幅输出为:

$$\Delta U_{WB} = WB_{max} \cdot k_{WB\_max} - WB_{act} \tag{6.95}$$

超限部分的工作辊弯辊调节量为:

$$\Delta u'_{WB} = \Delta u_{WB} - (WB_{max} \cdot k_{WB\_max} - WB_{act}) \tag{6.96}$$

同替代控制模式 A 一样,执行完用于替代控制的调节机构超限检查后,制定替代控制模式 B 的控制模型。采用的思路也是以板形调控功效为基础,建立最小二乘评价函数。若替代执行器为中间辊弯辊,则有:

$$J'_{IB} = \sum_{i=1}^{m} (\Delta' u_{WB} \cdot Eff_{iWB} - \Delta u'_{IB} \cdot Eff_{iIB})^2 \tag{6.97}$$

式中　J'_{IB}——替代控制模式 B 下替代调节机构为中间辊弯辊时的评价函数。

使 J'_{IB} 最小时有:

$$\partial J'_{IB} / \partial \Delta u'_{IB} = 0 \tag{6.98}$$

在满足约束条件的情况下求解该偏微分方程,即可得到用于替代工作辊弯辊超调的中间辊弯辊附加调节量 $\Delta u'_{IB}$。同时,还要对中间辊弯辊总的调节量是否超限进行检查,即判断式(6.84)是否成立。若满足式(6.84)的判断条件,则按照式(6.85)输出;若不满足,则按照式(6.86)输出。

在替代控制模式 B 下,工作辊负弯辊调节超限时,替代控制模型的制定也是按照上述方式。工作辊弯辊的替代执行机构为中间辊横移时,替代控制模型和中间辊弯辊作为替代执行机构时的控制模型一样,也是按照上述方案制定。

6.5　非对称弯辊控制

在冷轧机板形控制中,轧辊倾斜和弯辊是最常用和最主要的板形控制手段,可以满足高速轧制的需要,在现代化轧机上得到了广泛的应用。一般来说,轧辊倾斜可以用来消除非对称的一次板形缺陷,弯辊控制是通过改变工作辊的辊缝凸度用来消除对称的二次、四次板形。但是,在轧制薄带材尤其是 0.6 mm 以下的超薄带材时,尤其是在板形闭环控制投入初期,使用轧辊倾斜控制消除单边浪形容易产生跑偏以及断带情况,使轧机生产效率大大降低。对于 UCM 轧机,中间辊横移控制可以大大增强工作辊弯辊对板形的调控能力,但是会加速轧辊间的磨损,导致轧辊寿命降低。而分段冷却控制主要是针对无法通过轧辊倾斜、弯辊以及横移控制消除的复杂板形缺陷进行控制。轧辊分段冷却可以控制高次板形缺陷,但受到轧制过程中温度和润滑条件的限制,其板形调节范围较小且控制的滞后时间较长。

因此研究一种新型的非对称板形缺陷控制手段对于提高板形质量具有重要意义。本节针对实际生产情况,本以某 1 250 mm 单机架六辊冷轧机为研究对象,提出通过非对称弯辊控制来消除一定程度上的非对称板形缺陷的方法。分别研究工作辊非对称弯辊和中间辊非对称弯辊对控制非对称板形缺陷的作用,为板形控制开辟了一条全新思路。

6.5.1　非对称弯辊的工作原理

液压弯辊是现有的板形控制手段中最为广泛的一种控制手段,在板形控制中起着举足轻重的作用,是冷轧带材生产中最主要的保证成品板形质量的手段之一。液压弯辊是靠辊端液压缸产生推力,作用在轧辊辊颈上,使轧辊产生附加弯曲,瞬时地改变轧辊的有效挠度,从而改变轧机承载辊缝的形状和轧后带材沿横向的张力分布,实现板形控制功能。

对于 UCM 轧机而言,同时具有工作辊弯辊和中间辊弯辊。通常所说的弯辊控制是指对称弯辊控制,即操作侧和传动侧施加相等的弯辊力,如图 6.24 所示。

图 6.24 中, F 为总轧制力; F_{ID} 为传动侧中间辊弯辊力; F_{IO} 为操作侧中间辊弯辊力; F_{WD} 为传动侧工作辊弯辊力; F_{WO} 为操作侧工作辊弯辊力。

对于传统的对称弯辊控制而言, $F_{ID} = F_{IO}$, $F_{WD} = F_{WO}$,因此传统意义上的弯辊控制主要是用来消除二次、四次等对称板形缺陷的,对非对称的板形缺陷没有调控能力。中间辊的横移控制可以有效地扩大弯辊的控制能力,但同时改变辊间的接触状态,使轧辊局部磨损加剧。

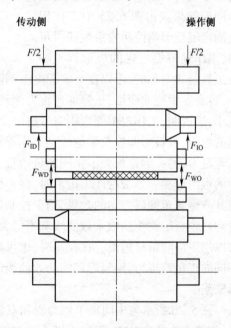

图 6.24　UCM 轧机弯辊图示

非对称弯辊包括工作辊非对称弯辊和中间辊非对称弯辊。工作辊非对称弯辊是在工作辊两端轴承座上施加不相等的弯辊力,即 $F_{WD} \neq F_{WO}$ 。此时,工作辊产生的附加弯曲将是非对称的,导致承载辊缝的非对称分布,若此种非对称的辊缝分布形貌刚好抵消板形缺陷中的非对称浪形,则可以起到控制带材板形的作用。同理,在中间辊两端轴承座上施加大小不同的弯辊力,即 $F_{ID} \neq F_{IO}$ 时,也必将产生相似的结果。

6.5.2　非对称弯辊的板形调控功效

按照上述板形调节机构调控功效的计算方法,计算出非对称弯辊条件下的板形调控功效系数,就可以分析出非对称弯辊的对单边浪等非对称板形缺陷的控制能力。分别考虑单独使用工作辊非对称弯辊和中间辊非对称弯辊两种情况,并通过在线自学习算法计算它们的板形调控功效。非对称弯辊也采用了两种形式,分别是单侧弯辊和双侧非对称弯辊。

工作辊单侧弯辊和双侧非对称弯辊的调控功效系数曲线(工作点参数为:轧制力为 8 000 kN,带材宽度为 1 120 mm)如图 6.25 所示。

分析图 6.25 可知,工作辊对称弯辊的板形调控功效系数曲线呈抛物线分布,因此,对消除双边浪等对称板形缺陷有较好的效果,而对边浪等非对称板形缺陷则无能为力。工作辊单侧弯辊指在工作辊一侧轴承座上施加正/负弯辊力,另一侧不施加弯辊力,使其产生非对称的板形调控效果。由图 6.25 中工作辊单侧弯辊板形调控功效系数曲线可知,工作辊单侧弯辊的板形调控功

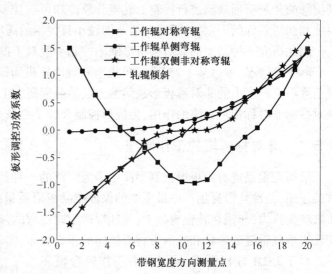

图 6.25　工作辊非对称弯辊板形调控功效系数曲线

效虽然是非对称的,可以在一定程度上消除一部分非对称的板形缺陷,但是由于工作辊辊径较小,容易发生挠曲变形,从施加弯辊力侧到未施加弯辊力侧,板形调控功效系数曲线斜率逐渐减小,这说明,工作辊单侧弯辊对带材中部板形调控能力较低,而且是在越靠近未施加弯辊力侧的地方,其板形调控效果越低。工作辊双侧非对称弯辊是指在工作辊的一侧轴承座上施加正弯辊力,另一侧施加大小相同的负弯辊力,使工作辊产生更为明显的非对称变形,形成非对称的辊缝形貌。当带材产生边浪时,在产生边浪的一侧施加正弯辊力,另一侧施加负弯辊力,使其产生轧辊倾斜控制的效果,用于控制边浪。由图 6.25 可知,除了带材中部,工作辊双侧非对称弯辊板形调控功效系数曲线基本呈大斜率直线分布,这说明其具有较强的控制边浪能力,可以用于消除带材边浪。在控制时,也可以根据带材实际板形,在工作辊轴承座两端施加大小不同的正负弯辊力,使板形调控功效曲线两边的斜率发生改变,用于控制消除复杂的非对称板形缺陷。

图 6.26 所示为中间辊单侧弯辊和双侧非对称弯辊的板形调控功效系数曲线(工作点参数为:轧制力为 8 000 kN,带材宽度为 1 120 mm)。由图中可知,中间辊对称弯辊呈抛物线分布,且曲线平缓,只能在一定程度上消除较小的边浪、二肋浪等对称板形缺陷,对非对称的边浪不起任何作用。中间辊单侧弯辊与工作辊单侧弯辊板形调控功效系数曲线较为相似,但其曲线较为平缓,除施加弯辊力侧的几个测量点外,靠近未施加弯辊力侧的测量点板形调控功效系数几乎为零。因此,中间辊单侧非对称弯辊对控制带材的边浪等非对称板形缺陷能力较小。中间辊双侧非对称弯辊的板形调控功效系数曲线虽然具有明显的非对称分布形式,但其曲线平缓,趋近于线性部分的曲线斜率较小,因此对带材边浪等非对称板形缺陷的调控能力也较为有限。

通过上述分别对工作辊和中间辊单侧及双侧非对称弯辊的板形调控功效系数曲线分析可知,中间辊单侧及双侧非对称弯辊对带材边浪的调控能力较弱,工作辊单侧非对称弯辊对带材边浪具有一定的调控能力,但也较为有限。由于工作辊辊径较小,尤其在宽带轧机中,辊身较长,在施加弯辊力后容易在边部发生挠曲变形,对带材中部调控能力较弱,除此之外,工作辊双侧非对称弯辊的板形调控功效系数曲线几乎和轧辊倾斜的板形调控功效系数曲线相同,具有较强的边浪调控能力,可以在轧制薄带材代替轧辊倾

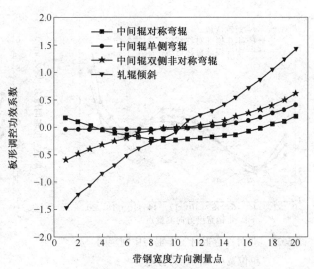

图 6.26　中间辊非对称弯辊板形调控功效系数曲线

斜用于消除带材边浪,避免板形闭环控制系统投入初期时轧辊倾斜控制超调带来的带材跑偏、断带等情况。当工作辊两侧施加大小不同的正负弯辊力时,还可以消除部分复杂的非对称板形缺陷。

6.5.3　非对称弯辊控制对辊间压力分布的影响

对于 UCM 轧机而言,虽然中间辊的横移有效扩大了弯辊的控制范围,但同时导致了辊身边部接触压力的增加,加剧轧辊的磨损。为此,用影响函数法计算对称弯辊和非对称弯辊时六辊轧机的辊间压力分布,并对其进行分析。在计算过程中,考虑到实际生产中该轧机中间辊横移量预设定通常为 50 mm 左右,在模型参数设定时将中间辊横移量设定为 50 mm。另外,由于单侧非对称弯辊与双侧非对称弯辊对辊间压力的影响相似,只列出了双侧非对称弯辊情况下辊间的压力分布情况。

图 6.27 为非对称弯辊时工作辊与中间辊间单位宽度辊间压力分布。由图可知,由于中间辊的横向移动改变了工作辊的受力状态,使工作辊与中间辊间的接触压力由对称分布变为非对称分布。采用对称弯辊时,这种辊间压力分布不均匀状况极为严重,局部辊间压力非常大,而采用非对称弯辊时,这种辊间压力分布不均的状况有所改善,并且,中间辊非对称弯辊比工作辊非对称弯辊对改善辊间压力分布不均的情况效果要好。

图 6.28 为非对称弯辊时中间辊与支撑辊间的压力分布。由图可知,非对称弯辊对中间辊和支撑辊间压力分布的影响与工作辊和中间辊间压力分布的影响趋势相同,并且,中间辊非对称弯辊对缓解中间辊与支撑辊间的压力分布不均情况效果更好。

通过对非对称弯辊下的辊间压力分布计算分析可知,采用非对称弯辊可以缓解由于中间辊的横移带来的辊间压力分布不均的情况,可以降低局部压力峰值,而轧辊的磨损只要影响因素就是载荷分布情况,因此通过非对称弯辊可以减缓轧辊的不均匀磨损。尤其是对于中间辊非对称而言,虽然对出口带材板形的影响很小,但对减缓轧辊磨损具有重要意义。

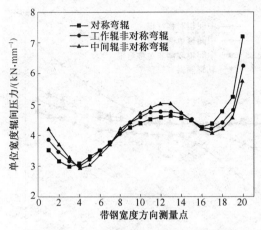

图 6.27　非对称弯辊时工作辊与中间辊间
单位宽度辊间压力分布

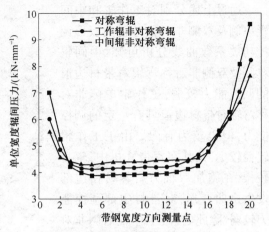

图 6.28　非对称弯辊时中间辊与
支撑辊间的压力分布

6.5.4　非对称弯辊与轧辊倾斜控制的选择

非对称弯辊控制技术已经成功应用于某 1 250 mm 单机架六辊可逆冷轧机的板形控制系统改造项目中。为了实现非对称弯辊控制，不仅修改了原板形控制系统程序，而且对板形执行机构的液压系统进行了修改。修改后的板形控制系统不仅可以实现对称弯辊和非对称弯辊的切换，还能实现无死区正负弯辊切换。

在实际轧制生产中，为了更好地发挥工作辊非对称弯辊的板形调控效果，需要将其与轧辊倾斜控制进行协调使用。工作辊非对称弯辊处于常开状态，而轧辊倾斜控制则根据工作辊操作侧和传动侧的弯辊力差来决定是否打开。一般来料带材存在楔形，或者生产中出现大边浪时，工作辊双侧非对称弯辊控制不足以消除这些大的边部板形缺陷，当工作辊传动侧与操作侧的压力差超过某一设定极限时，则打开轧辊倾斜控制，与工作辊非对称弯辊控制同时作用，增强轧机对大边浪的控制能力。轧辊倾斜控制的选择如式（6.99）所示：

$$
\begin{cases}
\text{轧辊倾斜控制打开} & |F_{WD} - F_{WO}| \geqslant F_{Lim} \\
\text{轧辊倾斜控制关闭} & |F_{WD} - F_{WO}| < F_{Lim}
\end{cases}
\tag{6.99}
$$

式中　F_{Lim}——工作辊传动侧与操作侧的弯辊力大小之差，kN。

在 1 250 mm 单机架六辊轧机的改造中，根据实际来料情况和生产设备状况，将该弯辊力大小之差设定为单侧最大弯辊力的 30%。

6.6　工作辊分段冷却控制

一般的板形缺陷可以通过弯辊、横移以及倾斜予以消除。但是，在冷轧带材生产中，带材变薄要放出大量的变形热，带材和轧辊之间也会产生大量的摩擦热。由于接触区内接触条件不同以及轧辊和带材的散热条件不同，因而变形热和摩擦热沿轧辊长度方向上会出现不均匀的分布，这将导致轧辊的辊形发生变化。尤其当轧制过程中出现非对称轧制负荷以及散热不均时,会引起轧辊局部"热点",进而造成该部位辊径增大,形成轧辊辊径的不均匀分布,导致产生局部高次复杂板形缺陷。这类的局部板形缺陷很难通过传统的弯辊、横移、倾斜等机械调节手段予以消除,尤其是在轧制超薄带材时这种局部缺陷更为明显。通过喷射乳化液对轧辊进行润滑和冷却能减少摩擦热,并能不断地吸收带材的变形热,降低轧辊温度,可以起到控制轧辊热辊形的作用。利用轧辊分段冷却控制,可以在线调整轧辊热凸度,消除轧制过程中带材张应力的不均匀分布,进而达到控制带材板形的目的。

传统的轧辊分段冷却控制基本上是通过研究冷却流量对板形的影响以及对应的换热系数建立冷却控制模型进行 PID 控制。由于冷却控制很难建立精确的数学模型,且具有高度非线性特点,使用传统的 PID 控制技术,想进一步提高控制精度是很困难的,传统的轧辊分段冷却 PID 控制方法已无法满足对高质量板形控制的要求。鉴于模糊控制能够摆脱对精确模型的推导,且具有健壮性强、可解决常规控制难以解决的非线性、时变大纯滞后等问题的优点,根据实际生产状况,将模糊控制理论应用于某 1 250 mm 单机架六辊可逆冷轧机的工作辊分段冷却控制中,取得了良好的效果。

6.6.1 分段冷却控制原理

1 250 mm 冷轧机轧辊分段冷却喷射梁位于机架入口,上、下对称布置,如图 6.29 所示。冷却方式分为基础冷却和分段精细冷却两种。其中,中间辊和工作辊下排控制阀属于基础冷却方式,在带材宽度范围内,根据辊缝功率大小进行喷射,以实现轧辊的润滑冷却功能。工作辊上排控制阀属于分段精细冷却方式,在带材宽度范围内喷射量可调,对沿轧辊辊身长度方向上的热平直度偏差进行控制。带材宽度范围以外区域控制阀均处于关闭状态。

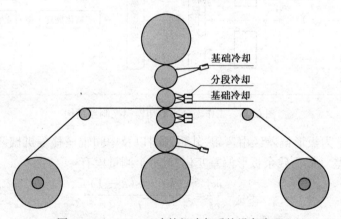

图 6.29　1 250 mm 冷轧机冷却系统设备布置

板形辊共有 23 个测量段,每个测量段宽度为 52 mm,为了精确地控制带材的热平直度,轧辊辊身有效长度内也按照 52 mm 的宽度分为 23 个测量段。1 250 mm 冷轧机冷却控制阀采用 Lecher 公司的 Modulax 阀,其只有开启和关闭两种状态。选定一单位时间,通过调整开启状态在单位时间上的占空比,实现在冷却控制周期内冷却量的调节,计算占空比的过程即为冷却控制量的求解过程。

按照板形辊上测量段宽度将轧辊辊身划分为与之测量段数目相同的若干区段,每个冷却喷嘴对准一个轧辊辊身区段,根据板形控制系统得到的残余板形偏差,通过喷嘴开闭及乳化液喷射量的多少来改变工作辊及中间辊热膨胀的横向分布,从而改变带材轧制过程中相应位置的延伸率,控制带材的板形。

6.6.2 控制器设计

在制定工作辊分段冷却控制方案时,考虑到熟练操作人员仅利用经验性的知识,定性地判断冷却液与带材板形之间的关系。如果板形偏差在某个局部较大,则向轧辊相应部位喷射冷却液,以控制辊缝形状,减小板形偏差。这种情况不仅考虑了板形偏差大小,而且考虑了与时间的变化和空间的关系,非常适用于轧辊的分段冷却控制。因此,采用了依据定性知识进行控制并能提高板形控制精度的模糊控制方法。

1. 模糊控制器的结构

板形控制的最关键问题是消除板形偏差,另外还要考虑板形偏差在时间上以及空间上的变化,因此,工作辊分段冷却模糊控制器选择板形偏差 E、板形偏差的变化 EC 以及板形偏差在空间上的变化趋势 ES 作为系统的输入量,输出量为冷却阀开启的占空比 U。工作辊分段冷却模糊控制器是一个多维模糊控制器,其结构如图 6.30 所示。

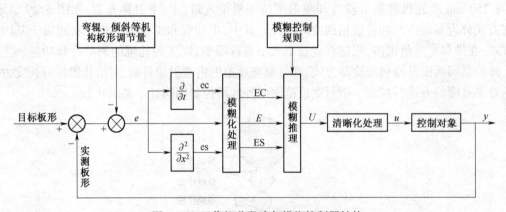

图 6.30 工作辊分段冷却模糊控制器结构

图 6.30 中, e 为板形偏差经由弯辊、轧辊倾斜以及中间辊横移等机械调节机构调节后剩余的残余板形偏差。ec 为残余板形偏差变化,对每个测量段有:

$$\text{ec}_i = \frac{\partial e_i}{\partial t} = \frac{e_i(k) - e_i(k-1)}{T} \tag{6.100}$$

式中　　$e_i(k)$ ——第 k 个采样周期的残余板形偏差,I;

　　$e_i(k-1)$ ——第 $k-1$ 个采样周期的残余板形偏差,I;

　　　　　　i ——测量段序号,即冷却阀序号;

　　　　　T ——采样周期,s。

es 为残余板形偏差沿板宽方向上的变化趋势,各个冷却段空间上的变化趋势为:

$$\text{es} = \frac{\partial^2 e}{\partial x^2} = e_{i+1}(k) + e_{i-1}(k) - 2 \cdot e_i(k) \tag{6.101}$$

式中　　x ——带材宽度方向上的坐标。

2. 输入/输出量的模糊化及模糊规则的制定

1）输入/输出量的模糊化

控制器的输入量 e_i、ec_i 和 es_i 都是可以实时测量的精确量,为了便于工程实现,需要将输入变量由实际的物理范围转换到各自的模糊集合论域范围。设定残余板形偏差 e_i、偏差变化 ec_i 以及模糊控制器的输出量 u_i 的物理论域转换为模糊语言变量 E、EC 和 U 后对应的模糊集合论域为 $\{-4,-3,-2,-1,0,1,2,3,4\}$,板宽方向上残余板形偏差的变化趋势 es_i 的物理论域转换为模糊语言变量 ES 后对应的模糊集合论域为 $\{-2,-1,0,1,2\}$。实际工作中,精确量 e_i 和 ec_i 的变化范围一般不会在 $[-4,+4]$ 之间,es_i 的变化范围也不会在 $[-2,+2]$ 之间,需要进行尺度转换,将其变换到要求的论域范围。可以通过下式进行变换将其转换为 $[-4,+4]$ 以及 $[-2,+2]$ 之间的量:

$$x_0 = \frac{x_{min} + x_{max}}{2} + k\left(x_0^* - \frac{x_{max}^* + x_{min}^*}{2}\right) \tag{6.102}$$

$$k = \frac{x_{max} - x_{min}}{x_{max}^* - x_{min}^*} \tag{6.103}$$

式中　x_0^*——实际输入量,其变化范围为 $\left[x_{min}^*, x_{max}^*\right]$;

　　　x_0——实际输入量 x_0^* 经过线性变换后的值,其论域为 $\left[x_{min}, x_{max}\right]$;

　　　k——比例因子。

在 1 250 mm 冷轧机的实际生产中,残余板形偏差 e_i 的实际范围为 $[-10,+10]$,残余板形偏差变化 ec_i 的实际范围为 $[-60,+60]$,板宽方向上残余板形偏差的变化趋势 es_i 的实际范围为 $[-3.6,+3.6]$。通过式(6.102)可以将系统采样得到的精确量 e_i、ec_i 和 es_i 由实际物理论域转化到模糊集合论域 $[-4,+4]$ 中,完成精确量的模糊化工作。

2）语言变量的分级和隶属函数的确定

在满足系统分辨率的情况下,为了不增加制定模糊规则的难度,将输入语言变量 E、EC 以及输出语言变量 U 分别划分为 5 级,语言变量值的模糊集合为 $\{NB, NS, ZO, PS, PB\}$,对应的含义分别为"负大""负小""零""正小""正大"。将语言变量 ES 的语言值划分为 3 级,其模糊集合为 $\{N, ZO, P\}$,分别代表"负"、"零""正"。

隶属函数通过总结操作者的控制经验确定。隶属函数的形状对控制系统性能的影响并不大,三角形、梯形隶属函数的数学表达和运算较简单,所占内存空间小,在输入值发生变化时,比正态分布或钟形分布隶属函数具有更大的灵活性,当存在一个偏差时,就能很快反应产生一个相应的调整量输出。因此,在 1 250 mm 冷轧机轧辊分段模糊控制器中,选择两极点为梯形,其他部分为等腰三角形隶属函数作为模糊子集的隶属函数。输入语言变量 E、EC、输出语言变量 U 以及 ES 的隶属函数如图 6.31 所示。

3）模糊控制规则的制定

模糊控制规则主要基于操作人员的实际控制经验制定。在实际操作过程中,操作人员会根据板形偏差的大小 e_i、板形偏差的变化 ec_i 以及沿板宽方向上相邻测量段板形变化趋势 es_i 进行轧辊冷却调节控制。如果板形偏差为正,即 $e_i > 0$ 时,就增加喷射冷却液而使轧辊冷却,抑制膨胀,减小板形偏差;如果板形偏差为负,则减小冷却液的喷射,利用轧制过程中轧辊的温升而使其膨胀,减小板形偏差。如果板形偏差有变大的趋势,即 $ec_i > 0$ 时,则增加冷却液;反之,则减少冷却液。除此,操作人员还会考虑板宽方向上相邻测量段板形变化趋势 es_i 的变化,如果板形偏差在局部突出,则在这部分喷射冷却液来抑制局部板形偏差。

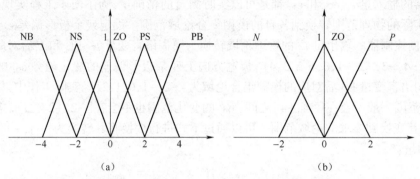

图 6.31　输入语言变量 E、EC、输出语言变量 U 的隶属函数以及 ES 的隶属函数

将上述操作人员的实际控制过程用一系列 IF-THEN 语句描述出来,就形成了模糊控制器的控制规则。

由于具有三种输入变量,模糊控制器为三维模糊控制器,采用分层多规则集结构,由板宽方向上相邻测量段板形变化趋势 ES 的"正""零""负"三种状态,分别确定控制规则集 S_1、S_2、S_3。由于输入语言变量 E、EC 均具有 5 个分级,变量 ES 具有三个分级,因此这三个控制规则集共有 75 条控制规则,这些规则就构成了轧辊分段冷却模糊控制器的控制规则。控制规则集 S_1、S_2、S_3 分别如表 6.2~表 6.4 所示。

表 6.2　控制规则集 S_1 (ES=N)

U＼F ＼FC	NB	NS	ZO	PS	PB
NB	NB	NB	NB	NB	NB
NS	NB	NS	ZO	ZO	ZO
ZO	NS	ZO	ZO	ZO	PB
PS	PS	PS	PB	PB	PB
PB	PB	PB	PB	PB	PB

表 6.3　控制规则集 S_2 (ES=Z)

U＼F ＼FC	NB	NS	ZO	PS	PB
NB	NB	NB	NB	NB	NS
NS	NB	NS	ZO	ZO	ZO
ZO	NS	ZO	ZO	PB	PB
PS	ZO	PS	PS	PS	PB
PB	PS	PB	PB	PB	PB

3. 模糊推理算法

模糊推理机是模糊控制器的核心,由采样时刻的输入和模糊控制规则推导出模糊控制器的控制输出。模糊推理机具有人的基于模糊概念的推理能力,但推理机制比典型专家系统中的推理要简单,控制作用是基于一级的数据驱动的前向推理,即肯定前件式 GMP。轧辊冷却控制器采用 Mamdani 模糊推理算法,该推理算法采用取最小运算规则定义模糊蕴

表 6.4　控制规则集 S_3 (ES=P)

U＼F ＼FC	NB	NS	ZO	PS	PB
NB	NB	NB	NB	NB	NS
NS	NB	NS	NS	ZO	ZO
ZO	NS	NS	ZO	PS	PB
PS	ZO	ZO	PS	PS	PB
PB	PS	PB	PB	PB	PB

含表达的模糊关系。

控制规则可以写成条件语句形式,例如 IF ES = N AND E = NB AND EC = NB THEN U = NB,这是一个四维模糊关系:

$$R_i = \text{ES}_i \times E_i \times \text{EC}_i \times U_i \tag{6.104}$$

式中　"×"——模糊蕴含关系运算符,采用模糊蕴含最小运算方法。

在整个模糊控制器中共有 75 条这样的模糊条件语句,分别求出相应的模糊控制关系 R_1, $R_2, R_3, \cdots, R_{75}$, 于是总的模糊控制关系为:

$$R = \bigcup_{i=1}^{75} R_i \tag{6.105}$$

在实际控制中,对于一组由精确量通过论域转换得到的输入模糊变量 ES_0、E_0 和 EC_0,可通过模糊关系矩阵 H 计算出输出模糊量 U_0:

$$U_0 = (\text{ES}_0 \times E_0 \times \text{EC}_0) \circ R \tag{6.106}$$

式中　"。"——合成运算符,采用 MAX−MIN 合成规则计算方法。

4. 输出模糊量的清晰化

式(6.105)是采用 Mamdani 的取小运算定义蕴含表达的模糊关系而得到的模糊推理算法,它避开求模糊关系而得到一个简洁的算法公式。通过此公式可得到论域范围内任一输入的控制输出。根据此合成规则得到的输出仍是一个模糊子集,而实际被控对象所需的控制信号是精确值,所以,模糊控制器的推理输出是不能直接用作实际控制的,须经解模糊后才能控制被控对象。

解模糊的方法有很多,本模糊控制器采用加权平均法,这种解模糊方法既简单,又能够全面考虑其他一切隶属度较小的论域元素的作用。它以控制作用论域上的点 $u \in U$ 对控制作用模糊集的隶属度 $U(u)$ 为权系数进行加权平均而求的模糊结果。对于离散论域情况,设 $U = \{u_i \mid i = 1, 2, 3, \cdots, n\}$, 则有:

$$u_0 = \frac{\sum_{i=1}^{n} U(u_i) \cdot u_i}{\sum_{i=1}^{n} U(u_i)} \tag{6.107}$$

通过解模糊后,得到的是一个精确的输出。对于离散论域的情况,解模糊结果不一定正好是控制论域上的点。在处理这种情况时,按照靠近原则取最接近的论域上的点作为解模糊结果。

在用于实际控制前,还需要将清晰量 u_0 进行尺度变换。变换的方法可以是线性的,也可以是非线性的。本控制器采用线性变换方法:

$$u = \frac{u_{\max}^* + u_{\min}^*}{2} + k' \cdot \left(u_0 - \frac{u_{\max} + u_{\min}}{2}\right) \tag{6.108}$$

$$k' = \frac{u_{\max}^* - u_{\min}^*}{u_{\max} - u_{\min}} \tag{6.109}$$

式中　u_0——模糊控制器的输出量,其论域为 $[u_{\min}, u_{\max}]$;

　　u——模糊控制器的输出量 u_0 经过线性变换后的值,其变化范围为 $[u_{\min}^*, u_{\max}^*]$;

k' ——比例因子。

5. 离线模糊控制表的制定

由于论域为离散论语,在实际控制时,不必在每个采样周期都进行模糊化、模糊推理和解模糊。可以离线设计模糊控制器,得到一个由输入论域到输出论域的控制查询表。在线控制时,对于每一种输入,都可以通过查询该表得到其对应的控制输出,这样可以大大加快在线运行的速度。

与控制规则集,模糊控制器查询表也有三个,这里只列出 ES $=-2$ 时的控制查询表,如表 6.5 所示。

表 6.5 控制表(ES=-2)

U \ F / FC	-4	-3	-2	-1	0	1	2	3	4
-4	-3.36	-3.24	-3.36	0	3.36	3.24	3.36	3.24	3.36
-3	-2.26	-2.26	-2.26	-0.591	-0.221	-0.221	-0.221	-0.221	-0.221
-2	-2	-2	-2	-2	-2	-2	-2	-2	-2
-1	-2	-1	-1	0	0	0	0	0	0
0	-2	-1	0	2	2	2	2	2	2
1	-1	0	1	1	2	0.221	0.221	0.591	2.26
2	0	1	2	2	2	0.221	-3.36	2	3.36
3	1.1	1.26	2.26	2.26	2.26	0.591	0	2	3.24
4	3.36	3.24	3.36	3.24	3.36	3.24	3.36	3.24	3.36

求取离线模糊控制表的这一过程可以用图 6.32 来表示。

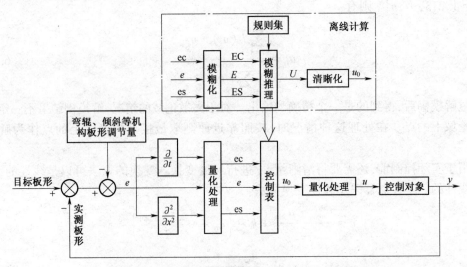

图 6.32 实际论域为离散论域的模糊控制系统结构

第7章 冷轧过程控制

冷轧过程控制系统的核心功能是为基础自动化提供保证最优生产率和最佳产品质量的轧机预设定值。另外,过程控制系统需要具备数据通信与管理、钢卷跟踪、实时数据收集等服务于模型设定的辅助功能。冷轧过程控制系统作为生产线的核心控制系统,其控制系统能否稳定运行直接影响到带钢的稳定生产。相对于单机架冷轧机,冷连轧机的过程控制系统结构更加复杂,且其囊括了单机架轧机过程控制系统的所有功能。此外,目前新建的现代化冷连轧生产线一般都与酸洗生产线连接在一起以酸洗冷连轧生产线的形式建设,此时冷连轧过程控制系统还需要与酸洗过程控制系统协调工作。因此,本章以某带钢酸洗冷连轧生产线中冷连轧的过程控制系统为例,对过程控制系统结构框架及执行流程进行介绍。

7.1 过程控制系统总体结构

图 7.1 所示为带钢冷连轧机过程控制系统功能结构框图。

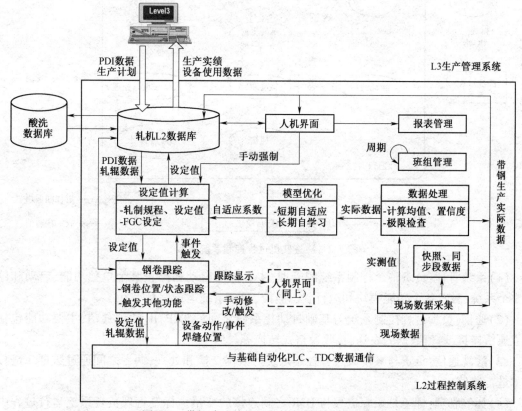

图 7.1 带钢冷连轧机过程控制系统功能结构图

如图 7.1 所示,冷连轧机过程控制系统的核心功能是为轧机基础自动化系统提供合理的负荷分配及轧制设定参数,并通过自适应自学习对模型进行优化。除此之外,过程控制系统的功能还包括:与基础自动化和酸洗过程机的通信,钢卷跟踪,测量值采集与处理,成品数据及设备运行数据统计,原始数据及设备数据的管理,提供人机接口(HMI)、报表输出及班组管理等。

为实现上述功能,过程控制系统应具有较高的可靠性和高速数据处理能力以满足实时控制系统的要求,并能够灵活支持多种通信方式。同时,为了保证系统稳定运行、方便系统的开发和维护,过程控制系统还应具备强大的健壮性和通用性,系统中各功能模块具有低耦合性。

根据以上对冷连轧机过程控制系统的功能分析,针对冷连轧具体控制和工艺要求,对过程控制系统进行了功能结构设计,冷连轧机过程控制系统框架如图 7.2 所示。过程控制系统拥有单独的 HMI,提供打印数据报表、显示实时信息及人工干预等功能。系统的主要功能模块包括系统管理、通信、酸洗通信、标签管理、日志管理、数据采集与处理、钢卷跟踪以及模型系统等。

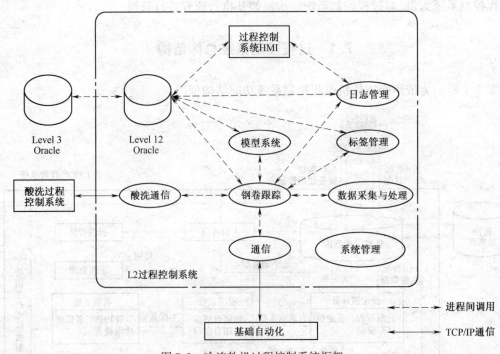

图 7.2　冷连轧机过程控制系统框架

(1)系统管理:负责整个控制系统的管理,主要包括启动和停止某个单独功能、启动和停止整个系统、触发各个功能模块和运行状态监控、记录系统运行信息等。

(2)通信:负责过程控制系统与基础自动化系统之间的 TCP/IP 协议通信,主要功能包括建立通信连接,通信数据的发送、接收及格式转换等。

(3)酸洗通信:负责与酸洗线过程控制系统的数据交换和处理,两者之间通过数据库链接技术进行通信。

(4)标签管理:标签是跟踪进程与 HMI 之间连接的变量。标签管理负责系统运行过程中通信标签的管理,包括标签的添加和删除、读写标签数据、标签强制赋值及检查标签变化等。

（5）日志管理：负责系统运行过程中运行和报警信息的管理，包括定义和记录各种报警信息、将运行信息保存到数据库中并通知画面显示。

（6）数据采集与处理：接收 L1 发送的实际数据，并对采集的实际数据作进一步处理，如对数据进行极限检查、计算均值、置信度和最大/最小值等。

（7）钢卷跟踪：该功能是整个过程控制系统的中枢，负责轧线上钢卷物理位置和数据跟踪，并调度其他功能模块，如模型计算功能调用、设定数据发送等。

（8）模型系统：利用轧制过程在线数学模型并采用优化算法，计算轧制过程所需的工艺参数，可以在充分利用设备能力的基础上保证最终产品的质量要求。

过程控制系统中各模块的调用采用服务器/客户端模式，即服务进程会创建一系列定义好的服务以供客户端使用。其中，模型设定系统功能共提供了 5 个服务，钢卷跟踪模块可以调用任意服务。模型设定系统提供的服务如表 7.1 所示。

表 7.1　模型设定系统提供的服务

序号	服务名	实现功能	调用时机
1	doStrat	轧制规程与设定参数计算	换辊完成、跟踪位置触发、手动执行
2	doFGC	动态变规格中间值计算	前后钢卷规格变化
3	doAdapt	轧制模型自适应	低速或稳速数据准备完成
4	doRollChange	更新辊数据，重置自适应系数	换辊完成
5	doZeroing	记录标定状态，计算轧机刚度系数	轧机标定完成

过程控制系统的功能框架具有一定的适应性，其中的进程管理、数据通信、数据采集处理、标签管理和日志管理等模块具有较强的通用性，针对不同现场不需重复开发，只需根据现场实际修改配置文件即可。下面重点设计过程控制系统中数据通信与管理、钢卷跟踪、模型设定计算等模块的实现方法、执行流程和调用逻辑等。

7.2　数据通信与数据管理

7.2.1　过程控制数据通信

在酸洗冷连轧生产线上，冷连轧过程控制计算机需要同时连接生产管理计算机、酸洗过程机和轧机基础自动化系统，控制系统提供了多种通信方式实现系统互联，如 TCP/IP 协议的 Socket 通信、OPC 通信和数据库互联通信等。

1. 与生产管理系统通信

过程控制计算机（L2）和生产管理计算机（L3）在物理上通过快速以太网相连，通信协议采用 TCP/IP 协议的 Socket 通信。过程机接收来自生产管理计算机的生产计划、钢卷主数据和轧辊数据等信息，并将生产实际数据、班组统计数据和轧辊工作统计数据发送给生产管理计算机。其中，过程控制计算机与生产管理计算机之间传送带钢主数据的过程如图 7.3 所示。

2. 与酸洗过程系统的通信

酸洗二级与轧机二级之间的通信是通过数据库实现的，主要包括同步生产计划、同步缺陷数据、传送生产实绩数据等。

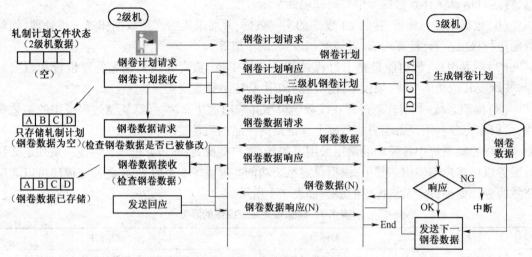

图 7.3　L2 与 L3 主数据传送示意图

（1）同步生产计划。在酸洗和轧机过程系统中分别建立中间表,酸洗向轧机实时发送最近 20 卷的生产计划,实现轧机过程系统和酸洗过程系统生产计划的同步。

（2）同步缺陷数据。酸洗段在圆盘剪后设有检查站,操作人员可以实时观察经过检查站的带钢表面以进行缺陷记录,记录的数据将传送至酸洗过程系统和轧机过程系统中,以保证缺陷段带钢在进入轧机时实现自动降速或停车。

（3）传送生产实绩数据。将酸洗段生产实绩发送至轧机过程系统进行报表的统一记录、查看和打印。

3. 与基础自动化的通信

过程控制系统与基础自动化通信的网络连接介质为工业以太网,为达到实时通信的目的,采用基于 TCP/IP 协议的 Socket 通信。由于冷连轧系统间的数据传输内容较多且实时性要求高,为防止报文不能及时处理而造成数据丢失,需要同时建立多个连接以完成数据通信。

冷连轧过程控制系统需要发送设定值数据和轧辊数据至基础自动化,同时循环接收基础自动化发送的现场实测数据和触发事件等信息,两者之间具体的通信报文如表 7.2 所示。

表 7.2　过程自动化（L2）与基础自动化（L1）之间的通信报文

报文 ID	发送方	接收方	发送时机	通信内容
100	L2	L1	循环发送,周期 1 s	L2 系统时间及通信校验
101~105	L2	L1	接到 L1 换辊请求后	1~5 机架轧辊数据
120	L2	L1	跟踪事件触发或手动	PDI 及轧机预设定数据
130	L2	L1	接收到 L1 钢卷上检查站信号	检查站钢卷卷径数据
201~205	L1	L2	L1HMI 手动请求或顺控触发	1~5 机架轧辊数据请求
210	L1	L2	循环发送,周期 200 ms	生产过程实际值数据
220	L1	L2	称重结束或换班时间触发	称重位卷重及介质信息

7.2.2　过程控制数据管理

冷连轧过程控制系统采用 Oracle 数据库实现对各控制功能数据的存储。控制系统中的数据管理功能可以分为生产计划及钢卷主数据、轧辊数据、成品数据、过程数据(现场生产实绩数据)、缺陷数据和停机数据等,如图 7.4 所示。

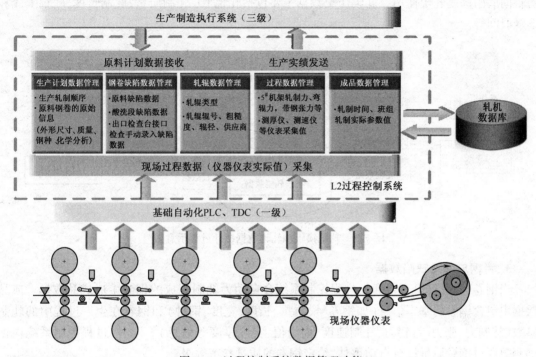

图 7.4　过程控制系统数据管理功能

1. 生产计划及钢卷主数据

生产计划和钢卷主数据由车间计划员在生产管理系统中制定,通过生产管理计算机(L3)将其下传到过程控制系统中,过程控制系统将数据保存至数据库中并根据该计划进行生产管理。若没有 L3 计算机,则操作人员可以通过过程控制系统的 HMI 手动输入生产计划和主数据。在现场应用中,将生产计划分成若干轧制批次,每个轧制批次是由一序列钢卷及其相关的钢卷主数据组成的。

钢卷主数据是设定计算和自动控制的基础,其数据结构主要包括原料钢卷的原始信息、生产要求及其他附加信息。原料钢卷的原始信息包括钢卷的外形尺寸、质量、钢种、化学成分等;生产要求数据包括带钢成品的厚度、宽度、平直度、凸度、带钢分卷数量等;其他附加信息包括合同号、上/下级处理工艺等。

为实现现场灵活生产,在钢卷进入生产线之前,操作人员可以通过 HMI 重新修改或者取消轧制批次及钢卷主数据等。

2. 轧辊数据

为保证带钢的产品质量,轧辊需要严格配对使用,轧机过程控制系统需要记录机架和轧辊的对应关系以及轧辊和轧辊的配对关系。当有新轧辊到达时,在轧机过程控制系统录入轧辊的原始数据,同时要为该对轧辊分配机架。轧辊的原始数据主要包括轧辊 ID、轧辊类型、轧辊辊径、轧辊凸度、轧辊位置、轧辊凸度、轧辊粗糙度、轧辊材质及供应商等信息。

轧机换辊和轧辊数据统计过程示意图如图 7.5 所示。在轧辊上线后,轧机过程控制系统会统计收集轧辊的工作实绩(轧辊历史数据);当轧辊下线时,这些数据将作为轧辊的生产实绩数据上传给生产管理计算机,生产管理计算机将轧辊历史数据发送给磨辊间的管理系统,供磨辊间磨削修复轧辊使用。轧辊历史数据主要包括轧辊 ID、轧制质量、轧制长度、轧辊上线和下线时间等。

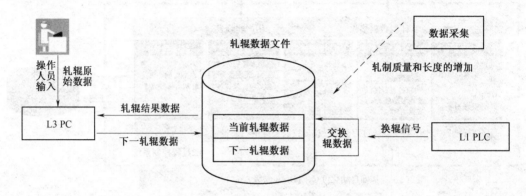

图 7.5　轧机换辊和轧辊数据统计过程示意图

3. 带钢成品及缺陷数据

当钢卷在轧机出口剪切时,过程控制系统会自动为轧制完成的钢卷生成成品数据。成品数据中包含钢卷的基本信息(如钢卷号、质量、长度、宽度、钢种)和钢卷在生产过程中的轧制参数(轧制力、张力、弯辊力、轧制速度、前滑值、实际厚度等信息)。同时,过程控制系统根据实测数据对钢卷质量进行自动评估,给定钢卷的质量参考等级。

带钢的缺陷数据可以分为热轧来料缺陷数据、酸洗段产生的缺陷数据和轧机出口检查台操作工手动录入的带钢缺陷数据三类。具体如下:

(1)生产管理系统在下发钢卷主数据时,一同传送热轧原料卷的缺陷数据。

(2)酸洗段停机超过 6 min 自动产生并记录停留在酸洗槽中带钢的缺陷数据。

(3)带钢在通过表面检查站时,操作工通过按钮确定的缺陷数据。

(4)带钢在酸洗段断带后,经过手工焊接,形成的焊缝缺陷。

(5)钢卷轧制完成后,在轧机出口检查站手动录入的钢卷表面缺陷数据。

缺陷数据通过钢卷跟踪对应到具体的带钢,并被保存到数据库中。在缺陷通过冷连轧机组时,轧机需要减速或停机以保障安全生产。

4. 现场实际数据

轧机现场实际数据为轧机仪表检测的实际值,包括各个机架的轧制力、弯辊力、轧辊速度、机架功率、带钢速度、带钢厚度、出入口张力、中间辊横移、板形测量等实际数据。基础自动化发送的过程数据首先缓存到过程控制系统跟踪模块服务中,然后跟踪模块再周期地保存到数据库中,该过程称为"趋势数据记录"。

现场实际数据一般以成品钢卷为单位进行存储,主要用于生成带钢成品数据、缺陷数据、能源介质消耗统计及产品质量数据等;另外一个重要用途是为模型自适应提供实际值,该实际值首先需要经过数据处理。用于自适应的数据分为带钢头部低速实测数据和稳态高速轧制实测数据,如图 7.6 所示。

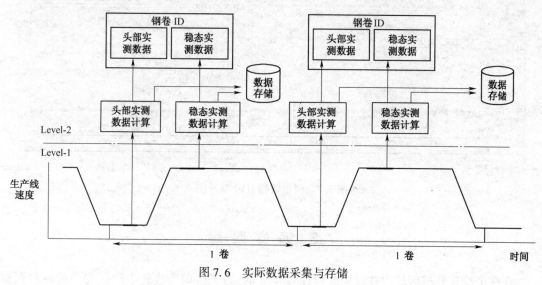

图 7.6 实际数据采集与存储

7.2.3 带钢数据同步

目前,现场人员大多是通过 PDA 系统或过程控制系统中的成品信息查看钢卷的实际轧制数据。PDA 系统提供的数据是在时间轴上的轧制实际数据,而过程控制系统中的成品数据也只能提供某一钢卷的各种轧制实际数据的平均值和最大值、最小值等信息。当需要分析成品钢卷的某一段上或是整条带钢长度上所对应的各种轧制实际值数据时,以上两个系统均不能满足生产技术要求。为了解决该问题,在过程控制系统中开发了一种冷连轧机带钢段数据(或样本数据)的同步方法,该方法可以将轧制过程中的各个机架实测数据同步到成品钢卷的长度方向上。

1. 快照段数据的建立

周期性快速采集所有实际测量值,对末架轧机每轧制若干米(如 2 m)时间段内所采集的测量值进行平均值处理,生成快照段数据数组 photo[ ]。由于冷连轧机是连续生产机组,为了使快照段数据数组 photo[ ]对应不同钢卷,当两条带钢之间的焊缝到达机架时,无论末机架出口带钢的轧制距离有多小,都要生成快照段数据数组 photo[ ]。

2. 同步段数据的建立

通过数据同步方法把快照段数据数组 photo[ ]中的实际测量数据同步到带钢段上,生成带钢段的同步数据数组 syn[ ]。带钢段的同步数据是在带钢段到达 5 机架出口飞剪时生成的,因为此时该带钢段已经过板形辊,这样带钢段同步数据中包含了完整的轧制实测信息。在段数据的同步过程中,需要通过循环比较来查找所同步的带钢段在经过不同设备时的快照段数据索引,在此过程中利用线性插值方法。

带钢数据同步是逐段完成的,当整个钢卷轧制完成后,整条带钢长度上的同步段数据也随之建立起来。此时,操作人员可以通过过程控制系统的 HMI 画面查看整条带钢沿轧制长度上的轧制数据,如图 7.7 所示。

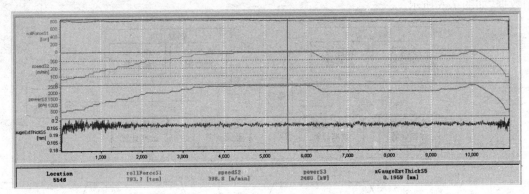

图 7.7 同步数据 HMI 显示图

7.3 钢卷跟踪

在整个冷连轧机区域内往往同时存在多卷带钢,为了协调冷连轧生产过程中的物料数据流和控制流,在任意时刻都必须明确轧机区域内钢卷所处的位置及其状态,以便提供或接收准确的数据,控制其他功能的执行,所有这些功能是由基础自动化和过程自动化中的跟踪功能协同完成的。其中,各系统分别完成不同的跟踪职能,跟踪职能划分如表 7.3 所示。

表 7.3 跟踪职能划分

序号	跟 踪 任 务	完 成 系 统
1	钢卷的物理位置跟踪	过程控制系统钢卷跟踪
2	钢卷从一个区域移动到另一区域跟踪	PLC 控制器
3	轧机内带钢段跟踪(轧制长度、头尾位置)	TDC 主令控制系统

钢卷跟踪是过程控制系统的调度,它的主要功能是根据轧机 L1 实时上传的焊缝位置、设备动作及事件信号等信息,维护从轧机入口到出口鞍座整条轧线上的钢卷物理位置、钢卷数据及带钢状态等信息,协调生产过程的顺序与节奏,并且实现带钢断带及分卷等特殊情况的处理。同时,跟踪还要根据事件信号启动其他功能模块,触发数据采集与发送、轧机设定值计算和模型自适应等功能。整个酸轧生产线涉及的主要跟踪点、触发事件及相关数据流如图 7.8 所示。

7.3.1 轧机跟踪区域划分

对于酸轧联合机组而言,当热轧原料卷移动到酸洗入口步进梁上时,就被注册到跟踪系统中,并在生产线上全过程被跟踪监视,直到成品卷从出口步进梁上吊走。

如图 7.9 所示,冷连轧机 L2 系统中将连轧机组跟踪区域划分为不同的跟踪位置。轧机 L2 钢卷跟踪功能将轧机跟踪区域划分了 14 个位置,在跟踪过程中每个钢卷只能出现在一个位置。

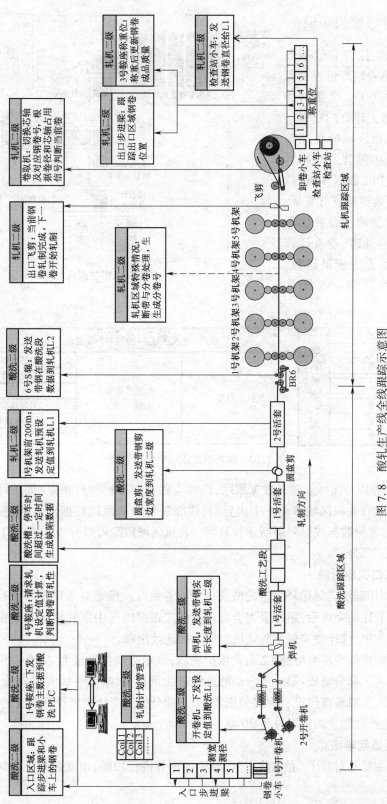

图 7.8 酸轧生产线全线跟踪示意图

7.3.2 钢卷跟踪的实现

为实现钢卷位置和数据流的自动跟踪,钢卷跟踪进程为每个跟踪位置建立了一个物料类对象,所有位置上建立的物料类对象组成了轧机区域的跟踪映像。在类对象中包含了原料卷 ID、成品卷 ID、PDI 数据、PDO 数据及轧制过程数据等成员变量,同时类对象中创建了设置钢卷生产班组、分卷处理、卷重计算及 PDO 数据填充等成员函数。酸轧机组跟踪映像示意图如图 7.10 所示。

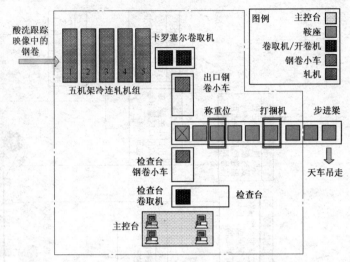

图 7.9 冷连轧机组的跟踪区域示意图

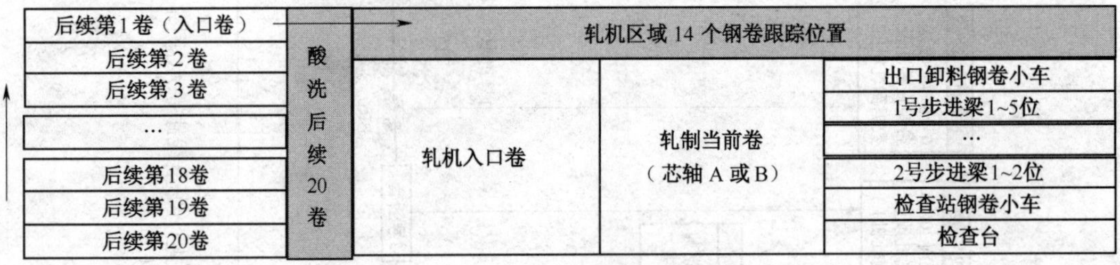

图 7.10 酸轧机组跟踪映像示意图

L2 中的钢卷跟踪实际上就是数据跟踪,跟踪进程负责维护物料映像(即跟踪区域钢卷记录指针),当钢卷在轧机区域移动一个位置时,跟踪映像内的跟踪数据随之移动一个位置,并根据 L1 上传的实测数据或信号更新钢卷数据。轧机区域跟踪可以分为轧机入口、轧机区域和轧机出口区域三部分。

1. 轧机入口钢卷跟踪

轧机 L2 利用酸洗二级循环发送的酸洗区域钢卷跟踪映像来对入口钢卷进行跟踪。当卷取位芯轴上钢卷轧制完成后,跟踪进程会自动把酸洗跟踪映像中离轧机最近的钢卷移动到轧机入口跟踪映像中,这样便实现了酸轧机组钢卷的连续跟踪。

酸洗区域的跟踪映像由酸洗 L2 负责维护更新,该跟踪映像共设有 20 个卷位。酸洗区域钢卷跟踪映像由三部分组成:第一部分是酸洗线进线钢卷,由酸洗一级实时向酸洗二级发送;第二部分是进入入口鞍座但没有焊接的钢卷;第三部分为生产计划里没有上线的钢卷,即除去前两部分,由生产计划里的钢卷补足 20 卷。

2. 轧机区域钢卷跟踪

轧机跟踪主要是对处于"卷取状态"芯轴上的钢卷进行跟踪,也就是为正在轧制的当前钢卷进行跟踪。

当 L2 接收到 L1 发送的出口剪切信号后,L2 确定卷取位芯轴上的钢卷已经轧制完成,同时下一钢卷开始进行轧制,此时跟踪功能会记录芯轴上钢卷轧制结束时间和下一钢卷的开始轧制时间。当下一钢卷的带头穿至穿带位芯轴并建立张力后,L2 会将轧机入口的钢卷移动到穿带位芯轴上;同时,还会触发"轧机入口钢卷跟踪"功能来更新轧机入口的钢卷信息。

3. 轧机出口区域跟踪

出口区域跟踪主要是对处于出口飞剪与出口鞍座之间的钢卷移动进行跟踪。芯轴上钢卷的卸卷、检查站钢卷开卷检查、钢卷小车及鞍座上钢卷移动直至吊走,这些动作及操作过程都由二级计算机通过基础自动化发送的设备动作信号进行跟踪。出口跟踪主要处理如下事件。

1)钢卷卸卷

当芯轴上钢卷卸卷完成后,L2 级根据 L1 级上传的卸卷完成信号识别该事件,同时将钢卷数据从卷取机芯轴移动到出口钢卷小车上。

2)卸卷小车移动

当卸卷小车将钢卷运输到步进梁 1 号鞍座后,L2 根据 L1 卸卷小车移动及 1 号鞍座占用信号,将钢卷数据由卸卷小车移动到 1 号鞍座。

3)钢卷上检查台

如果钢卷需要上检查台,则 L2 将钢卷由 1 号鞍座移动到检查站小车,之后钢卷由检查站小车运送到检查台的开卷机上。

4)出口步进梁移动

当检测到出口步进梁移动完成信号时,L2 识别该事件,根据步进梁前进或后退信号将出口鞍座上的钢卷数据往下游或上游传送。

5)出口鞍座钢卷吊走

当鞍座占用信号消失时,L2 识别该事件,同时删除该鞍座上的钢卷数据信息。

由于现场检测元件故障或操作工操作失误等原因,可能会造成轧机区域内的带钢跟踪错误。为此,在二级 HMI 操作画面上设置了钢卷跟踪的手动同步功能,操作人员通过该界面可以根据实际情况修正钢卷位置,如图 7.11 所示。

7.3.3　分卷或断带处理

在轧制过程中,时常需要根据用户的要求将一卷带钢剪切成两卷或两卷以上的带钢;另外,轧制过程中不可避免地会发生断带。为处理断带或分卷等特殊情况,L2 中的钢卷跟踪功能会根据 L1 发送的断带或分卷信号、焊缝位置和已轧制带钢长度等信息,来判断是否需要创建子卷。

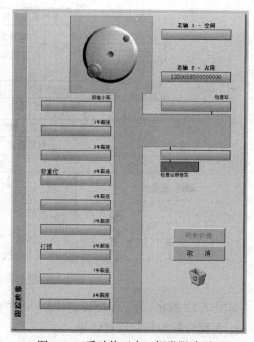

图 7.11　手动修正出口钢卷跟踪画面

当满足下面两个条件时,L2 中的轧机跟踪功能则会将芯轴上的钢卷 ID 重命名为分卷号,同时为断带后未轧制的剩余部分带钢创建新的子卷。

(1)轧制完成的长度、质量必须大于一个最小值;

(2)剩余带钢的长度、质量必须大于一个最小值。

某冷轧厂钢卷 ID 的编码管理采用 16 位,对于酸轧机组而言,仅采用前 9 位,后面位数用 0 填充(后面位数为脱脂、退火、平整或重卷等后续工艺预留)。钢卷 ID 中的第 9 位代表分卷号,用阿拉伯数字 0~9 表示,表示最多可分为 9 个子卷。

举例说明,分卷前芯轴上的钢卷 ID 为 13 S 00001 0 0000000;当第一次分卷时,钢卷跟踪功能将芯轴上的钢卷 ID 修改为 13 S 00001 1 0000000,同时为剩余部分带钢创建新的子卷号为 13 S 00001 2 0000000。依此类推,当轧制过程中该钢卷继续出现断带或分卷情况时,分卷位上的子卷号会依次累加。

7.4　模型设定系统

模型设定系统是过程控制系统的核心功能,该功能以轧制过程数学模型为基础,为冷连轧生产制定轧制工艺制度和轧制过程中的工艺参数。本节重点研究模型设定系统的功能以及设定计算执行流程等,并不涉及具体的数学模型和算法。

7.4.1　模型设定系统结构

模型设定系统的功能是为基础自动化提供合理的轧制规程和轧制过程设定参数,从而提高生产效率和产品质量。模型设定系统的功能组成如图 7.12 所示。

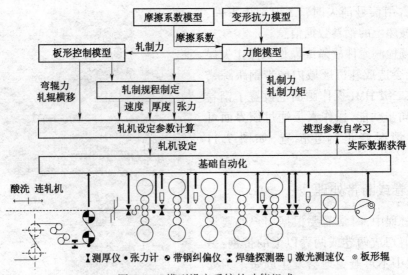

图 7.12　模型设定系统的功能组成

如图 7.12 所示,为了保证设定计算功能的实现,模型设定系统包括以下内容:

1. 负荷分配与轧制规程计算

以轧制过程的轧制力模型、轧制力矩模型、前滑模型等数学模型为依据,根据带钢 PDI 数据以及轧辊参数、电机容量限制条件、轧制负荷限制条件等设备设计参数,制定各机架负荷分配、轧制速度、机架间张力。

2. 轧机设定及控制参数计算

在制定轧制规程的基础上,计算出轧机生产过程中的设定和控制参数。涉及的设定控制参数主要包括轧制力、弯辊力、轧辊横移量、前后张力、辊缝值、功率及轧机基础自动化 AGC、FGC、AFC 等控制功能所需要的控制参数及增益系数等。

3. 模型自适应

带钢冷连轧轧制过程具有多变量、强耦合、非线性及时变性等特点,而过程控制在线数学模型由于实时性要求,一般采用的都是简化公式,加之由于检测仪表存在一定的测量误差,因此模型设定的计算值与实际值不可避免地存在误差。模型自适应是根据轧制过程的实测数据,对数学模型进行自适应,修正模型参数,减小计算值与实际值之间的偏差,保证模型计算的精度。

7.4.2 模型计算触发条件

轧机设定值计算和模型自适应都是由钢卷跟踪进程来触发的。当钢卷进入酸洗跟踪映像后,模型系统第一次为该钢卷计算设定值。随着轧制过程的进行,钢卷在生产线不同位置,模型系统根据跟踪功能的指令触发不同的设定值计算。模型设定计算的触发时机如图 7.13 所示。

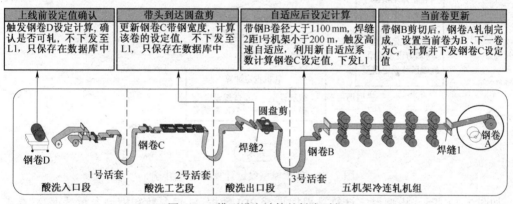

图 7.13 模型设定计算的触发时机

如图 7.13 所示,设定值计算的触发条件如下所示。

(1) 当钢卷 D 在酸洗入口步进梁完成测宽、测径后,轧机二级更新钢卷 D 的宽度、卷径,模型计算进程对钢卷 D 进行设定值预计算,判断钢卷是否可轧。

(2) 当带钢 C 的带头(焊缝 2)到达出口圆盘剪时,轧机模型根据新的宽度计算带钢 C 的设定值,计算的设定值不下发到基础自动化,只保存在数据库中。

(3) 出口剪切后,当焊缝 1 穿过 5 机架并卷取到芯轴上时,当前卷切换为 B,下一卷为 C,二级跟踪进程发送下一卷带钢 C 的设定值到基础自动化。

(4) 当焊缝 2 行进到距离第 1 机架前 200 m 时,此时会触发模型自适应功能,同时并采用更新后的自适应系数计算下一卷带钢 C 的设定值到基础自动化。

除此之外,还包括以下事件的触发:

(1) 轧机停车 5 h 后,自适应系数自动复位,重新计算并下发设定值。

（2）操作工通过画面对模型自适应系数复位后，重新计算并下发设定值。

（3）机架进行换辊或标定处理时，重新计算并下发设定值。

7.4.3 模型设定计算流程

整个模型设定计算的流程如图 7.14 所示。

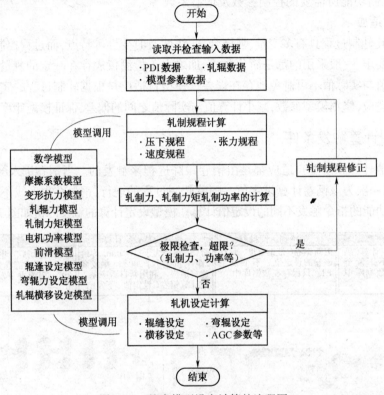

图 7.14 整个模型设定计算的流程图

如图 7.14 所示，模型设定计算是根据带钢 PDI 数据、轧辊参数和模型参数数据等，在满足工艺要求以及设备安全的前提下，制定各机架负荷分配、速度规程、张力规程等（即轧制规程）。在确定轧制规程的基础上，计算出轧制力、轧制力矩及电机功率等负荷参数，并对其进行极限检查，对于不满足要求的各项，需对轧制规程进行修正，直至满足要求。在确定轧制规程后，计算出轧机生产过程中的设定和控制参数，如弯辊力、辊缝值、AGC 增益等设定参数。

7.4.4 动态变规格设定

动态变规格 FGC(flying gauge change)是冷连轧带钢生产的一项关键技术，即在不停机的情况下实现不同规格（厚度、宽度、材质等）带钢轧制的平稳转换，该转换是通过对各个机架的辊缝、速度和机架间张力的动态调节来实现的。

每个机架的动态变规格过程分为三段完成，分别由变规格上升斜坡、变规格中间斜坡和变规格下降斜坡进行控制。在变规格区域进入机架后，当前机架参与变规格的参数设定值根据变规格上升斜坡平滑过渡至变规格中间值；在焊缝经过机架时，设定值由变规格中间斜坡控制以保持恒定;焊缝离开机架后,设定值跟随变规格下降斜坡变换至后一卷规程的设定值。动态变规格过程如图 7.15 所示。

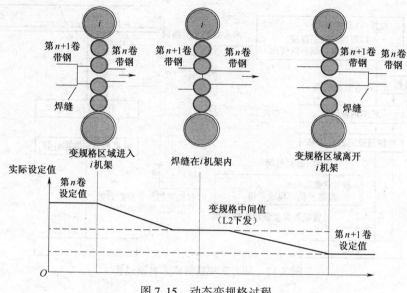

图 7.15 动态变规格过程

动态变规格设定计算的功能是根据焊缝前后钢卷的 PDI 数据判断变规格模式,分为无变规格、正常模式、困难模式和手动模式。若变规格为正常模式或困难模式,则需要为基础自动化计算变规格过程中的中间值、变规格速度和焊缝前后楔形段长度等值。动态变规格的执行流程如图 7.16 所示。

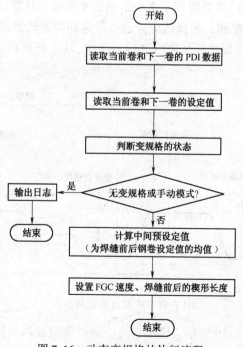

图 7.16 动态变规格的执行流程

其中,变规格模式是通过比较焊缝前后钢卷的 PDI 数据和轧机预设定数据判断的,判断过程如图 7.17 所示。

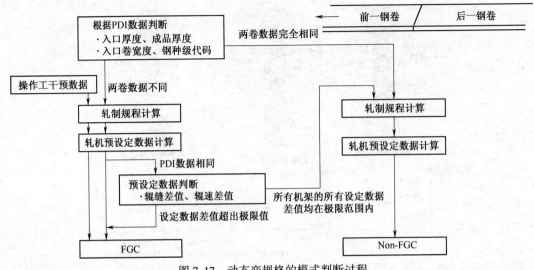

图 7.17　动态变规格的模式判断过程

7.4.5　模型自适应

模型自适应的主要功能是根据轧制过程的实测值计算模型的修正系数,将当前钢卷计算得到的模型修正系数提供给下一卷带钢,以提高下一卷的预设定值精度。在轧制每卷带钢的过程中,模型自适应计算要运行两次:第一次是在低速轧制期间;第二次是在高速稳定轧制期间。其中,高速自适应计算的结果将用于下一带钢的基本设定计算,而低速自适应的修正系数用于 FGC 的设定计算。低速和高速自适应分别在低速和高速轧制状态下执行,每种速度的自适应都是在相应速度实测数据计算结束后进行。其中,其中高速自适应采用最高速度的实测值,如图 7.18 所示。

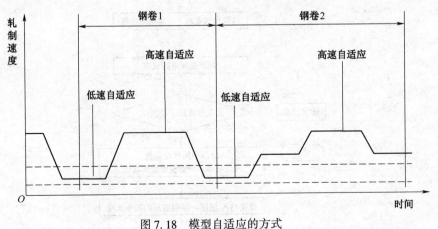

图 7.18　模型自适应的方式

自适应执行流程如图 7.19 所示。模型自适应是以实测数据为基础的,如果数据的波动幅度很大或超限,只会使模型学习的效果变坏。因此对于每次采集的数据,首先要判断数据是否合理,以确定其是否可以用于模型自适应学习。

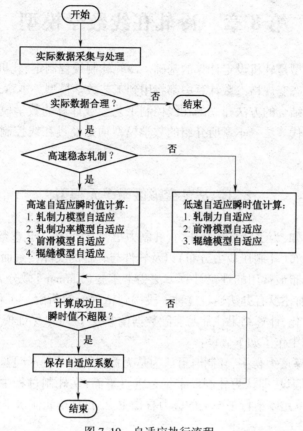

图 7.19　自适应执行流程

当判定采集的数据稳定合理时,则可以用来进行模型自适应。模型自适应通过实测值与模型计算值相比较得到自适应修正系数的瞬时值。为防止自适应系数超限,需对新修正系数进行极限检查,当超出极限值时则不对其更新,若不超限则采用指数平滑对其更新并用于下一钢卷的设定值计算。

第8章 冷轧在线数学模型

冷轧工艺数学模型是轧机设定计算的基础。冷轧轧制规程制定、轧机参数设定计算、基础自动化控制参数及动态变规格参数计算中都将用到工艺数学模型。本章介绍通过理论解析和现场测试数据回归相结合的方法建立的在线控制工艺参数计算的数学模型,给出了轧制力能参数的在线模型和迭代算法。本章所介绍的数学模型均是经过在线控制使用的实用模型,已用于生产实际控制。

8.1 冷轧变形区微单元模型

根据轧制理论可知,为了计算轧制压力、轧制力矩、中性角等工艺参数,必须确定轧材垂直压应力沿接触弧的分布(轧制压应力分布)以及轧件与轧辊的实际接触面积的水平投影。

确定单位压力分布最常用的理论计算方法为卡尔曼(Karman)微分方程。由于微分方程的求解较为复杂,目前还没有办法通过这种手段得到精确的解析解。工程中应用的在线模型大多数都经过大量简化,计算结果往往与实际数据偏差较大,难以保证模型的精度。

卡尔曼微分方程中作了如下假设:

(1)带钢宽度比厚度大得多,轧制时可认为是无宽展的平面变形问题。

(2)采用平断面假设,即认为轧制前带钢是垂直平面,在轧制过程中仍保持为垂直平面,忽略应力的影响,把单元体平行平面上的应力看作主应力,且单元体水平方向应力沿带钢高度均匀分布。

(3)轧制过程中,带钢受到轧制力、张力、摩擦力的作用发生塑性变形,遵循 Mises 屈服准则。

(4)带钢材质各向同性。

(5)轧辊圆周运动速度是均匀的。

为了解决卡尔曼微分方程难以求解的问题,在线轧制模型采用了数值积分的方法。数值积分的基本思想为:将轧件与轧辊的变形区划分为一定数量的标准单元,对微单元的变形情况进行分析,利用边界条件可逐个求出每个微单元的受力关系,从而可求出前滑和后滑区的垂直应力分布。在得到应力分布的基础上,通过对每个微单元进行累计求和,可求解出轧制力、轧制力矩、前滑值等工艺参数。

8.1.1 微单元的划分及几何参数计算

轧件变形区可以分为三部分,即入口弹性变形区、塑性变形区和出口弹性变形区。弹性变形区的工艺参数可用解析方法直接求出,而塑性变形区没有解析方法求解,因此采用数值积分方法计算塑性变形区轧制参数。

如图 8.1 所示,在利用数值积分方法求解塑性塑性变形区内垂直压应力时(单位轧制压力），沿轧件的轧制方向将塑性变形区分为 m 等份。其中，H 为入口带钢厚度；h 为出口带钢厚度；入口后滑区各微单元编号为 $j=1,\cdots,N$；出口前滑区各微单元编号为 $j=m,\cdots,N$；入口弹性区和出口弹性区微单元的编号分别定义为 0 和 $m+1$。

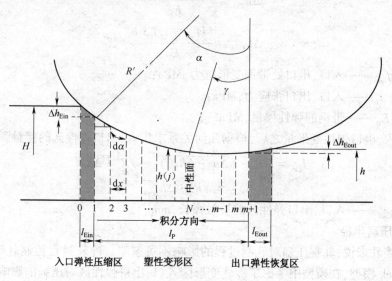

图 8.1　塑性变形区的划分

在将变形区进行划分微单元后，需要计算每个微单元的几何尺寸，包括该微单元的接触弧长、带钢的厚度、接触的角度等参数；同时还需计算咬入角、接触弧长等几何参数。

1. 塑性变形区的接触弧角

在计算轧件与轧辊塑性变形区接触弧长的每一段应力时，需要计算塑性变形区的接触弧角 α。根据几何关系可以推导出接触弧角计算公式为：

$$\alpha = \sqrt{\left(\frac{\Delta h}{R'}\right) - \frac{1}{4} \cdot \left(\frac{\Delta h}{R'}\right)^2} \tag{8.1}$$

$$\Delta h = H - h \tag{8.2}$$

式中　Δh——带钢压下量，mm；

H、h——带钢入、出口厚度，mm；

R'——轧辊的压扁半径，mm。

2. 微单元的几何参数

变形区内第 j 个微单元的厚度用平方逼近的方法近似为：

$$h(j) = h + \Delta h \cdot \left(\frac{m + 1 - j}{m}\right)^2 \tag{8.3}$$

式中　j——微单元索引号；

$h(j)$——第 j 个微单元的厚度，mm。

由于带钢的咬入角很小，可以认为轧件和轧辊的咬入角也是均分的，因此，每个微单元的接触弧角度为 $d\alpha = \dfrac{\alpha}{m}$，所以以每个微单元对应的接触弧长近似取值为 $dx = R' \cdot d\alpha$。

3. 入、出口弹性区几何参数

根据胡克定律,可以得到入、出口弹性变形区的变形量,计算公式分别为:

$$\Delta h_{Ein} = \frac{(kf_{in} - t_b) \cdot H}{E_B} \tag{8.4}$$

$$\Delta h_{Eout} = \frac{(kf_{out} - t_f) \cdot h}{E_B} \tag{8.5}$$

式中　　kf_{in}、kf_{out}——入口、出口处带钢变形抗力,MPa;

　　　　t_b、t_f——入口、出口张应力,MPa;

　　　　E_B——带钢的弹性模量,MPa。

在获得入、出口弹性变形量之后,根据几何关系求出入、出口弹性区的接触弧长分别为:

$$l_{Ein} = \sqrt{R' \cdot (\Delta h + \Delta h_{Ein})} - \sqrt{R' \cdot \Delta h} \tag{8.6}$$

$$l_{Eout} = \sqrt{R' \cdot \Delta h_{Eout}} \tag{8.7}$$

式中　　l_{Ein}、l_{Eout}——入口、出口弹性区的接触弧长,mm。

4. 轧辊压扁半径

对于冷连轧来说,轧辊压扁对轧制过程的影响不可忽略。冷轧过程控制轧辊压扁计算采用了 Hitchcock 模型,在模型中考虑了冷轧变形区入口、出口弹性区对压扁的影响,公式为:

$$R' = R \cdot \left(1 + \frac{16(1 - \nu)^2}{\pi \cdot E_W} \frac{F}{W \cdot \Delta h_{eq}}\right) \times 1\,000 \tag{8.8}$$

其中

$$\Delta h_{eq} = \left(\sqrt{\Delta h + \Delta h_{Ein}} + \sqrt{\Delta h_{Ein}}\right)^2 \tag{8.9}$$

式中　　R'——弹性压扁半径,mm;

　　　　Δh_{eq}——等效压下量,mm;

　　　　R——工作辊半径,mm;

　　　　ν——工作辊泊松比,取 0.3;

　　　　E_w——工作辊弹性模量,MPa;

　　　　W——带钢宽度,mm;

　　　　F——轧制力,kN。

8.1.2　微单元的受力分析及计算

在辊缝内的带钢以中性面为界分为前滑区和后滑区,在这两个区内带钢相对于轧辊的运动相反,所以轧辊对轧件的摩擦力方向也是相反的,在前后滑区的摩擦力方向都指向中性面。由于前后滑区受力情况不同,所以将变形区以中性面为界,分为前滑区和后滑区分别计算微单元的轧制应力。在变形区的前滑区和后滑区分别任意取一微单元进行受力分析,如图 8.2 所示。

1. 后滑区受力分析

在后滑区变形区内任取一微单元,在微单元接触弧上有轧辊对轧件的正压力(径向压力)$F_N(j)$ 和摩擦力 $F_R(j)$。其中,正压力可以分解为垂直压力 $F_W(j)$ 和水平挤压力 $F_Q(j)$。

除了轧辊对微单元的作用外,微单元还受到前后张力的作用。

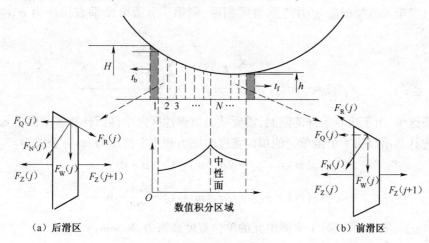

图 8.2　微单元受力分析

通过对该微单元进行受力分析,并根据 Mises 屈服条件可得后滑区第 j 个微单元垂直压应力 $\sigma_Y(j)$:

$$\sigma_Y(j) = \frac{2}{\sqrt{3}} kf(j) + \frac{\displaystyle\sum_{i=1}^{j} F_R(i) - \sum_{i=1}^{j} F_Q(i) - t_b \cdot H}{h(j)} \tag{8.10}$$

式中　$kf(j)$——第 j 微单元带钢的变形抗力,MPa;

　　　　$F_R(j)$——作用在 j 微单元的单位宽度摩擦力,N/mm;

　　　　$F_Q(j)$——作用在 j 微单元的单位宽度水平挤压力,N/mm;

　　　　t_b——带钢入口处张应力,MPa。

对于后滑区第一个微单元,可以根据入口弹性区边界条件得到单位宽度摩擦力和水平挤压力,计算公式为:

$$\begin{cases} F_R(1) = F_{Rin} + 2 \cdot \sigma_Y(0) \cdot \mu \cdot dx \\ F_Q(1) = F_{Qin} + 2 \cdot \sigma_Y(0) \cdot \left(\alpha - \dfrac{\Delta\alpha}{2}\right) \cdot dx \end{cases} \tag{8.11}$$

式中　$F_R(1)$——第 1 个微单元的单位宽度摩擦力,N/mm;

　　　　$F_Q(1)$——第 1 个微单元的单位宽度水平挤压力,N/mm;

　　　　μ——摩擦系数;

　　　　$\sigma_Y(0)$——入口侧弹性变形区的垂直压应力,MPa。

在确定后滑区第一个微单元的受力大小后,后续微单元上的 $F_R(j)$ 和 $F_Q(j)$ 可以通过外延法计算依次获得,递推公式为:

$$\begin{cases} F_R(j) = [3\sigma_Y(j-1) - \sigma_Y(j-2)] \cdot \mu \cdot dx \\ F_Q(j) = [3\sigma_Y(j-1) - \sigma_Y(j-2)] \cdot \left(\alpha - j \cdot \Delta\alpha + \dfrac{\Delta\alpha}{2}\right) \cdot dx \end{cases} (j \geqslant 2) \tag{8.12}$$

式中　$\beta(j)$——j 微单元的接触弧角。

2. 前滑区受力分析

前滑区微单元所受的摩擦力与后滑区相反,则第 j 个微单元垂直压应力 $\sigma_Y(j)$ 计算公式为:

$$\sigma_Y(j) = \frac{2}{\sqrt{3}}kf(j) + \frac{\sum_{i=1}^{j}F_R(j) + \sum_{i=1}^{j}F_Q(j) - t_f \cdot h}{h(j)} \qquad (8.13)$$

在前滑区中,由于边界条件的限制,需要从出口弹性区向中性面计算各个微单元的垂直压应力。首先计算出口第一个微单元的单位宽度摩擦力和水平挤压力,计算公式为:

$$\begin{cases} F_R(m) = F_{Rin} + 2\sigma_Y(m+1) \cdot \mu \cdot dx \\ F_Q(m) = F_{Qin} + 2\sigma_Y(m+1) \cdot \dfrac{\Delta\alpha}{2} \cdot dx \end{cases} \qquad (8.14)$$

式中 $F_R(m)$ ——前滑区第 1 个微单元的单位宽度摩擦力,N/mm;

   $F_Q(m)$ ——前滑区第 1 个微单元的单位宽度水平挤压力,N/mm。

同样,在确定前滑区第一个微单元后,前滑区后续微单元上的 $F_R(j)$ 和 $F_Q(j)$ 可以通过外延法计算依次获得,公式为:

$$\begin{cases} F_R(j) = [3\sigma_Y(j+1) - \sigma_Y(j+2)] \cdot \mu \cdot dx \\ F_Q(j) = [3\sigma_Y(j+1) - \sigma_Y(j+2)] \cdot \left(\alpha - j \cdot \Delta\alpha + \dfrac{\Delta\alpha}{2}\right) \cdot dx \end{cases} \quad j \leqslant m-1 \quad (8.15)$$

根据式(8.11)~ 式(8.15)可知,在轧制塑性变形区内,垂直压应力的分布无法直接直接计算,只能在求出轧机入口和出口的边界条件后依次求得。

8.1.3 边界条件的求解

通过对入口、出口弹性变形区的受力分析,可以得到入口、出口弹性变形区的垂直压应力:

$$\sigma_Y(0) = (kf_{in} - t_b) + \frac{F_{Qin} - F_{Rin}}{H} \qquad (8.16)$$

$$\sigma_Y(m+1) = (kf_{out} - t_f) + \frac{F_{Qout} - F_{Rout}}{h} \qquad (8.17)$$

其中,根据胡克定律,可以得到入口、出口弹性区的水平挤压力:

$$F_{Qin} = (kf_{in} - t_b) \cdot \Delta h_{Ein} \qquad (8.18)$$

$$F_{Qout} = \frac{1}{4} \cdot (kf_{out} - t_f) \cdot \Delta h_{Eout} \qquad (8.19)$$

入口、出口弹性区的单位宽度摩擦力为:

$$F_{Rin} = \mu \cdot (kf_{in} - t_b) \cdot l_{Ein} \qquad (8.20)$$

$$F_{Rout} = \frac{4}{3} \cdot \mu \cdot (kf_{out} - t_f) \cdot l_{Eout} \qquad (8.21)$$

8.1.4　前滑值的计算

1. 中性角的计算

中性角是确定变形区轧件金属相对于轧辊运动的一个重要参数,也是计算前滑值的前提条件。由于中性角 γ 不能确保出现在某一微单元的边界点上,可能是出现在前后滑区最后计算的微单元区间内,为减小计算误差,可以利用前、后滑区垂直应力(主应力)曲线相交的原理求得其大小。

如图 8.3 所示,设前后滑区最后计算的微单元编号为 N,则中性角在微单元 N 和微单元 $(N+1)$ 对应的角度之间。为进一步消除划分微单元的影响,求解时可采用线性插值法。

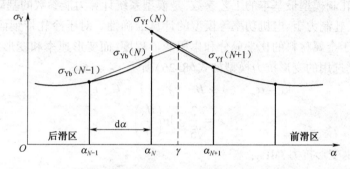

图 8.3　插值法计算中性角的示意图

如图 8.3 所示,在后滑区中,将靠近中性面的微单元 $(N-1)$ 和 N 之间的垂直应力曲线用直线表示,其斜率 K_0 可以表示为:

$$K_0 = \frac{\sigma_{Yb}(N) - \sigma_{Yb}(N-1)}{\mathrm{d}\alpha} \tag{8.22}$$

式中　$\sigma_{Yb}(N-1)$、$\sigma_{Yb}(N)$ ——后滑区第 $(N-1)$ 和第 N 个微单元的垂直压应力,MPa。

同理,前滑区内中性面附件微单元 N 和 $(N+1)$ 之间的垂直应力曲线也用直线表示,其斜率 K_1 为:

$$K_1 = \frac{\sigma_{Yf}(N) - \sigma_{Yf}(N+1)}{\mathrm{d}\alpha} \tag{8.23}$$

式中　$\sigma_{Yf}(N)$、$\sigma_{Yf}(N+1)$ ——前滑区第 N 个和第 $(N+1)$ 个微单元的垂直压应力,MPa。

如图 8.3 所示,两条直线交点所对应的角度即为中性角,大小为:

$$\gamma = \alpha - \left(N - \frac{1}{2}\right) \cdot \mathrm{d}\alpha - \frac{\sigma_{Yf}(N) - \sigma_{Yb}(N)}{K_0 + K_1} \tag{8.24}$$

2. 前滑模型

前滑值用轧辊出口断面上轧件和轧辊速度的相对差值的百分率来表示,该值是冷连轧机组速度制定和厚度控制的基础。由于在轧制时存在前滑和后滑现象,这种现象使轧件的出口速度与轧辊的圆周速度不一致,在轧制规程制定时,设定的是带钢的出口速度,但是在计算轧制功率时采用的是轧辊线速度,因此需要利用前滑值对两者进行转换。

按照秒流量不变条件,变形区出口断面金属的秒流量应等于中性面处金属的秒流量,据此可推导出计算前滑值的公式为：

$$fs = \frac{\Delta h}{h}\left(\frac{\gamma}{\alpha}\right)^2 \times 100\% \tag{8.25}$$

式中 fs——前滑值,%。

8.2 变形抗力与摩擦系数模型

8.2.1 变形抗力模型

变形抗力是轧制模型最基本的工艺参数,是模型系统计算力能参数的基础,它的计算精度直接影响轧制力、轧制力矩、电机功率等模型的计算准确性。对于冷轧带钢而言,变形抗力 kf 的大小主要取决于金属材料的化学成分和累积变形程度,而变形速率和变形温度对变形抗力的影响较小,因此选用的变形抗力模型如式(8.26)所示:

$$kf = \sigma_0 \cdot (A + B \cdot \varepsilon) \cdot (1 - C \cdot e^{-D \cdot \varepsilon}) \tag{8.26}$$

$$\varepsilon = \frac{2}{\sqrt{3}} \cdot \ln\left(\frac{H_0}{h}\right) \tag{8.27}$$

式中 kf——带钢变形抗力,MPa;

ε ——带钢的真应变;

H_0 ——原料厚度,mm;

h——机架出口厚度,mm;

σ_0 ——变形抗力自适应系数,该参数在寻优过程中得到修正;

A、B、C、D——钢种相关的变形抗力模型常数,常数的大小取决于带钢的化学成分。

在对变形区进行受力分析时,需要用到入口弹性区、塑性变形区各微单元体及出口弹性区的变形抗力值。在计算时,只需将变形区各单元相应的 ε 代入,就可得到该单元的变形抗力 kf_{in}、$kf(j)$ 或 kf_{out}。

不同钢种的材料加工硬化程度在轧制过程中表现出不同的特性,某冷轧薄板厂五机架冷连轧机组模型中的典型钢种变形抗力曲线如图 8.4 所示。

8.2.2 摩擦系数模型

摩擦系数的计算结果将直接影响轧制力和前滑的计算。摩擦系数是反应摩擦程度的参数,轧辊与轧件之间的摩擦因数主要与工艺润滑乳化剂的润滑特性、轧制速度、轧辊表面状态以及轧辊材质等因素有关。综合考虑以上因素并加入摩擦系数修正项,建立摩擦系数模型为:

$$\mu = (\mu_0 + d\mu_v \cdot e^{\frac{v_R}{v_0}}) \cdot [1 + c_R \cdot (R_a - R_{a0})] \cdot \left(1 + \frac{c_W}{1 + L/L_0}\right) + \Delta\mu \tag{8.28}$$

式中 μ ——摩擦系数;

μ_0 ——与润滑特性相关的摩擦系数基准值;

$d\mu_v$ ——与速度相关的摩擦系数变化量;

v_R ——工作辊线速度,m/s;

v_0 ——轧制速度基准值,m/s;

c_R ——工作辊粗糙度相关系数;

R_a ——轧工作辊粗糙度,μm;

R_{a0} ——工作辊粗糙度基准值,μm;

c_W ——工作辊磨损相关系数;

L ——工作辊轧制带钢的累积长度,m;

L_0 ——工作辊轧制带钢长度基准值,m;

$\Delta\mu$ ——摩擦系数自适应值,用于修正难于量化的影响因素。

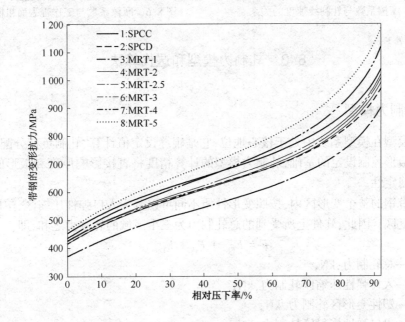

图 8.4　典型钢种变形抗力曲线

　　图 8.5 所示为轧辊原始表面粗糙度为 0.6 μm、轧辊轧制长度为 0 m 时,在乳化液润滑条件下的摩擦系数与轧制速度的关系。从图中可以看出,在乳化液润滑条件下,随着轧制速度的提高,摩擦系数降低。这是由于随着轧制速度增加,变形区内乳化液油膜厚度增加,润滑效果增加,从而使摩擦系数降低。

　　图 8.6 所示为轧制速度为 10.0 m/s、轧辊轧制长度为 0 m 时,在乳化液润滑条件下的摩擦系数与工作辊表面粗糙度的关系。从图 8.6 中可以看出,在乳化液润滑条件下,摩擦系数随着工作辊表面粗糙度的增加而线性增加。

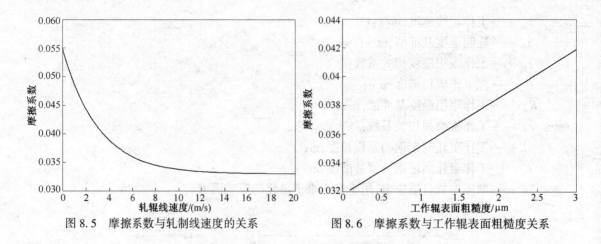

图 8.5　摩擦系数与轧制线速度的关系　　　图 8.6　摩擦系数与工作辊表面粗糙度关系

8.3　轧制力模型和迭代算法

8.3.1　轧制力模型

轧制力模型在模型系统中处于核心地位,它是辊缝设定值计算、轧制负荷分配、AGC 增益系数计算及板形控制设定的基础,轧制力模型的计算精度将直接影响厚度和板形的控制质量以及生产的稳定性。

在冷轧带钢的整个变形区内,按照变形性质不同可以分为入口弹性压缩区、塑性变形区和出口弹性恢复区。因此,轧件上所受到的总轧制力为三个区域的轧制力之和,即:

$$F = F_{Ein} + F_P + F_{Eout} \tag{8.29}$$

式中　　F——总轧制力,kN;

　　F_{Ein}——入口弹性压缩区轧制力,kN;

　　F_P——塑性变形区轧制力,kN;

　　F_{Eout}——出口弹性恢复区轧制力,kN。

在塑性变形区内将各个微单元上的轧制力求和,就可以得到使带钢发生塑性变形的轧制力,计算公式为:

$$F_P = \frac{1}{1\,000} \times \Big(\sum_{j=1}^{m} \sigma_Y(j) \Big) \cdot W \cdot \mathrm{d}x \tag{8.30}$$

根据胡克定律,入口弹性区的轧制力为:

$$F_{Ein} = \frac{1}{1\,000} \times \frac{1}{2} \times \sigma_Y(0) \cdot l_{Ein} \cdot W \tag{8.31}$$

出口弹性区的轧制力为:

$$F_{Eout} = \frac{1}{1\,000} \times \frac{2}{3} \times \sigma_Y(m+1) \cdot l_{Eout} \cdot W \tag{8.32}$$

8.3.2　轧制力和轧辊压扁半径的解耦算法

在轧制变形区内,轧制力与轧辊的弹性压扁相互耦合,互为求解条件,只能采用迭代方式数值求解轧制力。迭代计算的流程是首先通过给定的轧辊压扁半径初始值计算轧制力,然后用所求得的轧制力重新计算轧辊压扁半径;如此反复计算,直到计算的轧制力满足一定精度时,停止迭代。其中,计算塑性区轧制力时采用数值积分方法,后滑区和前滑区分别由轧机的入口和出口向轧制变形区内计算,在计算过程中根据垂直压应力峰值对应的微单元位置,可以确定中性角和前滑值。轧制力模型在线计算流程如图 8.7 所示。

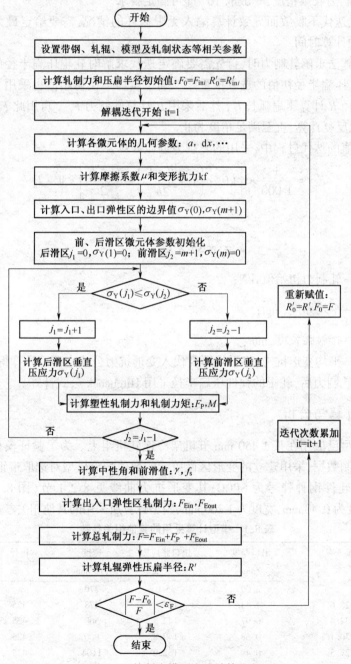

图 8.7　轧制力模型在线计算流程

轧制力迭代计算终止的条件为:

$$\left| \frac{F - F_0}{F} \right| < \varepsilon_F \tag{8.33}$$

式中 F——当前迭代计算的轧制力,kN;

　　　F_0——上次迭代计算的轧制力,kN;

　　　ε_F——轧制力收敛精度,一般取 10^{-3} 即可满足要求。

同时,为防止迭代不收敛而导致计算陷入无限循环的情况,需要给定最大的迭代循环次数,以保证模型的计算时间。

在采用迭代算法求解轧制力时,首先需要确定迭代求解时轧辊压扁半径的初始值。为了使迭代快速收敛,压扁半径初值的选取很重要。确定压扁半径初始值也采用了迭代算法。首先以轧辊初始半径 R 计算压扁弧长 l_b,然后采用 l_b 计算轧制力 F_{ini},再用此 F_{ini} 来计算轧辊压扁半径 R'_{ini},如此反复计算,直至满足精度为止。

在计算初始值的迭代过程中,采用的轧制力近似计算公式为:

$$F_{ini} = \frac{1}{1\,000} \times \left[kf_m \cdot \left(1 + \frac{\mu \cdot l_b}{2h_m} \right) - \frac{t_f + t_b}{2} \right] \cdot W \cdot l_b \tag{8.34}$$

其中

$$l_b = \sqrt{\Delta h \times R'_{ini} - \frac{\Delta h^2}{4}} \tag{8.35}$$

式中 F_{ini}——轧制力初始值,kN;

$h_m = \dfrac{H + 2h}{3}$——平均厚度,mm;

　　　l_b——接触弧长度,mm;

　　　kf_m——平均变形抗力,将平均厚度代入变形抗力公式中即可计算得到,MPa。

在确定初始轧制力后,轧辊的弹性压扁半径采用 Hitchcock 公式计算。

8.3.3　实例计算与分析

该轧制力模型已应用在某 1 450 mm 五机架冷连轧机组上。为了验证模型的准确性和分析变形区内的轧制数据,采用建立的变形区微单元的数值积分模型对选取带钢进行了计算。

计算选取的轧件钢种牌号为 SPCC,其变形抗力曲线见 8.2.1 节(图 8.4);来料厚度为 2.0 mm,成品厚度为 0.40 mm,宽度为 1 200 mm,模型计算所采用的其他相关参数如表 8.1 所示。

表 8.1　模型计算采用的其他相关参数

机架	压下率 /%	出口厚度 /mm	出口张应力 /MPa	速度 /(m/min)	辊径 /mm	轧辊粗糙度 /μm
入口		2.00	55.0	270		
1	28.6	1.43	127.8	378	425	0.90
2	32.4	0.97	142.3	560	425	0.92
3	30.1	0.68	149.8	800	425	0.68
4	27.5	0.49	152.0	1104	425	0.64
5	18.2	0.40	60.0	1350	425	0.52

利用微单元模型对上述算例进行计算,得到的计算结果如表 8.2 所示。从表 8.2 中数据可以看出:在轧辊粗糙度近似的情况下,随着轧制速度的增加摩擦系数减小;由于冷轧带钢严重的加工硬化,轧辊产生了明显的弹性压扁,使接触弧长增加,且随着加工硬化的累加,轧辊压扁半径也随之增加;入口、出口弹性区的轧制力都随着轧制的进行而增加,其中出口区弹性轧制力较大;通过与实测轧制力对比可知,各机架轧制力计算误差较小,均控制在±4%以内。通过以上分析可知,建立的轧制模型是合理的,且具有较高精度。

表 8.2　轧制力模型的计算结果

机架	摩擦系数	压扁半径/mm	接触弧长/mm	前滑/%	入口弹性力/kN	出口弹性力/kN	计算轧制力/kN	实测轧制力/kN	误差/%
1	0.069	270	12.5	4.28	8	304	9394	9125	-2.95
2	0.054	283	11.5	2.81	10	314	9286	9492	2.17
3	0.044	317	9.6	2.66	11	323	8759	8516	-2.85
4	0.035	366	8.3	2.53	13	337	8328	8619	3.38
5	0.021	453	6.4	0.25	18	439	6752	6545	-3.16

利用微单元模型进行轧制力计算时,在程序中将轧制变形区分为了 20 个微单元。五机架冷连轧中 1 号~4 号机架的轧制压力沿接触弧的分布计算结果如图 8.8 所示,轧制方向为从左到右,即坐标的原点表示轧制变形区入口。

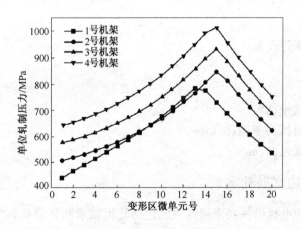

图 8.8　单位轧制压力沿接触弧的分布

根据图 8.8 中的计算结果可以看出,随着带钢向出口方向轧制,轧制压应力缓慢增加,在中性点的位置,轧制压应力增加到峰值,随后在过中性面之后轧制压应力逐渐减小。随着轧制的进行,带钢经过 1 号机架至 4 号机架的轧制,带钢厚度越来越薄,带钢的变形抗力随着轧制过程的进行越来越大,带钢发生塑性变形时所承受的弹性力越来越大,同时轧制压应力也就越来越大。

8.4 轧制力矩与电机功率模型

轧制力矩和电机功率是验证轧机主电机能力和传动机构强度的重要参数,同时也是轧制规程设定所必需的工艺参数。

8.4.1 轧制力矩模型

在变形区内,由轧制力所产生的力矩为所有微单元对轧辊产生的力矩之和,计算公式为:

$$M_R = \frac{1}{10^6} \times 2 \times W \cdot R \cdot \sum_{j=1}^{m} \left[\sigma_Y(j) \cdot \left(\alpha - j \cdot \Delta\alpha + \frac{\Delta\alpha}{2} \right) \cdot \mathrm{d}x \right] \tag{8.36}$$

式中 M_R ——由轧制力所产生的力矩, $kN \cdot m$ 。

轧件在水平方向上受到前后张力的作用,因此总的力矩还应该包括前后张力产生的力矩。其中,后张力力矩使轧制力矩增大,而前张力力矩使轧制力矩减小。因此,考虑张力力矩后的轧制力矩为:

$$M = M_R + \frac{1}{10^6} \times (t_b H - t_f h) \cdot R \cdot W \tag{8.37}$$

式中 M ——总轧制力矩, $kN \cdot m$ 。

8.4.2 电机功率模型

在稳定轧制时,电机的输出功率除了轧制功率外,还包括摩擦功率、轧机空转功率等机械功率损耗,即:

$$P = P_R + P_L \tag{8.38}$$

其中,轧制功率的计算公式为:

$$P_R = M \cdot \frac{v_R}{R} \tag{8.39}$$

式中 P_R ——轧制功率,kW;

   P_L ——电机机械功率损耗,kW;

   v_R ——轧辊线速度,m/s。

8.4.3 电机机械功率损耗测试

在稳速时,轧机的电机机械功率损耗主要包括轧辊轴承和传动机构等设备由于摩擦产生的摩擦功率损耗以及轧辊空转时所消耗的功率。轧机在空载压靠转动时,轧制力矩为零,因此可以认为在该状态时电机的输出功率即为损失功率。

电机机械功率损耗主要与轧辊转速和轧制力有关,采用的模型结构为:

$$P_L = a_P + V_r \cdot (b_P + c_P \cdot F) \tag{8.40}$$

式中 V_r ——工作辊轧辊转速,rad/s;

   a_P ——机械功率损耗回归模型中的常数项,kW;

   b_P ——机械功率损耗模型参数,kW/(rad/s);

c_P——轧制力相关机械功率损耗系数，kW/[（rad/s）/kN]。

根据式（8.40）可知，在轧机的空载压靠过程中，采集实际测量的不同轧辊转速、不同轧制力以及相应状态下的电机输出功率（即电机机械功率损耗），通过对采集的数据进行回归则可以获得模型中的系数 a_P、b_P 和 c_P。

基于上述分析，机械功率损耗的测试方案设计为：首先使轧机在一定速度下进行空压靠，使轧辊压力逐步增加，记录在该速度下测量的不同轧制力及相应的电机输出功率；之后，分别设置不同速度重复上述的压靠过程。由于模型计算的电机功率为稳速时的功率，因此在进行模型回归时需要剔除掉加减速过程状态下所采集的数据。

依据上面的方法，对某 1 450 mm 五机架冷连轧的电机机械功率损耗进行了测试并拟合出了机械功率损耗模型参数。图 8.9 给出了第 3 机架在空压靠情况下的电机功率测试及数据拟合情况，该机架的机械功率损耗的回归模型为：

$$P_\mathrm{L} = -14.181\ 4 + v_\mathrm{r} \cdot (4.418\ 1 + 0.000\ 441\ 46 \cdot F) \tag{8.41}$$

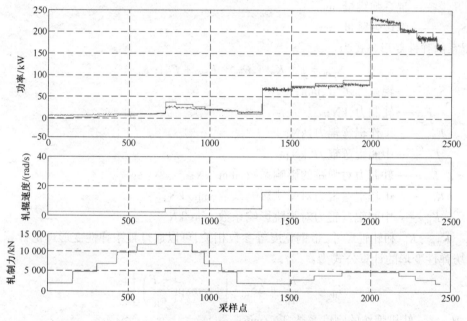

图 8.9　电机机械功率损耗测量结果

8.5　轧机弹跳与辊缝设定模型

轧机弹跳与辊缝设定模型是厚控系统中的基本模型，其精度直接影响着辊缝设定及带钢出口厚度软测量的精度。目前，常用的弹跳模型一般通过压靠法或轧板法得到的弹跳曲线来确定轧机弹跳值，并仅对带钢宽度影响项进行补偿，而轧辊尺寸和弯辊力等因素对弹跳的影响在传统模型中没有得到体现。

在实际生产中，由于轧辊参数、带钢宽度及弯辊力等因素会实时发生变化，并且现场轧制工况与压靠工况有很大不同，因此传统的弹跳模型中因未充分考虑影响弹跳的各因素而具有一定的局限性。针对传统轧机弹跳模型中未充分考虑影响辊系弹跳各影响因素、计算精度低的缺陷,开发了一种理论计算与轧辊压靠法相结合的轧机弹跳计算模型。

8.5.1 轧机弹跳模型

在轧机弹性变形中,轧机牌坊和其他机械部件的刚度特性在制造安装后基本不会发生变化,其弹性变形仅仅与轧制力的大小有关;而辊系的弹性变形包括轧辊挠曲及辊间压扁等,在板带生产过程中,辊系的弹性变形会随着轧辊辊径、带钢宽度和轧制力等生产条件的变化而发生改变。因此,模型中将轧机的弹跳分为辊系弹性变形及牌坊和其他零件的弹性变形分别计算。

轧机总弹跳的计算模型为:

$$S_{Total} = S_{Roll} + S_{House} \tag{8.42}$$

式中　S_{Total}——轧机的总弹跳,mm;

　　　S_{Roll}——辊系弹跳量,mm;

　　　S_{House}——牌坊弹跳量,mm。

其中,辊系的弹性变形公式为:

$$S_{Roll} = F \cdot K_R + F_{Wb} \cdot K_{Wb} + F_{Ib} \cdot K_{Ib} \tag{8.43}$$

式中　　　S_{Roll}——辊系弹跳量,mm;

　　　　　F——轧制力,kN;

　　　　　F_{Wb}——工作辊弯辊力,kN;

　　　　　F_{Ib}——中间辊弯辊力,kN;

　　　　　K_R——轧制力对弹跳的影响系数,mm/kN;

　　　　　K_{Wb}——工作辊弯辊力对弹跳影响系数,mm/kN;

　　　　　K_{Ib}——中间辊弯辊力对弹跳影响系数,mm/kN。

K_R、K_{Wb}、K_{Ib}和轧辊尺寸、带钢宽度等参数相关,可以通过辊系弹性变形理论计算。

牌坊弹性变形的计算公式为:

$$S_{House} = \frac{F}{M_H} + \Delta S_H \cdot \left[1 - \exp\left(\frac{-F}{a_H}\right) \right] \tag{8.44}$$

式中　M_H——轧机牌坊的刚度系数,kN/mm;

　　　ΔS_H、a_H——牌坊弹跳模型参数。

M_H、ΔS_H和a_H通过现场刚度测试数据回归获得。

8.5.2 轧机刚度系数测试

牌坊及相关机械部分弹性变形的理论计算非常复杂,且很难保证计算精度。同时,考虑到轧机牌坊和其他机械部件的刚度特性在制造安装后基本不会发生变化,因此确定牌坊弹跳模型中的系数可以通过轧辊全长压靠法来获得。

在轧辊压靠过程中,通过数据采集系统详细记录轧制力、弯辊力及对应的辊缝值,对辊缝值进行简单处理便可以获得不同轧制力下的轧机弹跳。该轧机弹跳值既包含了牌坊和相关机械部分的弹性变形,又包括了辊系的弹性变形。其中,辊系的弹性变形可以采用式(8.43)计算得到,将总的轧机弹跳值减去辊系弹性变形,可以得到轧机牌坊和其他机械部件的弹跳曲线。在获得轧机牌坊弹跳曲线的基础上,可对牌坊弹跳系数进行拟合。

图 8.10 为某 1 450 mm 五机架冷连轧机组第 5 机架进行刚度测试时的轧制力和辊缝变化的原始采样数据。在轧机空载压靠过程中,轧制力从零增加到 17 000 kN 之后再到减小至零,在压靠时轧机速度保持在 100 m/min,工作辊正弯辊力为 30 t,中间辊正弯辊力为 34 t,数据的采样周期为 200 ms。

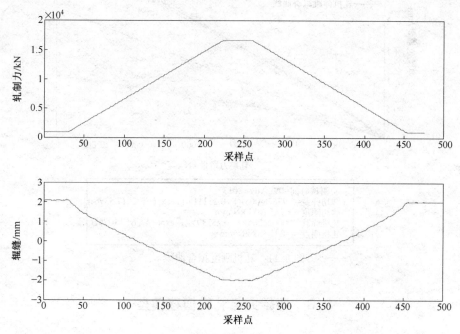

图 8.10　轧制力和辊缝变化曲线

在弹跳曲线的回归过程中,首先将某一轧制力和该轧制力下的辊缝值作为基准值,选取大于该轧制力基准值的数据并将其与基准值作差,则可以得到相对于基准值的轧制力增量和相应的辊缝增量;之后,将总的辊缝增量除去辊系弹跳的增量值即为牌坊的弹跳增量。在获得轧制力增量和相应牌坊弹跳增量后,便可通过最小二乘法回归牌坊弹性变形中的系数。

图 8.11 给出了某 1 450 mm 冷连轧机组第 5 机架轧机和牌坊的弹跳实测值和回归模型的拟合结果,回归得到该机架的轧机牌坊的刚度约为 16 700 kN/mm,根据最小二乘法得到轧机牌坊的弹跳曲线回归模型为:

$$S_{\text{House}} = \frac{F}{16\ 733} + 0.252 \cdot \left[1 - \exp\left(\frac{-F}{2\ 617}\right) \right] \tag{8.45}$$

8.5.3　辊缝设定模型

辊缝设定模型描述的是辊缝与出口厚度之间的关系,采用以下模型进行计算:

$$S = h - (S_{\text{Total}} - S_{\text{Zero}}) + C_{\text{S}} \tag{8.46}$$

式中　S ——轧机辊缝设定,mm;

　　　h ——机架出口带钢厚度,mm;

S_{Total} ——轧机总弹跳量(包括轧辊弹跳量和牌坊弹跳量),mm;

S_{Zero} ——调零轧制力下的弹跳量,mm;

C_S ——辊缝修正系数。

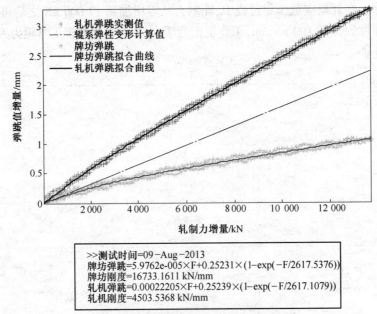

>>测试时间=09−Aug−2013
牌坊弹跳=5.9762e-005×F+0.25231×(1−exp(−F/2617.5376))
牌坊刚度=16733.1611 kN/mm
轧机弹跳=0.00022205×F+0.25239×(1−exp(−F/2617.1079))
轧机刚度=4503.5368 kN/mm

图 8.11　轧机刚度拟合曲线

8.6　弯辊力与轧辊横移模型

8.6.1　弯辊力设定模型

影响弯辊力的因素很多,理论研究和对大量的数据进行分析均表明,影响弯辊力的主要因素包括轧制力、带钢宽度、机架压下量、带钢凸度、轧辊直径和轧辊凸度等。根据综合分析,建立用于冷连轧机组的弯辊力设定的回归模型为:

$$F_b = k_0 + k_1 \cdot W + k_2 \cdot F + k_3 \cdot F \cdot W + k_4 \cdot F/W + k_5 \cdot D_w + k_6 \cdot D_I + k_7 \cdot D_b + \cdots +$$
$$k_8 \cdot C_w + k_9 \cdot C_g + k_{10} \cdot \Delta h \tag{8.47}$$

式中　F ——弯辊力预设定值,kN;

　　　W ——带钢宽度,mm;

　　　D_w ——工作辊直径,mm;

　　　D_I ——中间辊直径,mm;

　　　D_b ——支撑辊直径,mm;

　　　C_g ——目标凸度;μm;

　　　Δh ——机架压下量,mm;

$k_0 \sim k_{10}$ ——系数,由现场实测数据确定。

由于中间辊弯辊力和工作辊弯辊力的影响因素是相同的,因此中间辊弯辊力和工作辊弯辊力的设定模型具有相同的表达形式,只是模型系数不同。

8.6.2 轧辊横移设定模型

中间辊轧辊横移技术是为了更好地控制板形和减小带钢的边部减薄,横移量的大小主要与来料带钢的宽度和中间辊辊面长度有关,设定模型如式(8.48)所示:

$$L_{shift} = (L_{IR} - W)/2 - \Delta - \eta \tag{8.48}$$

式中　　L_{shift} ——中间辊横移量,mm;

　　　　L_{IR} ——中间辊辊面长度,mm;

　　　　w ——带钢宽度,mm;

　　　　Δ ——中间辊端部距带钢边部的距离,mm;

　　　　η ——中间辊倒角的宽度,mm。

第9章　模型自适应与轧制规程优化

在冷轧过程控制系统中,设定模型的计算精度决定了控制系统精度,直接影响产品的质量和经济效益。在实际的轧制过程中,由于轧制条件和来料状况不断变化,轧制模型并不能对轧制过程进行完全精确描述,同时模型在推导过程中作了大量假设,因此设定值和实际值之间往往存在差异。为此,需要利用在线检测的实际数据对模型进行自适应以提高模型精度。

轧制规程的制定是冷连轧过程控制系统的主要内容,是轧制工艺原理在冷轧过程中的主要体现方式。轧制规程对于产品的质量、产量、成本以及生产安全、工艺控制精度等均有着重大的影响。合理的轧制规程既可提高冷轧带钢的生产率、降低能耗,又能保证产品的质量,提高工艺控制精度。制定轧制规程的中心问题是合理分配各机架的压下量、确定各机架实际轧出厚度,即负荷分配。常用的压下负荷分配策略主要为比例负荷分配系数法和目标优化法两类。

本章介绍了模型自适应原理和执行流程,并介绍了一种根据实测数据动态调整增益系数的方法;同时,介绍了可提高冷轧轧制力模型的计算精度的基于目标函数的变形抗力和摩擦系数寻优方法。此外,本章还简要介绍了采用负荷分配系数法确定轧制规程的原理和流程;并针对负荷分配法在确定轧制规程需要首先指定负荷分配比且无法进行负荷分配在线优化的缺点,给出了一种轧制规程的多目标优化方法。

9.1　模型自适应的原理

9.1.1　模型自适应算法

模型自适应是以实际测量数据为基础,利用轧制过程的实际测量值代入模型方程中,通过比较工艺参数模型设定值与实测值的偏差来获得模型修正系数,并用于下次预设定的计算以适应轧制状态的变化,使控制模型逐步求精,从而减少由于过程状态变化所带来的误差,使冷连轧模型设定系统获得更高的设定精度。

自适应学习算法主要包括增长记忆递推回归法、渐消记忆递推回归法、指数平滑法等。目前在线模型自适应计算通常采用指数平滑法进行修正。对于冷连轧轧制过程而言,通常需要对轧制力、轧制功率、前滑及辊缝等模型进行自适应。将工艺模型的形式表示为:

$$y = f(k_1 x_1, k_2 x_2, \cdots, k_m x_m) \tag{9.1}$$

式中　　　　　　y——模型预测量;

$x_1, x_2, \cdots, x_m$——模型中的自变量;

$k_1, k_2, \cdots, k_m$——自变量对 y 的作用程度。

通过在式中添加一个自适应系数 β 来修正计算精度,一般有两种方法:

(1)加法形式,此时的模型形式为:

$$y = f(k_1 x_1, k_2 x_2, \cdots, k_m x_m) + \beta \tag{9.2}$$

（2）乘法形式，此时的模型形式为：

$$y = \beta \cdot f(k_1 x_1, k_2 x_2, \cdots, k_m x_m) \tag{9.3}$$

如式（9.2）和式（9.3）所示，在模型中把模型参数 k_1，k_2，$\cdots$，k_m 看作表示系统特性的固有的量而取定值，系统状态的变化用式中的常数项 β 来反应，即当系统的状态发生变化时，可以对模型中的系数 β 作适当的修正计算以适应系统特性的变化。设在第 n 次计算时，模型计算值（预报值）为 $\hat{y}_n$，实测值为 y_n^*，若使残差为零，即 $\hat{y}_n = y_n^*$，那么第 n 次自适应系数的瞬时值 β_n 为：

$$\beta_n^* = y_n^* - \hat{y}_n$$

或

$$\beta_n^* = \frac{y_n^*}{\hat{y}_n}$$

指数平滑法的具体做法是将包括本次（第 n 次）在内的以前各次自适应项的瞬时值取其加权平均值，作为下次（第 $n+1$ 次）预报用模型的自适应项。对 β_{n+1} 项的递推公式为：

$$\beta_{n+1} = \alpha \beta_n^* + (1 - \alpha) \beta_n \tag{9.4}$$

式中　α ——平滑系数或增益系数，$0 \leqslant \alpha \leqslant 1$。

增益系数 α 反映了对瞬时值 β_n^* 的利用程度，α 值太大将引起预报值的"振荡"，使预报值忽高忽低，α 值太小将使预报值逼近目标值的速度减慢，如图 9.1 所示。

确定轧制力自适应增益系数的一般方法是根据模型修正系数变化趋势和预设定精度情况选取一个比较合适的值，使得修正系数既能快速逼近目标，又不会产生大的波动。但是，由于在冷连轧生产过程中会出现诸如测量值异常或是轧制状态不稳定等各种状况，很难确定出一个常数去适应轧制过程中可能出现的状况。针对该问题，本节介绍了一种根据实测数据的可信度动态调整增益系数的方法。关于可信度及各模型自适应中增益系数的计算公式将在后面小节中介绍。

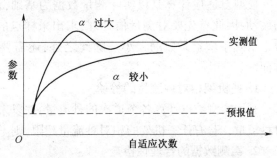

图 9.1　增益系数对自适应过程的影响

9.1.2　模型自适应的类型

冷连轧过程控制中的数学模型自适应根据速度可以分为低速自适应和高速自适应两种类型，不同速度下的自适应使用相应速度下的实测数据。

对于全连续冷连轧而言，每卷带钢的轧制都包含了带头穿带轧制、稳定高速轧制、降速运行及带尾剪切低速运行等过程。在每卷带钢的轧制过程中，模型自适应中的低速和高速自适应各运行一次。其中，一卷带钢的低速自适应采用低速轧制的带钢头部数据计算确定；而高速自适应采用高速稳定轧制时数据计算获得，如果在同一钢卷内出现几个因加减速造成的速度台阶，则采用最高速时的实际数据，如图 9.2 所示。

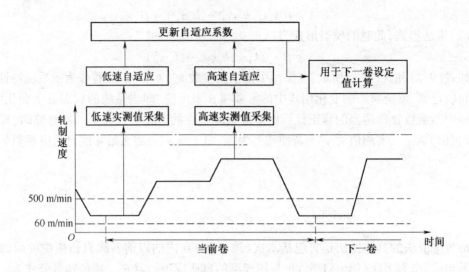

图 9.2　冷连轧模型自适应的方式

9.1.3　模型自适应流程

模型自适应计算是以实际测量数据为基础,而在轧制过程中的各种干扰会引起测量值的波动,因此首先要对测量值处理,求出采样点的平均值,并计算均方差和可信度以决定指数平滑式中增益系数的大小。除此之外,还需要进行自适应条件判断,主要考虑了如下三方面。

1. 各机架相对秒流量的检验

利用实测数据计算各个道次的秒流量,并以末机架的出口秒流量为基准,计算各道次的相对秒流量。若有任一机架的相对秒流量超限,则不再执行本次模型自适应。

2. 实测数据的合理性检查

为避免实测数据的异常而造成错误的模型自适应,需对各测量值及其可信度进行极限检查及限定,主要包括各机架的出入口厚度和张力、前滑值、轧制力、轧制力矩、轧辊线速度等参数。若任一测量值或其可信度超限,则不再采用本次数据进行模型自适应。

3. 轧制速度的检查

若实测数据检验均为合理值,则继续对轧制速度进行极限检查;当加速度超出极限或速度低于相应速度时,则不会执行模型自适应。

当上述所有条件均满足时,则判定该组数据是稳定合理的,可以用来进行模型自适应。在执行模型自适应时,首先需要计算自适应修正系数的瞬时值;在求出实测数据的等效可信度及增益系数后,便可采用指数平滑法计算新的模型自适应系数。为防止自适应系数超限,最后需对新修正系数进行极限检查,当超出极限值时则不对其更新,执行的流程如图 9.3 所示。

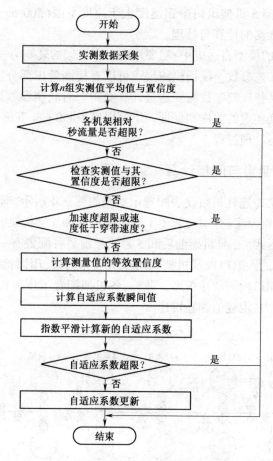

图 9.3　轧制模型自适应流程

9.2　实测数据的计算与处理

实测数据计算与处理的主要功能是对基础自动化循环发送的数据(采样周期为 200 ms)进行采集、判断,并对送到缓冲区内的数据进行处理(计算均值和可信度),处理后的计算结果将提供给数学模型自适应使用。在整个带钢轧制过程中,实际数据计算是由带钢跟踪进程以带钢所处的不同状态作为触发事件,通过事件触发而执行的。采集处理的数据可分为头部数据和稳态高速数据。

1. 头部数据

头部数据是指带钢头部在低速轧制过程中所采集的数据。当事件"带钢绕上卷取机"触发,并且 5 号机架出口带钢速度在速度限幅范围内时(60~500 m/min)时,触发头部数据的计算与处理。

2. 稳定高速数据

稳定高速数据是指在带钢处于最高速度轧制时所采集处理的数据。在这个状态下,轧机一般处于最好的轧制条件,此时所采集的数据是最理想的生产实际数据,也是用于模型高速自适应的最好参考数据。当5机架出口带钢速度大于速度下限(500 m/min)且"轧线速度稳定后5 s"时,即触发稳定数据的计算与处理。

在冷连轧过程控制的模型自适应中,需要用到各个机架的轧制力、前滑值、电机功率、出入口厚度、出入口张力等工艺参数。现场检测仪表可以直接测量出部分实测值传给过程自动化供模型自适应使用,而某些轧制参数需要通过计算获得。对轧制参数进行精确的测量及正确处理,是模型自适应精确实现的前提和保证。下面以某1 450 mm五机架冷连轧机组为例说明实测数据的测量、计算与处理过程。

9.2.1 实测数据的测量与间接计算

某1 450 mm五机架冷连轧机组仪表配置示意图如图9.4所示。轧机配置有5套X射线测厚仪用以精确检测带钢厚度,分别安装于1号机架前后和5号机架前后,其中5号机架后为两套,采用一用一备的形式。2号机架前后和5号机架前后各配置有一台激光测速仪,用以精确检测带钢速度。轧机的入出口以及机架间均配置有张力计,用以检测带钢张力。5号机架后配置有一台板形仪,用以检测产品板形。此外,各机架配置了压力传感器、位置传感器及编码器等仪表以测量轧制力、辊缝值和轧辊速度。

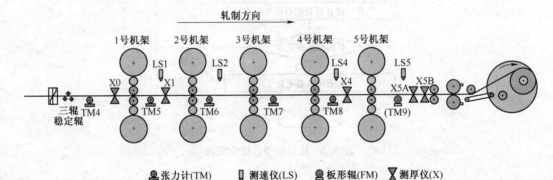

图9.4 五机架冷连轧机组仪表配置示意图

1. 轧制力实际值

总轧制力为操作侧和传动侧轧制力测量值的和,为了准确地获取作用于带钢上的轧制力,需清除辊缝质量(平衡力)、弯辊力等对轧制力的干扰。经过补偿计算后的轧制力如式(9.5)所示:

$$F_i = F_{os,i} + F_{ds,i} - F_{os,cal,i} - F_{ds,cal,i} - \frac{F_{bnd,i}}{2} \tag{9.5}$$

式中 F_i——前总轧制力,kN;

$F_{os,cal,i}$——操作侧轧制力补偿量,kN;

$F_{ds,cal,i}$——传动侧轧制力补偿量,kN;

$F_{bnd,i}$——总弯辊力,kN。

2. 辊缝实际值

各机架的辊缝测量实际数据为操作侧辊缝测量值和传动侧辊缝测量值的平均值,结合辊缝零位补偿量计算可得到辊缝计算公式为：

$$S_i = \frac{(S_{ds,i} - S_{ds,cal,i}) + (S_{os,i} - S_{os,cal,i})}{2} \tag{9.6}$$

式中　S_i——辊缝实际值,mm;

　　　$S_{ds,i}$——传动侧位置传感器检测值,mm;

　　　$S_{ds,cal,i}$——传动侧辊缝零位补偿值,mm;

　　　$S_{os,i}$——操作侧位置传感器检测值,mm;

　　　$S_{os,cal,i}$——操作侧辊缝零位补偿值,mm。

3. 带钢厚度实际值

1 号机架入出口和 5 号机架入出口的带钢厚度均可通过测厚仪直接检测,而其他机架间的带钢厚度根据秒流量恒定原理间接计算得到。为了防止因测厚仪损坏或故障等引起的厚度检测不准确,采用秒流量计算值对测厚仪的测量值进行监控,取两者中合理的值。

出口厚度的秒流量计算值的计算原理为:将上游机架的出口厚度实际值跟踪至当前机架,并结合当前的机架入出口带钢速度实际值,依据秒流量恒定原理对当前的机架出口厚度实际值进行计算,当机架前无测厚仪时如式(9.7)所示:

$$h_{MF,i} = \frac{h_{MF,shift,i-1} \cdot v_{strip,i-1}}{v_{strip,i}} \tag{9.7}$$

式中　$h_{MF,i}$——第 i 机架出口厚度计算值,mm;

　　　$h_{MF,shift,i-1}$——第 i-1 机架的出口厚度跟踪值,mm;

　　　$v_{strip,i-1}$——第 i-1 机架后带钢速度实际值,m/s;

　　　$v_{strip,i}$——第 i 机架后带钢速度实际值,m/s。

若机架前设置有测厚仪,在用秒流量恒定原理计算带钢厚度时,需要对测厚仪检测厚度进行验证,表达式如式(9.8)所示:

$$h_{MF,i} = \begin{cases} \dfrac{h_{X,shift,i-1} \cdot v_{strip,i-1}}{v_{strip,i}} & 当\,|h_{MF,i-1} - h_{X,shift,i-1}| < h_{thld,i} \\[3mm] \dfrac{h_{MF,shift,i-1} \cdot v_{strip,i-1}}{v_{strip,i}} & 当\,|h_{MF,i-1} - h_{X,shift,i-1}| > h_{thld,i} \end{cases} \tag{9.8}$$

式中　$h_{X,shift,i-1}$——机架前设置有测厚仪的第 i 机架前测厚仪检测厚度跟踪值,mm;

　　　$h_{thld,i}$——出口厚度计算有效阈值,mm。

4. 速度实际值

2 号机架前后和 5 号机架前后的带钢速度可用以采用激光测速仪精确检测。同时,系统根据主传动系统反馈的转速结合当前前滑值间接计算带钢速度。在设置有激光测速仪的机架间,直接测量的带钢速度与间接计算的带钢速度实时比较,并取二者中更合理的值。

其中,未设置有激光测速仪的机架间带钢速度实际值如式(9.9)所示。

$$v_{strip,c,i} = \pi \cdot D_{w,i} \cdot v_{r,i} \cdot fs_i \tag{9.9}$$

式中　$v_{strip,c,i}$——第 i 机架后带钢速度,m/s;

　　　$D_{w,i}$——第 i 机架的工作辊直径(上下辊直径平均值),mm;

　　　$v_{r,i}$——第 i 机架的转速,rad/s;

fs_i ——第 i 机架的前滑值。

当机架间设置有激光测速仪时,机架间带钢速度实际值计算公式为:

$$v_{strip,1,i} = \begin{cases} v_{ls,i} & \text{当 } |v_{strip,c,i} - v_{ls,i}| < v_{thld,i} \\ \pi \cdot D_{w,i} \cdot v_{r,i} \cdot fs_i & \text{当 } |v_{strip,c,i} - v_{ls,i}| > v_{thld,i} \end{cases} \tag{9.10}$$

式中　$v_{strip,1,i}$ ——设置有激光测速仪的第 i 机架后带钢速度,m/s;

　　　$v_{ls,i}$ ——第 i 机架后激光测速仪的测量值,m/s;

　　　$v_{thld,i}$ ——速度计算有效阈值,m/s。

5. 张力实际值

在轧机的入口、机架间以及出口均设置了张力计,分别用于测量各机架出入口的实际张力,机架间张力的如式(9.11)所示。

$$T_i = T_{os,i} + T_{ds,i} + T_{ang,i} \tag{9.11}$$

式中　T_i ——第 i 机架后张力实际值,kN;

　　　$T_{os,i}$ ——第 i 机架后张力计操作侧压头检测值,kN;

　　　$T_{ds,i}$ ——第 i 机架后张力计传动侧压头检测值,kN;

　　　$T_{ang,i}$ ——第 i 机架后张力计包角补偿,kN。

6. 电机功率实际值

轧机主电机功率通过实测数据中的主电机电流和主电机磁通量计算,计算公式为:

$$P_i = P_{N,i} \times \frac{\dfrac{1\,000 \times v_{r,i}}{\pi \cdot D_{W,i}} \times a_i}{N_{base,i}} \times \frac{\Phi_i}{1\,024} \times \frac{I_i}{1\,024} \tag{9.12}$$

式中　$P_{N,i}$ ——第 i 机架的额定功率,kW;

　　　$v_{r,i}$ ——第 i 机架的轧辊线速度,m/s;

　　　$D_{W,i}$ ——第 i 机架的工作辊直径,mm;

　　　$N_{base,i}$ ——第 i 机架的电机额定转速,r/s;

　　　Φ_i ——第 i 机架主电机磁通量测量实际数据;

　　　I_i ——第 i 机架主电机电流测量实际数据。

7. 前滑实际值

前滑值根据带钢速度测量实际数据和轧辊速度测量实际数据计算。根据前滑值定义,前滑实际值计算公式为:

$$fs_i = \left(\frac{v_{strip,i}}{v_{R,i}} - 1 \right) \times 100\% \tag{9.13}$$

式中　$v_{strip,i}$ ——第 i 机架出口带钢速度实测数据,m/s;

　　　$v_{R,i}$ ——轧辊速度,m/s。

9.2.2　测量值可信度的计算

由于轧制过程中的种种原因(如来料波动、测量元件偏差或仪表损坏等),现场采集的测量值存在干扰,为此采用数理统计方法计算所收集测量值的可信度。若可信度超出规定范围,则认为该测量值不可靠,不能提供给自适应计算。

每个测量值的可信度计算方法都是相同的,其原理是根据概率论中的 t 分布(又称学生氏分布)的特性计算的,下面给出具体计算公式。

设采样 m 组实测数据 $x_1, x_2, \cdots, x_m$,则平均值 $\bar{x}$ 为:

$$\bar{x} = \frac{\sum\limits_{i=1}^{m} x_i}{m} \tag{9.14}$$

测量值的方差无偏估计 $\hat{\sigma}$ (标准偏差)的计算公式为:

$$\hat{\sigma} = \sqrt{\frac{1}{m-1}\left[\sum_{i=1}^{m} x_i^2 - \frac{1}{m}\left(\sum_{i=1}^{m} x_i\right)^2\right]} \tag{9.15}$$

t 分布可信度的计算公式为:

$$CI = \frac{1}{\bar{x}} \times T_s \times \frac{\hat{\sigma}}{\sqrt{n}} \tag{9.16}$$

式中　CI——测量值的可信度;

　　　T_s——t 分布的双侧分位数,它是测量值出错率和测量次数的函数。

9.3　模型公式自适应

模型公式自适应的目的是消除设定值和实测值之间的差异,通常的做法是在模型公式乘上或加上一个系数,使得由模型公式求得的值乘上或加上该系数后接近实测值,这种方法称为公式自适应。当计算出实测数据的平均值和可信度,且对数据进行合理性检验后,便可采用实测数据对轧制力、轧制功率、辊缝及前滑等数学模型进行公式自适应,如图 9.5 所示。

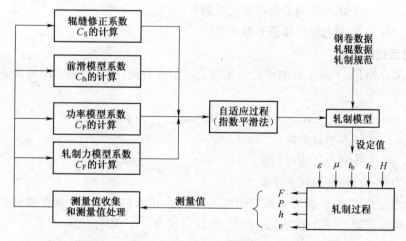

图 9.5　模型公式的自适应

9.3.1　轧制力模型自适应

轧制力模型自适应的原理是根据实际轧制过程中的工况条件,在获得各机架出入口厚度、出入口张力、带钢速度等参数实测值的基础上,对轧制力重新进行模型计算,通过将轧制力模型计算值与轧制过程中的实测轧制力的对比得到新的轧制力模型修正系数。

1. 轧制力模型自适应系数的计算

将在线轧制力模型的隐函数关系按如式(9.17)表示：

$$F_{\text{mdl},i} = f_{\text{F}}(h_{\text{meas,in},i}, h_{\text{meas,out},i}, W, T_{\text{meas,in},i}, T_{\text{meas,out},i}, \mu_{\text{mdl},i}, kf_{\text{mdl},i}, D_i) \tag{9.17}$$

式中　　　　$F_{\text{mdl},i}$——将各实测值代入模型求得的第 i 机架轧制力；

$h_{\text{meas,in},i}$、$h_{\text{meas,out},i}$——第 i 机架的实际入口、出口厚度；

$T_{\text{meas,in},i}$、$T_{\text{meas,out},i}$——第 i 机架的实测入口、出口张应力；

$\mu_{\text{mdl},i}$——实际工况下模型计算的摩擦系数；

$kf_{\text{mdl},i}$——实际工况下模型计算出的带钢变形抗力。

轧制力模型采用乘法自适应，将轧制力实测值 $F_{\text{meas},i}$ 与模型计算轧制力 $F_{\text{mdl},i}$ 对比，即可求出轧制力模型自适应修正系数计算值：

$$C_{\text{cal,F},i} = \frac{F_{\text{meas},i}}{F_{\text{mdl},i}} \tag{9.18}$$

式中　　$F_{\text{meas},i}$——轧制力实测值；

$F_{\text{mdl},i}$——轧制力模型计算值；

$C_{\text{cal,F},i}$——轧制力模型自适应修正系数计算值。

对轧制力模型自适应修正系数计算值进行极限检，若不超限则采用指数平滑法求得下次模型计算所需的自适应修正系数为：

$$C_{\text{next,F},i} = (1 - \alpha_{\text{CF},i}) \cdot C_{\text{old,F},i} + \alpha_{\text{CF},i} \cdot C_{\text{cal,F},i} \tag{9.19}$$

式中　　$C_{\text{next,F},i}$——下次用轧制力模型自适应修正系数；

$C_{\text{cal,F},i}$——计算所得轧制力模型修正系数；

$C_{\text{old,F},i}$——上次用轧制力模型修正系数；

$\alpha_{\text{CF},i}$——轧制力模型修正系数平滑因子。

2. 平滑系数的确定

前面已经介绍到，平滑系数的确定与实测值可信度有关，建立轧制力模型自适应增益系数的计算公式为：

$$\alpha_{\text{CF},i} = \alpha_{0,\text{CF},i} \cdot (1 - CI_{\text{total,CF},i} \cdot \beta_{\text{CF},i}) \tag{9.20}$$

式中　　$\alpha_{0,\text{CF},i}$——基本增益系数；

$CI_{\text{total,CF},i}$——轧制力总的可信度；

$\beta_{\text{CF},i}$——可信度的权重系数。

由轧制力公式可知，轧制力与机架的出入口厚度、出入口张力等轧制参数有关，因此，计算总的轧制力可信度需要综合考虑上述因素，计算公式为：

$$CI_{\text{total,CF},i} = \text{CI}_{\text{F},i} + \gamma_{\text{h},i} \cdot (\text{CI}_{\text{hin},i} + \text{CI}_{\text{hout},i}) + \gamma_{\text{T},i} \cdot (\text{CI}_{\text{Tin},i} + \text{CI}_{\text{Tout},i}) \tag{9.21}$$

式中　　　　$\text{CI}_{\text{F},i}$——轧制力测量值的可信度；

$\gamma_{\text{h},i}$、$\gamma_{\text{T},i}$——厚度和张力可信度的权重系数；

$\text{CI}_{\text{hin},i}$、$\text{CI}_{\text{hout},i}$——入口、出口厚度测量值的可信度；

$\text{CI}_{\text{Tin},i}$、$\text{CI}_{\text{Tout},i}$——入口、出口张应力测量值的可信度。

9.3.2 轧制功率模型自适应

对于冷连轧机而言,电机功率在轧制规程制定中起着重要作用。无论采用何种方式进行轧制规程的制定,都需要计算电机功率并检查其是否超限。电机功率取决于轧制力矩和轧辊速度,当电机功率超限时,需调整轧制的最高速度。因此,从某种意义上来说,电机功率的计算精度将直接决定着轧机的生产速度。

轧制功率模型自适应只在高速时学习,功率自适应系数根据计算的实际轧制功率和模型计算轧制功率进行计算。

1. 实际轧制功率的计算

通过式(9.12)计算得到的实际功率为总的电机输出功率,在稳定轧制时,该功率除轧制功率外,还包括摩擦功率、轧机空转功率等机械功率损耗。其中,轧制功率是根据理论模型计算得到的,本节所提及的功率自适应仅针对于轧制功率理论模型,因此首先需要计算出实际的轧制功率。

根据第8.4.3节中给出的功率模型可知,实际机械功率损耗可根据现场测得回归模型计算,计算公式为:

$$P_{\text{act,L},i} = a_{\text{P},i} + V_{\text{meas,r},i} \cdot (b_{\text{P},i} + c_{\text{P},i} \cdot F_{\text{meas},i}) \tag{9.22}$$

式中 $P_{\text{act,L},i}$ ——实际机械功率损耗;

$a_{\text{P},i}$、$b_{\text{P},i}$ 和 $c_{\text{P},i}$ ——各个机架的机械功率损耗相关参数,根据现场数据回归获得;

$V_{\text{meas,r},i}$ ——轧机转速;

$F_{\text{meas},i}$ ——实测轧制力。

在计算出实际的机械功率损耗后,便可获得实际的轧制功率:

$$P_{\text{meas,R},i} = P_{\text{meas,total},i} - P_{\text{act,L},i} \tag{9.23}$$

式中 $P_{\text{meas,R},i}$ ——实际轧制功率计算值;

$P_{\text{meas,total},i}$ ——总的电机输出功率。

2. 轧制功率模型自适应系数的计算

轧制功率自适应采用乘法自适应,将轧制功率实测值与模型计算轧制功率对比,即可求出轧制功率模型自适应修正系数计算值:

$$C_{\text{cal,P},i} = \frac{P_{\text{meas,R},i}}{P_{\text{mdl,R},i}} \tag{9.24}$$

式中 $P_{\text{meas,R},i}$ ——轧制功率实际值;

$P_{\text{mdl,R},i}$ ——轧制功率模型计算值;

$C_{\text{cal,P},i}$ ——轧制功率模型自适应修正系数计算值。

极限检查合格后,采用指数平滑法求得下次模型计算所需的自适应修正系数为:

$$C_{\text{next,P},i} = (1 - \alpha_{\text{CP},i}) \cdot C_{\text{old,P},i} + \alpha_{\text{CP},i} \cdot C_{\text{cal,P},i} \tag{9.25}$$

式中 $C_{\text{next,P},i}$ ——下次用于轧制功率计算的模型自适应系数;

$C_{\text{old,P},i}$ ——上次用轧制功率模型自适应系数;

$\alpha_{\text{CP},i}$ ——轧制功率模型指数平滑因子。

3. 增益系数的确定

轧制功率模型自适应增益系数的计算公式为：

$$\alpha_{\text{CP},i} = \alpha_{0,\text{CP},i} \cdot (1 - \text{CI}_{\text{total},\text{CP},i} \cdot \beta_{\text{CP},i}) \tag{9.26}$$

式中　$\alpha_{0,\text{CP},i}$——基本增益系数；

　　　$\text{CI}_{\text{total},\text{CP},i}$——功率总的可信度；

　　　$\beta_{\text{CP},i}$——可信度的权重系数。

在计算轧制功率总的可信度时，主要考虑了厚度、张力和轧制速度等影响因素，计算公式为：

$$\text{CI}_{\text{total},\text{CP},i} = \text{CI}_{\text{P},i} + \gamma_{\text{h},i} \cdot (\text{CI}_{\text{hin},i} + \text{CI}_{\text{hout},i}) + \gamma_{\text{T},i} \cdot (\text{CI}_{\text{Tin},i} + \text{CI}_{\text{Tout},i}) + CI_{V,i} \tag{9.27}$$

式中　$\text{CI}_{\text{P},i}$——轧制功率测量值的可信度。

9.3.3　辊缝设定模型自适应

辊缝自适应的目的是通过实测辊缝值和辊缝设定模型的比较来获得辊缝位置补偿值，以提高辊缝设定模型或厚度计模型的计算精度。辊缝模型在高速和低速时都进行自适应修正。

1. 辊缝位置修正值的计算

轧机辊缝自适应采用加法自适应，将辊缝实测值与根据弹跳方程计算的辊缝值对比，即可求出辊缝模型自适应修正系数计算值：

$$C_{\text{cal},\text{S},i} = S_{\text{meas},i} - S_{\text{mdl},i} \tag{9.28}$$

式中　$C_{\text{cal},\text{S},i}$——辊缝位置补偿的计算值；

　　　$S_{\text{meas},i}$——辊缝实测值；

　　　$S_{\text{mdl},i}$——将实测的轧制力、带钢厚度等参数代入辊缝模型得到的辊缝模型计算值。

辊缝位置补偿值计算结束后，需进行有效性检验，在辊缝位置补偿计算值有效的情况下，按指数平滑法计算辊缝位置补偿值更新值：

$$C_{\text{next},\text{S},i} = (1 - \alpha_{\text{CS},i}) \cdot C_{\text{old},\text{S},i} + \alpha_{\text{CS},i} \cdot C_{\text{cal},\text{S},i} \tag{9.29}$$

式中　$C_{\text{next},\text{S},i}$——下次用于辊缝设定值计算的自适应系数；

　　　$C_{\text{old},\text{S},i}$——上次用辊缝模型自适应系数；

　　　$\alpha_{\text{CS},i}$——辊缝模型自适应指数平滑因子。

2. 增益系数的确定

辊缝模型自适应中的指数平滑增益系数的计算公式为：

$$\alpha_{\text{CS},i} = \alpha_{0,\text{CS},i} \cdot (1 - \text{CI}_{\text{total},\text{CS},i} \cdot \beta_{\text{CS},i}) \tag{9.30}$$

式中　$\alpha_{0,\text{CS},i}$——基本增益系数；

　　　$\text{CI}_{\text{total},\text{CS},i}$——辊缝总的可信度；

　　　$\beta_{\text{CS},i}$——可信度的权重系数。

在计算辊缝总的可信度时，主要考虑了出口厚度、轧制力和轧制速度等影响因素，计算公式为：

$$\text{CI}_{\text{total},\text{CS},i} = \text{CI}_{\text{S},i} + \text{CI}_{\text{hout},i} + \text{CI}_{\text{F},i} + \text{CI}_{V,i} \tag{9.31}$$

式中　$\text{CI}_{\text{S},i}$——辊缝测量值的可信度。

9.3.4　前滑模型自适应

前滑值描述的是带钢速度和轧辊线速度之间的相对关系,是计算秒流量的重要参数。若前滑值的精度不高,则会造成金属秒流量失调,会瞬间引起张力的波动,从而导致整个机组轧制状态的变化。通过激光测速仪测量的带钢速度和编码器测定的轧辊速度可以间接计算出实际前滑值,通过该值可对前滑模型进行修正。前滑模型在高速和低速时都进行自适应修正。

1. 前滑修正系数的计算

前滑自适应采用加法自适应,将计算的前滑实测值与间接计算出实际前滑值对比,即可求出前滑自适应修正系数计算值:

$$C_{\mathrm{cal,fs},i} = \mathrm{fs}_{\mathrm{meas},i} - \mathrm{fs}_{\mathrm{mdl},i} \tag{9.32}$$

式中　$C_{\mathrm{cal,fs},i}$——前滑修正系数的计算值;

　　$\mathrm{fs}_{\mathrm{meas},i}$——通过间接计算得到的前滑实际值,通过实测的带钢速度和轧辊速度计算得到;

　　$\mathrm{fs}_{\mathrm{mdl},i}$——前滑模型计算值,根据实际数据通过前滑模型方程计算得到。

前滑修正系数计算结束后,需进行有效性检验,在前滑修正计算值有效的情况下,按平滑指数法计算前滑修正系数的更新值:

$$C_{\mathrm{next,fs},i} = (1 - \alpha_{\mathrm{Cfs},i}) \cdot C_{\mathrm{old,fs},i} + \alpha_{\mathrm{Cfs},i} \cdot C_{\mathrm{cal,fs},i} \tag{9.33}$$

式中　$C_{\mathrm{next,fs},i}$——下次用于前滑计算的自适应系数;

　　$C_{\mathrm{old,fs},i}$——上次用前滑模型自适应系数;

　　$\alpha_{\mathrm{Cfs},i}$——前滑模型自适应指数平滑因子。

2. 增益系数的确定

前滑模型自适应中的指数平滑增益系数的计算公式为:

$$\alpha_{\mathrm{Cfs},i} = \alpha_{0,\mathrm{Cfs},i} \times (1 - \mathrm{CI}_{\mathrm{total,Cfs},i} \times \beta_{\mathrm{Cfs},i}) \tag{9.34}$$

式中　$\alpha_{0,\mathrm{Cfs},i}$——基本增益系数;

　　$\mathrm{CI}_{\mathrm{total,Cfs},i}$——前滑总的可信度;

　　$\beta_{\mathrm{Cfs},i}$——可信度的权重系数。

在计算前滑总的可信度时,主要考虑了机架出入口厚度和张力等影响因素,计算公式为:

$$\mathrm{CI}_{\mathrm{total,Cfs},i} = \mathrm{CI}_{\mathrm{fs},i} + \gamma_{h,i}(\mathrm{CI}_{\mathrm{hin},i} + \mathrm{CI}_{\mathrm{hout},i}) + \gamma_{\mathrm{T},i} \cdot (\mathrm{CI}_{\mathrm{Tin},i} + \mathrm{CI}_{\mathrm{Tout},i}) \tag{9.35}$$

式中　$\mathrm{CI}_{\mathrm{fs},i}$——前滑实际值的可信度。

9.4　模型参数的自适应

轧制力模型中的综合参数自适应,不是通过自适应系数对模型公式本身进行修正,而是通过提高影响轧制力设定值主要因素的计算精度来提高轧制力模型设定精度。经过分析可知,在轧制力模型中,带钢变形抗力以及摩擦系数的准确性是影响轧制力模型计算精度的主要因素,而带钢变形抗力以及轧辊和轧件之间的摩擦系数无法通过在线仪表精确测量;同时,由于实际轧制过程中的摩擦系数和变形抗力受到多种因素的影响,因此需要对这两个参数进行自适应来提高模型的精度。

许多研究人员提出了不同的模型参数自适应方法来提高轧制力预报精度。有人提出利用前滑实际值和轧制力实测值对摩擦系数和变形抗力进行解耦,可同时求得摩擦系数和变形抗力的后计算实际值进而执行参数自适应,该算法不适于数值积分形式的轧制力模型;有人提出基于改进的自适应遗传算法,对平均变形抗力和摩擦系数进行寻优,得出满足实际轧制力精度的平均变形抗力和摩擦系数,之后通过指数平滑法更新参数系数,但是遗传算法不适于在线应用。针对上述问题,为提高冷轧轧制力模型精度为目标,介绍一种基于目标函数的轧制力模型参数自适应方法。

9.4.1 模型参数自适应的方案设计

1. 原理与执行流程

由于在轧制过程中这两个参数无法直接测量,而每个轧机都安装轧制力测量仪表,因此,可以在获得各机架实测轧制力的基础上,将带钢变形抗力和摩擦系数作为变量带入轧制力模型中,通过对这两个变量进行修正使轧制力模型公式计算值与实测值相匹配。

基于上述原理,设计了一种基于目标函数的变形抗力和摩擦系数寻优方法。该方法的基本思想是将追求的目标(模型计算轧制力匹配实测轧制力)表示成数学模型形式(即目标函数),将变形抗力和摩擦系数模型自适应系数作为变量,然后采用合适的算法获得最优解以使目标函数值最小,此时即可获得变形抗力和摩擦系数的模型自适应系数。

如图9.6所示,本节提出的轧制力模型参数自适应方法主要包括两个阶段。

(1)采用变形抗力和摩擦系数的自适应系数初始值,将实测值代入模型中计算轧制力,并比较计算轧制力与实测轧制力。

(2)通过优化算法,不断调整自适应系数 σ_0 和 $\Delta\mu_i$,以使目标函数值最小。

2. 轧制力模型参数自适应目标函数

轧制力参数自适应的目标是使各机架的模型计算轧制力与实测轧制力相吻合。综合考虑各个机架,建立目标函数如下:

$$J(\boldsymbol{X}) = \sum_{i=1}^{N} k_i \cdot \left(\frac{F_{\mathrm{mdl},i}(\boldsymbol{X}) - F_{\mathrm{meas},i}}{F_{\mathrm{meas},i}} \right)^2 \tag{9.36}$$

式中 $\boldsymbol{X}$——决策变量向量,即轧制力模型的优化参数向量;

      k_i——机架相关的加权系数,默认值为1;

$F_{\mathrm{mdl},i}$、$F_{\mathrm{meas},i}$——第 i 机架的模型计算轧制力和实测轧制力。

3. 模型优化变量的设计

由于变形抗力是材料自身特性,与机架属性无关,因此针对特定钢种,基于8.2.1节建立的变形抗力模型,将变形抗力自适应系数设计为一个值 σ_0;摩擦系数是各个机架的单体属性,各个机架的摩擦系数变化规律是不同的,因此根据8.2.1节建立的摩擦系数模型,将各机架应取不同的修正系数。基于上述分析,针对于本节研究的五机架冷连轧机,轧制模型优化参数向量 $\boldsymbol{X}$ 设计为:

$$\boldsymbol{X} = (\sigma_0, \Delta\mu_1, \Delta\mu_2, \Delta\mu_3, \Delta\mu_4, \Delta\mu_5) \tag{9.37}$$

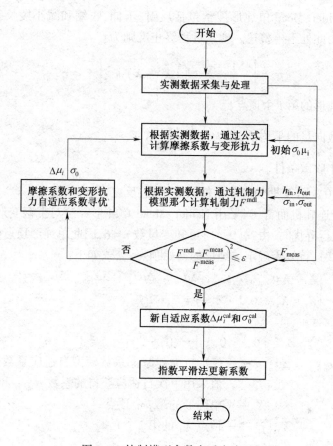

图 9.6　轧制模型参数自适应流程

4. 自适应系数的指数平滑法更新

利用轧制当前卷时采集的实测值,通过目标函数法寻优,可以得到变形抗力及摩擦系数模型的自适应系数。如果新自适应系数超限,则不进行更新;同时,为了避免自适应系数出现大的波动,需要采用指数平滑算法对其处理:

$$\sigma_{next,0} = (1 - \alpha_\sigma) \cdot \sigma_{old,0} + \alpha_\sigma \cdot \sigma_{cal,0} \tag{9.38}$$

$$\Delta\mu_{next,i} = (1 - \alpha_{\mu,i}) \cdot \Delta\mu_{old,i} + \alpha_{\mu,i} \cdot \Delta\mu_{cal,i} \tag{9.39}$$

式中　$\sigma_{next,0}$、$\Delta\mu_{next,i}$——下一钢卷的变形抗力和摩擦系数模型修正系数;

　　　$\sigma_{cal,0}$、$\Delta\mu_{cal,i}$——计算的变形抗力和摩擦系数模型修正系数;

　　　$\sigma_{old,0}$、$\Delta\mu_{old,i}$——上一卷修正系数;

　　　α_σ、$\alpha_{\mu,i}$——指数平滑系数。

9.4.2　模型自适应系数的寻优算法

在建立目标函数和确定寻优参数后,轧制力模型参数自适应问题转化为多变量非线性无约束的最优化求解问题。

本节采用 Nelder-Mead 单纯形算法对带钢变形抗力和摩擦系数进行寻优。对于其中涉及的 n 维变量的最优化问题 $\min J(X) = \min f(x_1, x_2, \cdots, x_n)$,Nelder-Mead 单纯形算法是一种有效的求解方法。Nelder-Mead 单纯形搜索包括反射、延伸、收缩和减小棱长等操作,具体的算法在第 5 章有介绍,此处不再赘述。搜索过程终止准则为:

$$\sigma = \left[\frac{1}{n+1} \sum_{i=1}^{n+1} \| (X_i - \bar{X}) \|^2 \right]^{\frac{1}{2}} < \varepsilon \tag{9.40}$$

式中 X_i——单纯形的第 i 个顶点;

　　　　$\bar{X}$——参数向量的平均值,值为 $\dfrac{1}{n+1} \sum_{i=1}^{n+1} X_i$;

　　　　ε——最小收敛条件。

若满足式(9.40),则 $\bar{X}$ 即为满足条件的极小点;反之,则继续搜索。

对于五机架冷连轧机而言,当采用 Nelder-Mead 单纯形算法对带钢变形抗力和摩擦系数模型自适应系数进行寻优时,由式(9.41)可知变量数 $n=6$,因此单纯形顶点的个数为 7。在采用单纯形算法寻优时,首先需确定单纯形的初始顶点,公式如下:

$$\begin{cases} X_1 = [\sigma_{\text{init},0}, \Delta\mu_{\text{init},1}, \Delta\mu_{\text{init},2}, \Delta\mu_{\text{init},3}, \Delta\mu_{\text{init},4}, \Delta\mu_{\text{init},5}]^T \\ X_j = X_1 + 0.1 \cdot Z_{j-1} \quad j = 2, \cdots, 7 \end{cases} \tag{9.41}$$

其中

$$Z_j = [0, \cdots, 0, X_1^j[j], 0, \cdots, 0]^T \quad j = 1, \cdots, 6 \tag{9.42}$$

式中 $\sigma_{\text{init},0}$ 及 $\Delta\mu_{\text{init},1} \sim \Delta\mu_{\text{init},5}$——变形抗力和摩擦系数模型自适应系数的初始值,该初始值采用上次自适应获得的系数 $\sigma_{\text{old},0}$ 和 $\Delta\mu_{\text{old},i}$;

　　　　X_j——单纯形的第 j 个顶点;

　　　　$X_1[j]$——顶点 X_1 的第 j 个元素。

9.5   轧制规程的比例分配法

目前,世界上大多数冷轧机采用比例分配系数法确定轧制规程。比例负荷分配法已从开始的单一压下量比例分配,发展到轧制力、轧制功率按比例分配,直到现在的复合比例负荷分配法。所谓的复合比例负荷分配是指绝对方式与相对方式相融合的分配方式,即绝对方式下可指定最前和最末机架的相对压下量或绝对轧制力,相对方式下可指定相邻机架的负荷分配(相对压下量、功率或轧制力等任选一种)比例系数。

9.5.1   轧制策略

轧制规程是以轧制策略为前提,以工艺参数模型为基础得到的。轧制策略是指待轧钢卷按哪种负荷方式确定各机架目标厚度的规程。例如,某 1 220 mm 冷连轧机组共设计有 7 种轧制策略,如表 9.1 所示。其中,1~3 模式是按同一负荷的一定比例进行分配;4~6 策略模式是在原料厚度和成品厚度已知条件下,预先给定第 1 号、5 号机架带钢的压下率,只将 2 号~4 号机架按同一负荷一定比例进行分配。第 7 种策略模式是给定单位宽度轧制力,保证 5 号机架轧制力恒定的条件下,按功率分配 1 号~4 号机架的负荷。

表 9.1　1 220 mm 冷连轧机压下量分配模式

序号	策略模式	1 号机架	2 号机架	3 号机架	4 号机架	5 号机架
1	功率平衡模式 （5 号机架，光辊）			电机功率负荷分配比 $\alpha_{N1} : \alpha_{N2} : \alpha_{N3} : \alpha_{N4} : \alpha_{N5}$		
2	轧制力平衡模式 （5 号机架，光辊）			轧制力负荷分配比 $\alpha_{P1} : \alpha_{P2} : \alpha_{P3} : \alpha_{P4} : \alpha_{P5}$		
3	压下率平衡模式 （5 号机架，光辊）			压下率负荷分配比 $\alpha_{r1} : \alpha_{r2} : \alpha_{r3} : \alpha_{r4} : \alpha_{r5}$		
4	压下率和功率平衡模式 （5 号机架，光辊）	绝对压下率 r_1		电机功率负荷分配比 $\alpha_{N2} : \alpha_{N3} : \alpha_{N4}$		绝对压下率 r_5
5	压下率和轧制力平衡模式 （5 号机架，光辊）	绝对压下率 r_1		轧制力负荷分配比 $\alpha_{P2} : \alpha_{P3} : \alpha_{P4}$		绝对压下率 r_5
6	压下率和压下率平衡模式 （5 号机架，光辊）	绝对压下率 r_1		压下率负荷分配比 $\alpha_{r2} : \alpha_{r3} : \alpha_{r4}$		绝对压下率 r_5
7	毛辊轧制模式 （5 号机架，毛辊）	电机功率负荷分配比 $\alpha_{N1} : \alpha_{N2} : \alpha_{N3} : \alpha_{N4}$				单位宽轧制力 Pw_5

　　在采用比例分配系数法确定轧制规程时，不同轧制策略的各机架负荷分配系数需事先制定并存于数据库中，也可由操作人员根据实际轧制情况手动修正。

9.5.2　制定轧制规程的流程

　　根据选择的轧制策略和负荷分配系数制定轧制规程的计算流程如图 9.7 所示。

1. 数据准备

　　数据准备是根据带钢的 PDI 数据，确定出模型计算所需要的参数，并对所确定的计算参数进行极限检查。需要读取的数据包括原始数据、轧辊数据和模型参数数据。此外，还需根据 PDI 数据、轧辊数据、轧辊表面状态等原始信息在层别表中选择轧制策略和负荷分配系数。

2. 压下负荷分配迭代计算

　　轧制规程计算的前提是确定压下负荷分配，即确定轧件在各机架的压下率。负荷分配计算由 PDI 数据得到第 1 机架的入口带钢厚度和最后机架的出口带钢厚度，根据选择的轧制策略和分配系数，通过迭代算法计算得到中间机架间带钢厚度。

3. 轧制速度的制定

　　确定压下规程后，综合考虑轧钢工艺要求、设备强度等因素，可得到末机架轧机的出口速度，其余各机架的轧制速度可按秒流量恒定的关系确定。

4. 张力制度的制定

　　在确定各机架压下分配和速度后，再确定各机架的前后张力。一般张力的确定根据所生产的钢种、不同机架以及操作情况来确定。

5. 极限检查

　　在确定压下规程、速度制度和张力制度的基础上，通过模型计算出轧制力、轧制力矩及电机功率等,并对其进行极限检查。若满足设备强度、电机能力和轧制力极限值即为可行的压下规程;对于不满足要求的各项,需对轧制规程进行修正,直至满足要求。

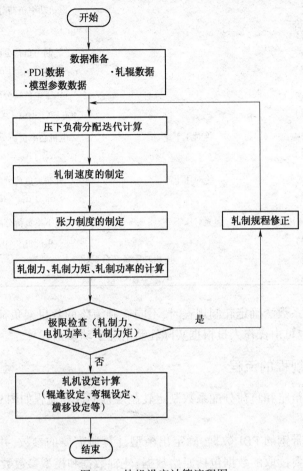

图 9.7　轧机设定计算流程图

6. 轧机设定计算

最后,通过相应数学模型计算轧机设定值,主要包括辊缝设定、弯辊设定、轧辊横移设定等。

9.6　轧制规程的多目标优化

前文所介绍的按照负荷成比例确定负荷分配的方法需要制定一套按不同钢种和带钢规格层别划分的负荷分配系数,这些系数是在大量生产实践中获得的经验值,制定和优化负荷分配系数是一个长期的过程。同时,由于轧制规程数据一旦确定,对于各钢种和规格而言,张力规程、厚度分配、轧制力分布、力矩分布、速度分布以及电机功率分布也被确定下来,无法进行负荷分配在线优化。本节介绍了一种轧制规程的多目标优化方法,可为使轧制规程达到最优,同时使之摆脱对经验值的依赖。

在对轧制规程进行优化时,首先需要把工艺上所追求的目标表示为数学表达式的形式,也即确定目标函数,并根据目标轧机的电气状态条件、机械设备型号、实际生产中应满足的工艺条件等对目标函数加以约束;然后选择优化方法对目标函数进行优化,进而得到优化的轧制规程。本节在设计过程中综合考虑了产量最大化、产品质量和设备工艺要求等因素,设计过程如图 9.8 所示。

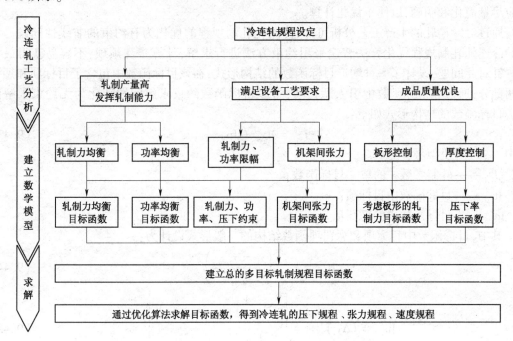

图 9.8　轧制规程优化设计过程示意图

9.6.1　轧制规程目标函数结构设计

1. 工艺分析

冷连轧机组负荷分配的优化就是在满足工艺条件的情况下,合理分配各机架的压下率,使轧制工艺最优化,以提高产品质量及轧机生产效率。在设计目标函数时,需要考虑轧机的机械型号、电气状态条件、实际操作中应满足的条件等,在不损害设备的前提下,使各设备充分发挥最大的生产能力,提高生产效率。

冷连轧生产具体的工艺要求如下:

(1)为充分利用电机设备能力以提高轧制速度,应使各机架的相对电机功率尽可能相等。

(2)轧制力分配必须合理,既要保证轧制力均衡条件,又需要满足维持板形最优的轧制力条件。

(3)各机架压下量不能超过限幅,并且主要压下量在上游机架实现;考虑到第一机架来料厚度波动,一般压下率不宜过大;同时,在末机架平整模式下,为有效控制板形和厚度精度,末机架应承担较小的压下量。

(4)在实际轧制过程中,为避免出现带钢打滑或拉窄、撕裂等现象,机架间张力设定值必须在限幅之内。

此外,优化的轧制规程除了考虑提高生产能力,保证产品质量外,还应满足轧线的设备约束条件,如机架最大轧制力、电机最大功率等限制。

2. 目标函数的结构设计

在优化设计中,正确地确定目标函数是关键的一步,目标函数的确定与优化结果和计算量有着直接关系。合理的目标函数不仅需要能够客观反映设计问题的本质和特性,而且函数结构应尽量简化和明确,以便于优化计算。

通过对冷连轧的生产工艺分析可知,冷连轧轧制规程的优化为有约束的非线性问题。常用的冷连轧轧制规程优化算法普遍采用约束方法进行求解,计算步骤烦琐,不容易获得最优解。针对此问题,设计了一种增广目标函数的结构形式,在该目标函数中包含了目标项和惩罚项两部分,通过在目标函数中引入惩罚项,将多目标函数约束求解问题转化为无约束求解问题。目标函数的结构形式如下:

$$J_{y,i} = Jt_{y,i} + Jp_{y,i} \tag{9.43}$$

式中 i ——机架号;

$J_{y,i}$ ——轧制参数 y 的单一目标函数;

$Jt_{y,i}$ ——目标函数中目标项;

$Jp_{y,i}$ ——目标函数中的惩罚项。

其中,目标函数中目标项和惩罚项函数结构的一般形式设计为:

$$Jt_{y,i} = k_{y,i} \cdot \left(\frac{y_i - y_{\text{nom},i}}{y_{\text{delta},i}} \right)^{n_{y,i}} \tag{9.44}$$

$$Jp_{y,i} = (\Delta y_i)^{np_{y,i}} = \left[\frac{y_i - \frac{1}{2}(y_{\text{min},i} + y_{\text{max},i})}{\frac{1}{2}(y_{\text{max},i} - y_{\text{min},i})} \right]^{np_{y,i}} \tag{9.45}$$

式中 $k_{y,i}$ ——机架相关的目标项加权系数,该系数可用来调整各机架轧制参数在目标函数的权重;

y_i ——轧制参数设定值;

$y_{\text{nom},i}$ ——参数的目标值;

$y_{\text{delta},i}$ ——参数的偏差基准值;

$n_{y,i}$ ——目标项指数因子;

Δy_i ——相应参数相对于平均值的偏离程度;

$y_{\text{max},i}$ 、$y_{\text{min},i}$ ——相应参数的最大、最小值;

$np_{y,i}$ ——惩罚项指数因子。

当轧制参数值处于不同范围时,惩罚项中 Δy_i 的值如式(9.46)所示:

$$\begin{cases} |\Delta y_i| > 1 \ \text{当} \ y_i < y_{\text{min},i} \ \text{或} \ y_i > y_{\text{max},i} \\ |\Delta y_i| \leqslant 1 \ \text{当} \ y_{\text{min},i} \leqslant y_i \leqslant y_{\text{max},i} \end{cases} \tag{9.46}$$

在目标函数增加惩罚项的意义在于:在目标函数的寻优(求极值)过程中,对违反约束条件的迭代点施加相应的惩罚,而对约束条件范围内的可行点不予惩罚。通过对式(9.45)和式(9.46)的分析可知,若在惩罚项中给定一个比较大的指数惩罚因子,当迭代点不满足某个约束条件时,目标函数值会因惩罚项的增加而呈指数倍增长,这样便可淘汰该迭代点,进而通过优化目标函数便可得到同时满足约束条件和工艺目标要求的可行解。

现在以轧制力为例说明目标函数中目标项和惩罚项函数值的变化趋势,如图 9.9 所示。设第 1 机架轧制力下限 $F_{\min,1} = 2\,000$ kN,上限值 $F_{\max,1} = 20\,000$ kN,轧制力目标值 $F_{\text{nom},1} = 10\,000$ kN,轧制偏差基准 $F_{\text{delta},1} = 10\,000$ kN,加权系数 $k_{F,1} = 1$,目标项指数因子 $n_{F,1} = 2$,惩罚项指数因子 $\text{np}_{F,1} = 80$。

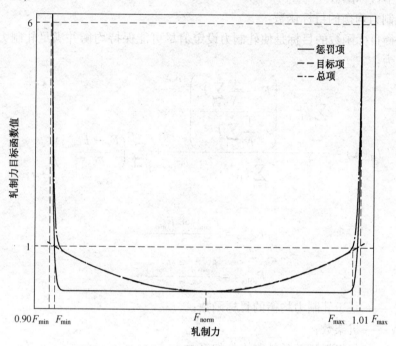

图 9.9　轧制力目标函数中各项值的变化示意图

由图 9.9 可知,当轧制力超过最小值和最大值的限制时,轧制力目标函数中的惩罚项函数值呈指数倍增长,由此可对超限点起到惩罚的作用;而当轧制力在约束区间内时,惩罚项函数值近似为 0,此时轧制力目标项在总目标函数项中起主要作用。

3. 优化变量的设计

冷连轧的轧制过程涉及众多的轧制参数,其中各机架的相对压下率和前后张力是两组重要的参数。当各机架的压下量分配和张力制度确定以后,各机架的负荷参数(如轧制力、轧制力矩、轧制功率等)便可以根据轧制参数的相关数学模型计算得出。因此,各机架压下分配和张力制度是否合理,直接关系到轧制力是否得到优化,功率分配是否能够平衡。

对于五机架冷连轧机而言,1 号机架入口厚度 h_0 和 5 号机架的出口厚度是已知的;同时,1 机架的入口张应力 t_0 以及 5 号机架出口张应力 t_5 根据轧制工艺条件给定。因此,在轧制规程的多目标优化函数中选择各机架间厚度以及机架间的张应力共 8 个变量进行优化,优化变量表示为:

$$\boldsymbol{X} = (h_1, h_2, h_3, h_4, t_1, t_2, t_3, t_4)^{\text{T}} \tag{9.47}$$

式中　　　　　$\boldsymbol{X}$——优化向量;

　h_1、h_2、h_3、h_4——机架间的厚度;

　t_1、t_2、t_3、t_4——机架间张应力。

9.6.2 目标函数的建立

1. 单目标函数

在建立多目标函数之前,首先需要建立各单目标函数。根据冷连轧实际生产的工艺需求,建立如下几种单目标函数。

1) 基于轧制力均衡的目标函数

轧制力均衡目标函数的目标是使轧制力设定值尽可能保持均衡并满足轧制力约束条件,目标函数设计为:

$$J_{Fb}(X) = \frac{\sum_{i=1}^{N} k_{Fb,i} \cdot \left(\dfrac{F_i - \frac{1}{N}\sum_{i=1}^{N} F_i}{\frac{1}{N}\sum_{i=1}^{N} F_i} \right)^{n_{Fb,i}}}{\sum_{i=1}^{N} k_{Fb,i}} + \sum_{i=1}^{N} \left(\frac{F_i - F_{nom,i}}{F_{delta,i}} \right)^{np_{Fb,i}} \tag{9.48}$$

其中

$$F_{nom,i} = \frac{F_{min,i} + F_{max,i}}{2} \tag{9.49}$$

$$F_{delta,i} = \frac{F_{max,i} - F_{min,i}}{2} \tag{9.50}$$

式中　$J_{Fb}(X)$ ——基于轧制力均衡的目标函数;

　　　　N ——机架数;

　　　$k_{Fb,i}$ ——与机架相关的轧制力加权系数;

$n_{Fb,i}$、$np_{Fb,i}$ ——轧制力均衡目标函数的指数系数;

$F_{min,i}$、$F_{max,i}$ ——轧制力允许的最小值和最大值。

2) 考虑板形的轧制力目标函数

考虑板形的轧制力目标函数主要目的在于使轧制力设定值尽可能接近维持最优板形的轧制力并满足轧制力约束条件。该目标函数一般应用于末机架为毛化辊(末机架平整模式)时的带钢轧制,其目标函数设计为:

$$J_{Ff}(X) = \frac{\sum_{i=1}^{N} k_{Ff,i} \cdot \left(\dfrac{F_i - F_{flat,i}}{F_{delta.i}} \right)^{n_{Ff,i}}}{\sum_{i=1}^{N} k_{Ff,i}} + \sum_{i=1}^{N} \left(\frac{F_i - F_{nom,i}}{F_{delta,i}} \right)^{np_{Ff,i}} \tag{9.51}$$

其中,当末机架的工作辊为毛化辊时,末机架轧制力 $F_{flat,N}$ 为:

$$F_{flat,N} = F_{imposed}^{width} \cdot W \tag{9.52}$$

式中　$J_{Ff}(X)$ ——考虑板形的轧制力目标函数;

　　　$k_{Ff,i}$ ——与机架相关的板形轧制力加权系数;

　　　$F_{flat,i}$ ——维持板形最优的轧制力;

$n_{Ff,i}$、$np_{Ff,i}$ ——考虑板形目标函数的指数系数;

$F_{\text{imposed}}^{\text{width}}$ ——末机架单位宽度轧制力；

$\quad W$ ——带钢宽度。

3）基于功率的目标函数

基于功率目标函数的目的在于使各机架的电机功率尽可能相对均衡并满足电机功率的约束条件，使各机架电机在功率上的剩余程度相等，进而充分发挥整个机组的电机能力，提高机组的轧制速度。基于功率的目标函数为：

$$J_{\text{P}}(X) = \frac{\sum\limits_{i=1}^{N} k_{\text{P},i} \cdot \left(\dfrac{P_i - P_{\max,i}}{P_{\max,i}} \right)^{n_{\text{P},i}}}{\sum\limits_{i=1}^{N} k_{\text{P},i}} + \sum\limits_{i=1}^{N} \left(\frac{P_i - P_{\text{nom},i}}{P_{\text{delta},i}} \right)^{\text{np}_{\text{P},i}} \tag{9.53}$$

其中

$$P_{\text{nom},i} = \frac{P_{\min,i} + P_{\max,i}}{2} \tag{9.54}$$

$$P_{\text{delta},i} = \frac{P_{\max,i} - P_{\min,i}}{2} \tag{9.55}$$

式中　$J_{\text{P}}(X)$ ——基于功率的目标函数；

$\quad k_{\text{P},i}$ ——与机架相关的功率加权系数；

$n_{\text{P},i}$、$\text{np}_{\text{P},i}$ ——基于功率目标函数的指数系数；

$\quad P_{\max,i}$ ——电机额定功率；

$\quad P_{\min,i}$ ——电机功率最小值，$P_{\min,i} = 0$。

4）基于压下率的目标函数

基于压下率的目标函数的目的在于使压下量设定值尽可能接近指定的压下量，并满足压下率的约束条件。

$$J_{\text{R}}(X) = \frac{\sum\limits_{i=1}^{N} k_{\text{R},i} \cdot \left(\dfrac{r_i - r_{\text{nom},i}}{r_{\text{delta},i}} \right)^{n_{\text{R},i}}}{\sum\limits_{i=1}^{N} k_{\text{R},i}} + \sum\limits_{i=1}^{N} \left(\frac{r_i - r_{\text{nom},i}}{r_{\text{delta},i}} \right)^{\text{np}_{\text{R},i}} \tag{9.56}$$

其中

$$r_{\text{nom},i} = \frac{r_{\min,i} + r_{\max,i}}{2} \tag{9.57}$$

$$r_{\text{delta},i} = \frac{r_{\max,i} - r_{\min,i}}{2} \tag{9.58}$$

式中　$J_{\text{R}}(X)$ ——基于压下率的目标函数；

$\quad k_{\text{R},i}$ ——与机架相关的压下率加权系数；

$n_{\text{R},i}$、$\text{np}_{\text{R},i}$ ——压下率目标函数的指数系数；

$r_{\max,i}$、$r_{\min,i}$ ——允许的压下率最大和最小值，该值需要根据末机架的轧制模式和总压下率进行配置。

5）基于张力的目标函数

基于张力的目标函数的目的是使张力设定 T_i 尽可能接近 $T_{\text{nom},i}$，并满足张力限幅约束条件，该目标函数的结构形式为：

$$J_{\text{T}}(X) = \frac{\sum_{i=1}^{N} k_{\text{T},i} \cdot \left(\frac{T_i - T_{\text{nom},i}}{T_{\text{delta},i}}\right)^{n_{\text{T},i}}}{\sum_{i=1}^{N} k_{\text{T},i}} + \sum_{i=1}^{N} \left(\frac{T_i - T_{\text{nom},i}}{T_{\text{delta},i}}\right)^{\text{np}_{\text{T},i}} \tag{9.59}$$

其中

$$T_{\text{nom},i} = \frac{T_{\text{min},i} + T_{\text{max},i}}{2} \tag{9.60}$$

$$T_{\text{delta},i} = \frac{T_{\text{max},i} - T_{\text{min},i}}{2} \tag{9.61}$$

式中　$J_{\text{T}}(X)$ ——基于张力的目标函数；

$k_{\text{T},i}$ ——为与机架相关的张力率加权系数；

$n_{\text{T},i}$、$\text{np}_{\text{T},i}$ ——张力目标函数的指数系数；

$T_{\text{max},i}$、$T_{\text{min},i}$ ——允许的张力最大和最小值。

2. 多目标函数的建立

在多目标优化过程中，各个单目标函数的最优化可能是相互矛盾的，很难所有目标同时达到最优。针对不同的轧制情况，对于多目标寻优，各个目标函数的作用并不是均等的。因此，在多目标规划中需要区分各目标函数的重要程度。

在建立单目标函数的基础上，采用线性加权法建立综合考虑轧制力、板形、电机功率、压下率和张力的多目标函数。建立的多目标函数结构为：

$$J_{\text{total}}(X) = \frac{q_{\text{Fb}} \cdot J_{\text{Fb}}(X) + q_{\text{Ff}} \cdot J_{\text{Ff}}(X) + q_{\text{R}} \cdot J_{\text{R}}(X) + q_{\text{P}} \cdot J_{\text{P}}(X) + q_{\text{T}} \cdot J_{\text{T}}(X)}{q_{\text{Fb}} + q_{\text{Ff}} + q_{\text{R}} + q_{\text{P}} + q_{\text{T}}} \tag{9.62}$$

式中　$J_{\text{total}}(X)$ ——轧制规程的多目标函数；

q_{Fb}、q_{Ff}、q_{R}、q_{P}、q_{T} ——各单目标函数在多目标函数中的加权系数。

式（9.48）～式（9.62）目标函数中的各参数保存在配置文件中，在调试过程中可以通过修改目标函数的参数方便灵活地对成本函数进行配置，以满足不同轧制模式和产品工艺的需要，进而使轧制过程处于最佳状态。

9.6.3　轧制规程的优化计算

在建立目标函数后，轧制规程的多目标优化问题转化为多变量无约束的最优化求解问题。在无约束问题求解过程中，非线性规划、遗传算法等智能方法在规程优化的离线仿真中已大量应用，但该类算法不适于在线应用。本节采用了 Nelder-Mead 单纯形法（N-M 法）求解目标函数。Nelder-Mead 单纯形法也称下山单纯形法，由 Nelder 和 Mead 于 1965 年提出。该算法不需要计算梯度，具有比较快的收敛速度，且易于在计算机上实现，适于在线应用。

1. 单纯形法

所谓单纯形，就是在一定的空间中最简单的图形。例如：二维空间的单纯形为三角形；n 维空间的单纯形,就是以 $n+1$ 个顶点组成的图形。单纯形法的基本思想是构成 n 维空间(n 是优化参数的个数),在此空间中初始化一个 $n+1$ 个顶点的图形,然后根据单纯形的最差顶点和最优顶点确定搜索方向,通过反射、延伸、收缩或压缩 4 种基本操作不断寻找新的优秀顶点。替换最差顶点,最终得到满足收敛条件的最优顶点。二维情况下的单纯形算法的基本操作如图 9.10 所示。

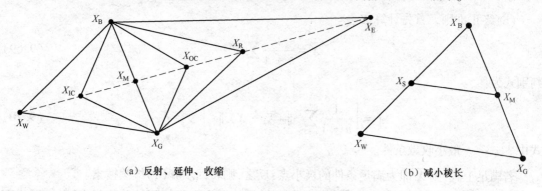

（a）反射、延伸、收缩　　　　　　　　　　（b）减小棱长

图 9.10　单纯形解法步骤

下面以 n 维变量为例,对 N-M 单纯形法步骤进行说明。

(1)准备。构造 $n+1$ 个单纯形顶点,计算各个顶点下的目标函数值 $J(X_i)$,$i=1,\cdots,n,n+1$。比较各顶点函数值大小,确定最差点 X_W、次差点 X_G 与最好点 X_B。其中,$J(X_B)=\min J(X_i)$,$J(X_W)=\max J(X_i)$。去除最差顶点之后的剩余顶点构成空间的单纯形,中心点为:

$$X_M=\frac{1}{n}\Big(\sum_{i=0}^{n}X_i-X_W\Big) \tag{9.63}$$

(2)反射。对中心点进行反射,得到最差点 X_W 的反射点 X_R:

$$X_R=X_M+\alpha(X_M-X_W) \tag{9.64}$$

式中　α——反射系数,取 $\alpha=1$。

计算 $J(X_R)$。若 $J(X_B)\leqslant J(X_R)<J(X_G)$,则用反射点 X_R 替换 X_W,跳至步骤(6)进行收敛条件判断。

(3)延伸。若 $J(X_R)<J(X_B)$,则对 X_R 点继续进行延伸寻优,得到延伸点 X_E:

$$X_E=X_M+\gamma(X_R-X_M) \tag{9.65}$$

式中　γ——延伸系数,取 $\gamma=2$。

计算 $J(X_E)$。若 $J(X_E)<J(X_R)$,用延伸点 X_E 替换 X_W,否则用 X_R 替换 X_W;之后转至步骤(6)。

(4)收缩。若 $J(X_R)\geqslant J(X_G)$,则需要在 X_M、X_R 和 X_E 中进行收缩,分为以下两种情况。

①内收缩:若 $J(X_R)>J(X_W)$,则进行内收缩,内收缩点 X_{IC} 为

$$X_{IC}=X_M+\lambda(X_W-X_M) \tag{9.66}$$

式中　λ——收缩系数,取 $\lambda=0.5$。

计算 $J(X_{IC})$。若 $J(X_{IC})\leqslant J(X_W)$,则用收缩点 X_{IC} 替换 X_W,跳至步骤(6);反之,跳至步骤(5)。

②外收缩。若 $J(X_R)<J(X_W)$,则进行外收缩,获取外收缩点 X_{OC}:

$$X_{OC}=X_M+\lambda(X_R-X_M) \tag{9.67}$$

计算 $J(X_{OC})$。若 $J(X_{OC}) \leq J(X_R)$，用收缩点 X_{OC} 替换 X_W，跳至步骤(6)；反之，则执行步骤(5)。

(5)减小棱长。保持原单纯形的最好顶点 X_B 保持不动，各棱长减半，计算公式为：

$$X_i = X_B + 0.5(X_i - X_B) \quad (i = 1, 2, \cdots, n + 1) \tag{9.68}$$

(6)终止准则。首先计算 $\bar{X}$：

$$\bar{X} = \frac{1}{n + 1} \sum_{i=1}^{n+1} X_i \tag{9.69}$$

判别式为：

$$\sigma = \left[\frac{1}{n + 1} \sum_{i=1}^{n+1} \| (X_i - \bar{X}) \|^2 \right]^{\frac{1}{2}} < \varepsilon \tag{9.70}$$

式中　ε ——最小收敛条件。

若满足上式，则 $\bar{X}$ 即为满足条件的极小点；反之，则转回步骤(1)继续搜索。

轧制规程多目标函数中的优化变量为各机架间的厚度和机架间的单位张力，对于五机架冷连轧而言，此时维数 $n = 8$，单纯形为 9 个顶点组成的多面体。在用 N-M 单纯形法优化时，首先需要确定初始点(初始厚度和单位张力)，然后基于初始点构造出初始单纯形。在给定各机架间的初始厚度、单位张力以及设定速度后，则可以根据轧制模型计算出压下率、轧制力及轧制功率等参数，进而可求出轧制规程多目标函数值。通过 N-M 单纯形法的不断寻优，可以求出使目标函数最小的各机架的厚度和单位张力值。

2. 初始厚度的确定

为了加快寻优速度及防止不收敛的情况出现，厚度初始值应满足各个机架压下率限制条件。在确定带钢的来料、成品厚度以及各个机架给定的最大、最小压下率后，机架间带钢厚度的初始值可以采用 beta 因子理论进行计算。beta 因子理论的提出最初是为了计算单机架可逆轧机各道次的压下率，确保各道次的压下率在限幅之内，在这里将这种方法应用于冷连轧机各机架压下率的计算。

根据 beta 影响因子理论，各机架的真应变应介于最大应变和最小压应变之间，符合下列关系：

$$\varepsilon_i = \beta \cdot \varepsilon_{ui} + (1 - \beta) \cdot \varepsilon_{li} \tag{9.71}$$

其中

$$\varepsilon_i = \ln \frac{1}{1 - r_i} \tag{9.72}$$

$$\varepsilon_{ui} = \ln \frac{1}{1 - r_{ui}} \tag{9.73}$$

$$\varepsilon_{li} = \ln \frac{1}{1 - r_{li}} \tag{9.74}$$

式中　ε_{ui} ——机架真应变的最大值；

　　　ε_{li} ——机架真应变的最大值；

　　　β ——beta 权重因子，$0 \leq \beta \leq 1$；

　　　r_i ——第 i 机架的压下率；

r_{ui}——第 i 机架压下率的上限;

r_{li}——压下率的下限。

各机架压下率的上限和下限需要以末机架的轧制模式和带钢厚度为层别进行设定。

基于式(9.71),对所有 N 个机架的真应变求和,即有:

$$\sum_{i=1}^{N} \varepsilon_i = \beta \cdot \sum_{i=1}^{N} \varepsilon_{ui} + (1 - \beta) \cdot \sum_{i=1}^{N} \varepsilon_{li} \tag{9.75}$$

求解式(9.75),即可得到权重因子 β:

$$\beta = \frac{\sum\limits_{i=1}^{N} \varepsilon_i - \sum\limits_{i=1}^{N} \varepsilon_{li}}{\sum\limits_{i=1}^{N} (\varepsilon_{ui} - \varepsilon_{li})} \tag{9.76}$$

在计算出 β 后,根据式(9.71)可计算出各机架的真应变,进而根据压下率和真应变关系,即可得出各机架的压下率,计算公式如下所示:

$$r_i = 1 - \frac{1}{\exp(\varepsilon_i)} \tag{9.77}$$

由此可以计算出机架间厚度的初始值:

$$h_{i+1,\text{ini}} = h_{i,\text{ini}}(1 - r_i) \quad (i = 0,1,2,3) \tag{9.78}$$

3. 初始张力的确定

机架间单位张力的初始值设置为最大单位张力和最小单位张力的平均值,计算公式为:

$$t_{i,\text{ini}} = \frac{t_{ui} + t_{li}}{2} \quad (i = 1,2,3,4) \tag{9.79}$$

式中　$t_{i,\text{ini}}$——i 机架出口张力的初始值;

t_{ui}——i 机架出口张力的最大值;

t_{li}——i 机架出口张力的最小值。

各机架间的单位张力限幅可根据带钢的钢种、总的压下率及末机架工作辊的表面粗糙度为层别进行划分。单位张力的选取不能过大,以免引起带钢拉伸变形、拉窄甚至打滑和撕裂;张力选取也不能太小,以免引起折叠或松带。根据经验,$t_i = (0.2 \sim 0.4)\sigma_s$。

4. 初始单纯形的构造

在确定各机架间的初始厚度和初始单位张力后,将初始厚度和初始张力组成的向量作为初始点 $\boldsymbol{X}_1$,通过将初始点 $\boldsymbol{X}_1$ 中每个元素分别增加一定步长的方法则可以构造出初始单纯形的其他顶点。对于五机架冷连轧机组,在以各机架的张力和厚度为优化变量时,初始单纯形的顶点的计算公式为:

$$\begin{cases} \boldsymbol{X}_1 = [h_{1,\text{ini}},1,\text{ini},h_{2,\text{ini}},h_{3,\text{ini}},h_{4,\text{ini}},t_{1,\text{ini}},t_{2,\text{ini}},t_{3,\text{ini}},t_{4,\text{ini}}]^{\mathrm{T}} \\ \boldsymbol{X}_j = \boldsymbol{X}_1 + 0.1 \cdot \boldsymbol{Z}_{j-1} \, j = 2,\cdots,9 \end{cases} \tag{9.80}$$

其中

$$z_j = [0,\cdots,0,X_1^j[j],0,\cdots,0]^{\mathrm{T}} \quad (j = 1,\cdots,8) \tag{9.81}$$

式中　X_1——初始点;

X_j——初始单纯形的第 j 个顶点;

$X_1[j]$——初始点向量中的第 j 个元素。

9.6.4　计算流程

　　按照前面所述的单纯形法,在确定计算初始条件以及目标函数中的各参数后,便可通过单纯形算法对建立的轧制规程多目标函数进行寻优,通过寻优可获得优化的轧制规程。

　　轧制规程计算流程图如图 9.11 所示。

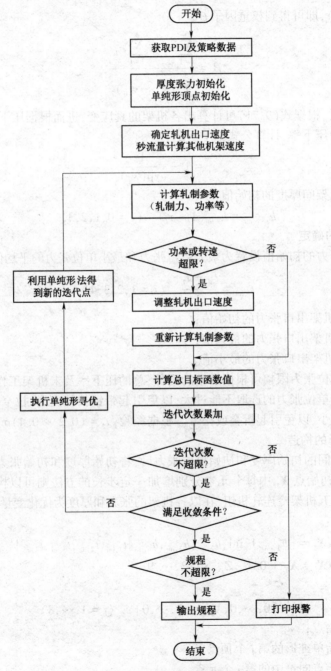

图 9.11　轧制规程计算流程图

（1）根据带钢的来料厚度和目标厚度，确定轧制规程优化的初始厚度和初始张应力，并构造单纯形的顶点。

（2）设置轧机出口速度的初始值为轧线允许的最高轧制速度，按照秒流量相等的原则计算其他机架的轧制速度。

（3）根据给定的各机架出入后厚度和张力，通过第 3 章介绍的轧制模型计算各机架的轧制力、轧制力矩及电机功率等参数。

（4）判断入口速度、各机架的轧辊转速或电机功率是否超限；若超限则根据超限比例调整轧机出口速度，则按照秒流量相等的原则重新计算其他机架的轧制速度，之后重复步骤（3）重新计算各轧制参数。在进行速度判断时，需要考虑根据设备条件决定的最大速度、各机架电机功率极限值决定的最大速度值以及带钢在第 1 机架轧机入口所允许的最大工艺速度。

（5）将轧制模型计算出的各机架轧制力、轧制功率、压下率、进行目标函数的计算，之后进行收敛条件判断；若满足收敛条件，则校核规程并输出；若不满足，则按照单纯形法重新进行迭代计算，重复步骤（2）~（5）；若在最大迭代次数之内，满足收敛条件，则进行规程校核，并输出；若超过最大次数，则给出报警。

9.6.5　轧制规程优化算例

某冷连轧轧制规程的多目标优化程序，根据图 9.11 所示流程图以及单纯形算法，由 MS Visual C++ 6.0 编程语言开发。以冷轧普板 SPCC 为例进行轧制规程优化分析，选取带钢的来料厚度为 3.00 mm，成品厚度为 0.61 mm，成品宽度 1 157 mm。轧制规程计算时，采用的工作辊辊径为 425 mm，各机架最大功率为 4 200 kW，各机架最大轧制力为 20 000 kN。

在算例计算时，设定第 5 机架为平整模式，多目标优化时的加权系数 $q_{Fb} : q_{Ff} : q_R : q_P : q_T = 1 : 1 : 1 : 1 : 1$。在末机架为平整模式下，第 5 机架起到平整和改善板形作用并不参与功率均衡，因此设置 5 机架的 $k_{Ff} = 1$，$k_P = 0$，目标函数中的机架相关加权系数和指数系数如表 9.2 所示。

表 9.2　目标函数中的加权系数及指数系数

	k_{Fb}	n_{Fb}	np_{Fb}	k_{Ff}	n_{ff}	np_{Ff}	k_P	n_P	np_P	k_R	n_R	np_R	k_T	n_T	np_T
1 号机架	1	2	80	0	2	0	1	2	80	0	2	20	0	0	8
2 号机架	1	2	80	0	2	0	1	2	80	0	2	20	0	0	8
3 号机架	1	2	80	0	2	0	1	2	80	0	2	20	0	0	8
4 号机架	1	2	80	0	2	0	1	2	80	0	2	20	0	0	8
5 号机架	1	2	80	1	2	80	0	0	80	0	2	20	0	0	8

采用 N-M 单纯形法对轧制规程的多目标优化模型进行优化计算，寻优过程中的多目标函数值如图 9.12 所示。由图 9.12 可以看出，N-M 单纯形法用于轧制规程的优化具有较快的收敛速度，当寻优次数在 30 次左右目标函数值趋于稳定；同时，收敛后的精度较高，满足在线应用的要求。

为了验证轧制规程多目标优化的结果,将多目标优化算法制定的轧制规程与传统的负荷分配比例系数法规程进行了对比,对比结果如表 9.3 所示。

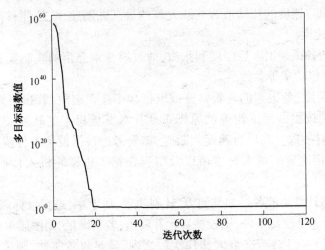

图 9.12 采用 N-M 单纯形法对目标函数的优化过程

表 9.3 优化规程与负荷分配比例规程的对比

机架号	出口厚度/mm		压下率/%		总张力/ kN		单位张力/ MPa		轧制速度/(m/min)	
	传统	优化	传统	优化	传统	优化	传统	优化	传统	优化
入口	3.000	3.000			208	191	60	55	157.0	190.8
1	1.797	1.754	40.1	41.5	270	234	130	115	262.2	326.3
2	1.076	1.153	40.1	34.3	174	173	140	129	437.5	496.4
3	0.764	0.818	29.0	29.1	133	136	150	144	616.3	700.0
4	0.617	0.621	19.2	24.1	111	104	155	145	763.1	921.8
4	0.610	0.610	1.14	1.76	42	42	60	60	771.8	938.3

为了更加直观地对比多目标优化算法和传统的负荷分配比例法制定的轧制规程,将两种轧制规程中各机架的轧制力和功率分配绘制成曲线图,如图 9.13 和图 9.14 所示。根据图 9.13、图 9.14 以及表 9.3 可知,在满足工艺和设备要求的提前下,多目标优化制定的轧制规程合理地利用了各机架的电机功率,电机能力得到充分的发挥;同时,对比于传统算法,优化规程设定的轧制力分配比较均衡,且末机架在轧制过程中保持一个恒定较小的轧制力,可以起到改善板形的作用。

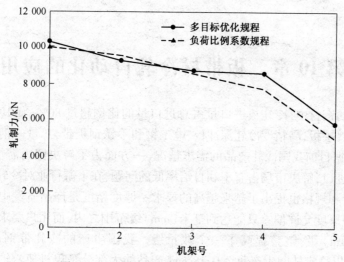

图 9.13　不同轧制规程下轧制力分布的对比

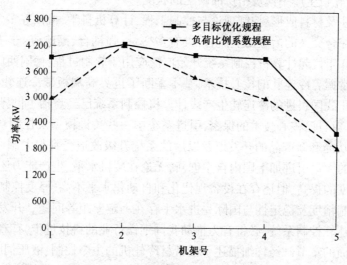

图 9.14　不同轧制规程下功率分布的对比

第10章 板带材冷轧自动化的应用

在我国进口的钢材中,冷轧板进口量占总进口量的比例超过 80%,而其中进口量最大的品种依次为优质镀层板、高精度冷轧深冲板、电工钢和不锈钢板带,总量占钢材进口总量的比例超过 70%。根据目前我国冷轧产品的需求情况,一方面为了解决国内需求的快速增长,另一方面为了替代进口,解决市场占有率和自给率低的问题,在下游行业对冷轧板带需求增加的同时,对产品质量和规格也提出了越来越高的要求。厚度精度是产品质量中最为重要的指标之一,国家标准中厚度允许偏差只能达到毫米(mm)级范围之内,而用户要求的厚度偏差精度已经达到微米(μm)级,整整提高了一个数量级。我国生产的冷轧带钢产品厚度大多为 0.25 mm 以上,可以稳定轧制生产薄至 0.18 mm 产品的大部分是单机架六辊或二十辊可逆式轧机,导致目前冷轧板生产中薄规格产品缺乏的状况。

冷连轧过程涉及材料成形、控制理论与控制工程、计算机科学、机械等多个学科领域,是一个典型的多学科综合交叉的冶金工业流程,具有多变量、强耦合、高响应、非线性、高精度等特点。从 20 世纪 60 年代起计算机控制系统开始广泛应用于轧制过程,德国西门子、日本日立等几家大电气公司掌握着冷连轧的核心技术,基本垄断了世界高端板带冷连轧自动化控制技术的市场。迄今为止我国引进的冷连轧生产线计算机控制系统已经囊括了世界上所有掌握核心技术的公司,出于对自己核心技术的保密,引进系统中一些关键模型及控制功能通常采用“黑箱”的形式,使新功能和新产品的开发以及以后的系统升级改造受到很大制约。近年来,国外先进技术和装备的大量引进加上国内自主创新,无论在装机水平、生产能力还是产品质量方面我国都有了大幅度的提高,但还存在设备现代化和自动化水平不高、厚度控制和板形控制等核心控制系统的控制精度及稳定性与国际先进水平存在一定差距等问题。开发具有我国自主知识产权的酸洗冷连轧控制系统,必将有力推动我国钢铁行业的科技进步,有着极其深远的经济和社会效益。前面的章节已经详细描述了板带材冷轧机的主令控制、液压伺服控制、厚度与张力控制、板形控制和过程控制等。本章将对近年建设且应用了以上控制技术的现代化冷轧生产线自动化系统进行介绍。

10.1 冷轧生产线概况

思文科德薄板科技有限公司是一家以超薄精品冷轧薄板、薄板镀锡、镀锡板彩色印刷产业链为主导的企业,其 1 450 mm 冷连轧机组的产品主要为电镀锡产品和冷轧产品。采用五机架全六辊 UCM 轧机,卡罗塞尔卷取机,最大轧制速度为 1 350 m/min,成品带钢厚度为 0.18 ~ 0.55 mm、宽度为 750 ~ 1 050 mm 的镀锡基板,再经二次冷轧后生产最薄 0.12 mm 的镀锡板。该机组为东北大学轧制技术及连轧自动化国家重点实验室三电总包,轧线主传动采用 TMEIC 交直交传动,使用西门子 TDC 系统、HP 服务器及 IBA 数据采集系统,配置 IRM 测厚仪、BETA 激光测速仪、ABB 板形仪等高端仪表。在该项目实施过程中,采用了具有东北大学自主知识产权的一系列冷轧控制创新技术,申请了多项发明专利和软件著作权,是国内第一条完全依靠自己力量开发两级全线控制系统应用软件、并进行自主调试的大型高端精品冷连轧机组。该生产线已于 2013 年 8 月实现热负荷试车,于 2013 年 11 月成功实现了成品厚度为 0.18 mm 的 MRT5 镀锡基板的高速轧制并顺利投产。本书编著者有幸作为主要项目执行人完成了该机组自动化控制系统的设计、开发及调试等工作。

该冷连轧机组设计年产量 80 万 t,主要以生产冷轧薄板和镀锡板为主。所轧制热轧卷来料厚度范围为 1.8～4.0 mm,宽度范围为 750～1 300 mm;冷轧产品厚度规格为 0.18～1.80 mm,最大成品卷重为 28 t。主要轧制钢种包括了碳素结构钢、优质碳素结构钢、IF 钢、低合金高强钢等,可以为镀锡生产线提供 MRT2.5、MRT3、MRT4、MRT5 的镀锡基板。该冷连轧机的主要工艺参数如表 10.1 所示。

表 10.1　冷连轧机的主要工艺参数

工艺参数名称	原料		产品	
带钢厚度/mm	镀锡基板 1.8～3.0	冷轧薄板 2.0～4.0	镀锡基板 0.18～0.55	冷轧薄板 0.25～1.8
带钢宽度/mm	镀锡基板 750～1 050	冷轧薄板 750～1 300	镀锡基板 750～1 050	冷轧薄板 750～1 300
钢卷外径/mm	ϕ1 100～ϕ2 100		ϕ1 100～ϕ2 100	
钢卷内径/mm	ϕ762		ϕ508	
钢卷质量/t	最大为 28		最大为 28	
钢卷单重/(kg/mm)	最大为 23		最大为 23	
屈服强度/(N/mm^2)	175～360			
抗拉强度/(N/mm^2)	270～550			
设计规模/(t/a)	840 000			

该冷连轧机采用串列式五机架,轧机形式为 6 辊轧机,具有工作辊正负弯、中间辊正弯以及中间辊横移等功能。该冷连轧机主要设备参数如表 10.2 所示。轧机入口速度最高为 280 m/min,轧线速度最高可达 1 350 m/min,卷取速度最高可达 1 400 m/min。卷取机采用上卷取形式。乳化液系统形式为三个循环系统,循环量最大可达 3 000 L/min,乳化液过滤应用真空过滤器、反冲洗过滤器、撇油器和磁分离器等。

表 10.2　冷连轧机主要设备参数

名称	1 号机架	2 号机架	3 号机架	4 号机架	5 号机架
工作辊直径/mm	ϕ425～ϕ385	ϕ425～ϕ385	ϕ425～ϕ385	ϕ425～ϕ385	ϕ425～ϕ385
工作辊辊面宽度/mm	1 420	1 420	1 420	1 420	1 420
中间辊直径/mm	ϕ490～ϕ440	ϕ490～ϕ440	ϕ490～ϕ440	ϕ490～ϕ440	ϕ490～ϕ440
中间辊辊面宽度/mm	1 410	1 410	1 410	1 410	1 410

续表

名称	1 号机架	2 号机架	3 号机架	4 号机架	5 号机架
支撑辊直径/mm	ϕ1 300~ϕ1 150	ϕ1 300~ϕ1 150	ϕ1 300~ϕ1 150	ϕ1 300~ϕ1 150	ϕ1 300~ϕ1 150
支撑辊辊面宽度/mm	1 420	1 420	1 420	1 420	1 420
最大轧制力/kN	20 000	20 000	20 000	20 000	20 000
工作辊最大正弯力/kN	460/轴承座	460/轴承座	460/轴承座	460/轴承座	460/轴承座
工作辊最大负弯力/kN	210/轴承座	210/轴承座	210/轴承座	210/轴承座	210/轴承座
中间辊最大正弯力/kN	500/轴承座	500/轴承座	500/轴承座	500/轴承座	500/轴承座
中间辊横移量/mm	0~385	0~385	0~385	0~385	0~385
液压压上速度/(mm/s)	3.2	3.2	3.2	3.2	3.2
液压压上系统背压/MPa	300~700	300~700	300~700	300~700	300~700
液压系统工作压力/MPa	2 400	2 400	2 400	2 400	2 400

冷连轧机主传动主要参数如表 10.3 所示。

表 10.3　冷连轧机主传动主要参数

名称	1 号机架	2 号机架	3 号机架	4 号机架	5 号机架	1 号卷取机	2 号卷取机
电机额定功率/kW	3 000	4 200	4 200	4 200	4 200	2 000	2 000
电机基速/(r/min)	300	400	400	400	400	285	285
电机最高转速/(r/min)	900	1 200	1 200	1 200	1 200	1 060	1 060
减速比/i	1.91	1.91	1.357	1	1	1.230 3	1.230 3
工作辊转速/(r/min)	max.471	max.628	max.884	max.1200	max.1200	—	—
卷芯转速/(r/min)	—	—	—	—	—	max.862	max.862
轧制力矩/(kN·m)	182	192	136	100	100		
最大张力值/kN	250	550	500	450	450	80	

10.2　两级分布式自动化控制系统

该冷连轧生产线采用典型两级分布式计算机控制系统,整个系统由过程自动化系统、基础自动化系统和人机界面(human & machine interface,HMI)系统三部分组成,其中过程自动化系统为二级系统,基础自动化系统为一级系统,人机界面系统为操作人员与两级系统提供沟通平台,人机界面又分为过程自动化 HMI 与基础自动化 HMI。同时,预留有同生产制造执行系统(三级)的接口。过程自动化级、基础自动化级和人机界面之间通过工业以太网交换数据。基础自动化级与远程 I/O、传动装置、在线主要仪表(测厚仪、板形仪和测速仪等)以及基础自动化级各部分之间通过 PROFIBUS-DP 网和工业以太网两种通信方式实现数据通信。整个计算机控制系统与网络配置图如图 10.1 所示。

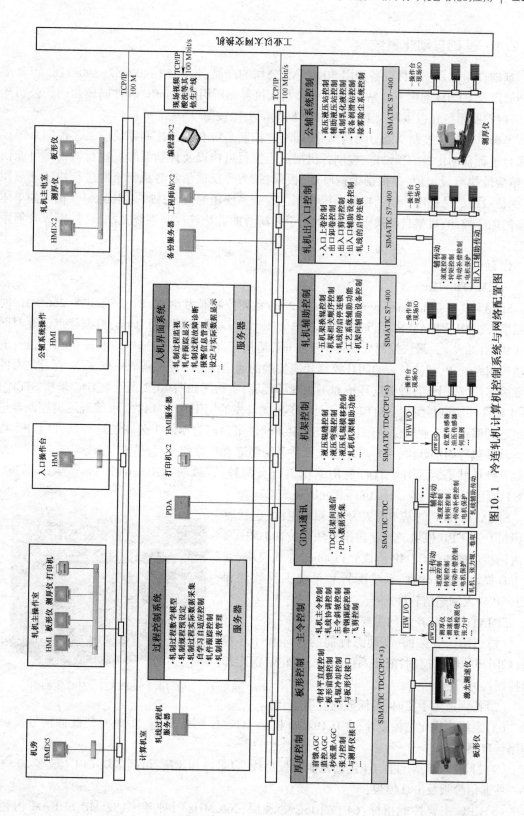

图10.1　冷连轧机计算机控制系统与网络配置图

10.2.1 基础自动化系统

基础自动化系统硬件设备采用 SIEMENS 公司的产品，包括 S7-400/S7-300/TDC PLC 主控制器以及 ET200 远程 I/O 站。这些 PLC 与人机界面所用的 WinCC 软件同属西门子公司产品，所以控制系统在以太网及 Profibus-DP 网通信上比较简单、易维护。

基础自动化级控制功能分为两部分，即工艺控制系统和辅助控制系统。工艺控制系统接收来自过程自动化级的预设定，控制各机架液压执行机构以及传动系统等执行机构尽可能快速、精确地执行设定值，并根据带钢厚度、板形、张力等反馈值对各执行机构进行快速动态调整，保证最终产品精度。辅助控制系统与工艺控制系统相配合，完成轧线出入口及机架间单体设备的顺序控制，机架自动换辊控制，用于工艺润滑的乳化液控制系统及高压、低压等公辅系统控制。

1. 硬件设备

1）SIMATIC TDC

SIMATIC TDC（technology and drive control）系列控制器为 64 位 RISC 处理器、266 MHz 时钟频率、32 MB SDRAM 内存，最短循环扫描时间 100 μs，典型值为 0.3 ms，典型浮点运算时间为 0.9 μs（乘法）。最快控制周期可小于 1 ms，适用于高速计算、高速响应和复杂程序执行的自动控制系统中，解决复杂的闭环控制和高尖端的通信任务。硬件集成化程度高，百分之百的工业级芯片，适用于各种温度环境和工业现场环境，实物图如图 10.2 所示。TDC 采用 STEP 7 V5.4 软件环境进行编程。STEP 7 是西门子公司开发的用于对 SIMATIC 可编程逻辑控制器进行组态和编程的工业软件平台。利用 STEP 7 软件平台配合西门子公司的运行软件包和工程工具软件包等附加软件，用户可以完成硬件系统组态和程序的编写、仿真、在线调试、在线诊断控制器硬件状态等工作。TDC 所用编程语言有两种：连续功能图（continuous function chat，CFC）；顺序功能图（sequential function chat，SFC）。

SIMATIC TDC 的基本配置为：机箱和电源（包括冷却风机）、主 CPU 模块、输入/输出模块、10/100 Mbit/s 以太网接口模块（TCP/IP 协议）、Profibus 总线模块、远程 I/O 模块、编程软件、系统配置和系统工具软件和 TCP/IP 以太网通信软件。

图 10.2　SIMATIC TDC 实物图

SIMATIC TDC 产品的主要特点：

（1）适用于复杂的、高动态性能的开环和闭环控制，如闭环的辊缝控制、液压系统定位、热轧带钢冷却等控制；

（2）特别适用于实时、多任务的应用场合；

（3）系统模块化结构设计，含有 DI/DO 模板、AI/AO 模板、增量型/绝对值脉冲信号模板、网络接口模板；

（4）21 槽框架，高性能 64 位高性能背板总线，自带冷却风扇，可插多块 CPU（最多 20 块）和一些通信模板及 I/O 模板；

（5）CPU 主要性能指标：64 位 RISC 处理器、266 MHz 时钟频率、32 MB SDRAM 内存、

512 KB同步高速缓存、256 KB SRAM(用于保存操作系统的故障诊断信息等)、2/4/8 MB 可选用户程序存储器、STEP 7/CFC 编程语言;

(6)最短循环扫描时间:100 μs,典型值为 0.3 ms;

(7)典型浮点运算时间:PI 控制器为 2.3 μs,斜波发生器为 5.3 μs;

(8)10/100 Mbit/s 以太网网卡;

(9)Profibus-DP/MPI 网卡,可连接 ET200M 远程控制模块及数字传动系统。

2)SIMATIC S7 PLC

SIMATIC S7 系统是为生产和过程自动化而设计的,其拥有较高的处理速度和优秀的通信性能。即使在恶劣、不稳定的工业环境下,全封闭的模块依然可正常工作。结合 SIMATIC 的编程工具,使得 SIMATIC S7 的组态和编程都十分简便,在工程应用中占有了很大的比例。S7-400 是具有中高档性能的 PLC,采用模块化无风扇设计,适用于对可靠性要求极高的大型复杂的控制系统,实物图如图 10.3 所示。S7 系统采用与 TDC 相同的开发环境,程序开发所用编程语言主要有 LAD、STL、GRAGH、SCL 等。

SIEMENS S7-400 PLC 的主要配置如下:9 槽基板、10 A 电源模板、CPU 416-2DP 处理器模板、工业以太网接口模板、数字量 I/O 模板、模拟量 I/O 模板、高速计数器/轴定位等智能模块、Profibus-DP 接口模板和 Step7 编程软件。

SIEMENS S7-400 PLC 产品是西门子公司最新型系列产品。其特点是功能强大,配置灵活,有如下突出特点:

(1)高速:在程序执行方面,极短的指令执行时间使 S7-400 在同类产品竞争中脱颖而出。

(2)坚固:即使在恶劣、不稳定的工业环境下全封闭的模板依然可正常工作,无风扇操作降低了安装费用,在运行过程中模板可插拔。

图 10.3　SIMATIC S7-400 实物图

(3)功能完善、强大:允许多 CPU 配置,功能更强、速度更快,同时,配有品种齐全的功能模板,充分满足用户各种类型的现场需求。

(4)强通信能力:分布式的内部总线允许在 CPU 与中央 I/O 间进行非常快的通信,P 总线与输入/输出模板进行数据交换。K 总线将大量数据传送到功能模板和通信模板。

(5)智能模板丰富:具有多种板上自带 CPU(可减轻 CPU 模板运行负担)的智能模板,可满足各种控制功能。

3)ET200

自动化系统中现场 I/O 信号的采集采用 SIEMENS 公司的 ET200 产品。ET200 是一个模块化的 I/O 站,具有 IP20 的保护等级。由于它可接的模板范围很广,因此 ET200 适合于特殊的和复杂的自动化任务。ET200 是 Profibus-DP 现场总线上的一个从站,最高的传输速率是 12 Mbit/s,实物图如图 10.4 所示。

在基础自动化控制系统中,采用了大量 ET200 用于主操作室内操作台、部分机旁操作台箱、PLC 远程 I/O 柜,这些 ET200 通过 Profibus-DP 网与 PLC 相连,这样大大减少了现场 I/O 接线,提供了系统的可靠性,同时降低了用户投资。

2. 控制功能

选用了两套 TDC Rack,分别用于轧机机架控制和轧机工艺控制的实现,这两部分为冷连轧核心控制功能。两套 Rack 之间通过 GDM(global data memory)Rack 实现高速的数据交互。

图 10.4 ET200 远程 I/O 系列实物图

选用了三套 S7-400 PLC 用于实现辅助控制功能,分别命名为换辊系统 PLC、入出口系统 PLC 和公辅系统 PLC。三套 PLC 通过工业以太网实现数据交互。

具体完成的控制功能如下:

1)轧机机架控制(SIMATIC TDC)

(1)轧机的液压辊缝控制;

(2)轧机的液压弯辊控制;

(3)轧机的液压轧辊横移控制;

(4)轧辊偏心补偿控制;

(5)辊缝标定和轧机刚度测试;

(6)轧机各机架辅助功能;

(7)与 HMI 数据交换;

(8)数据通信功能;

(9)设备运行联锁控制;

(10)生产线故障诊断控制及保护控制。

2)轧机工艺控制(SIMATIC TDC)

(1)相关机架的前馈 AGC;

(2)相关机架的监控 AGC;

(3)相关机架的秒流量 AGC;

(4)厚度控制的张力补偿;

(5)入出口张力控制;

(6)机架间张力控制;

(7)带材平直度控制;

(8)轧辊冷却控制;

(9)板形控制;

(10)轧线主令控制;

(11)轧线带钢跟踪;

(12)轧线协调控制;

（13）与 HMI 数据交换；

（14）数据通信功能；

（15）设备运行联锁控制；

（16）生产线故障诊断控制及保护控制。

3）GDM 网络通信（SIMATIC TDC）

（1）TDC 基架间数据通信；

（2）高速数据采集。

4）轧机换辊控制（SIMATIC S7-400）

（1）各机架工作辊换辊控制；

（2）各机架支承辊换辊控制；

（3）各机架中间辊换辊控制；

（4）轧区的快停控制；

（5）机架间辅助设备控制；

（6）与 HMI 数据交换；

（7）数据通信功能；

（8）设备运行联锁控制；

（9）生产线故障诊断控制及保护控制。

5）轧机出入口控制（SIMATIC S7-400）

（1）轧机入口上卷控制；

（2）轧机入口辅助设备控制；

（3）轧机出口卸卷控制；

（4）轧机出口辅助设备控制；

（5）出入口剪切控制；

（6）与 HMI 数据交换；

（7）数据通信功能；

（8）设备运行联锁控制；

（9）生产线故障诊断控制及保护控制；

6）公辅系统控制（SIMATIC S7-400）

（1）高压液压站控制；

（2）辅助液压站控制；

（3）设备润滑站控制；

（4）轧制乳化液控制；

（5）除尘除雾系统控制；

（6）与 HMI 数据交换；

（7）数据通信功能；

（8）设备运行联锁控制；

（9）生产线故障诊断控制及保护控制。

3. 数据采集系统

系统配置两台 PDA,通过以太网、光纤和信号采集卡与自动化系统连接,用于酸洗线及轧线生产工艺数据的记录和自动化系统的故障诊断。PDA 过程数据记录系统采用德国 IBA 公司产品。

10.2.2 过程自动化系统

过程自动化服务器采用美国惠普公司的 DL580 系列 PC 服务器。服务器的基本技术指标如下:可扩至四路处理器,4 MB 三级缓存,800 MHz 双独立前端总线,集成 iLO2 远程管理,标配一个内存板,最多支持 4 个,标配 2 GB(2×1GB) PC2-3200R 400 MHz DDR-II 内存,最大可扩充至 64 GB,前端可访问热插拔 RAID 内存,可以配置成标准、在线备用、镜像或者 RAID;内置 Smart Array P400 阵列控制器,256 MB 高速缓存,8 槽位 SFF SAS 硬盘笼,支持 8 个小尺寸 SAS/SATA 热插拔硬盘,最多 6 个可用 I/O 插槽,标准 3 个 PCI-Express x4 和一个 64 bit/133 MHz PCI-X,可选另两个热插拔 64 位/133 MHz PCI-X 插槽,或者 2 个 x4 PCI-Express 插槽,或者 1 个 x8 PCI-Express 插槽,可选 x4-x8 PCI-Express 扩展板;集成两个 NC371i 多功能千兆网卡,带 TCP/IP Offload 引擎,一个 910 W/1 300 W 热插拔电源,可增加一个热插拔电源实现冗余;6 个热插拔冗余系统风扇;该服务器具有良好的扩展能力和高可靠性,适用于数据中心或远程企业中心。

1) 硬件配置

(1) CPU:Intel 四核 Xeon 7310 1.6 GHz;

(2) 内存:2 GB;

(3) 硬盘:支持 SAS 2.5 英寸热插拔硬盘,容量为 146 GB,采用 RAID5 技术实现数据的保护;

(4) 显示器:19 英寸(1 280×1 024 像素) 液晶显示器。

2) 软件配置

(1) 通用软件:Windows Server 操作系统;采用 SQL Server 数据库;编程软件为 VS. NET;TCP/IP 以太网通信软件。

(2) 防病毒软件:选用趋势科技服务器/客户机版本,网络防火墙杀毒软件名称为 Trend Micro Client/Server security for SMB。

(3) 应用软件:跟踪软件;数据管理软件;过程设定软件;实用软件工具(过程模拟仿真、系统调试工具)。

3) 过程自动化系统的功能

(1) 数据通信。负责过程控制系统与基础自动化、生产管理级及酸洗过程控制系统之间的数据通信。主要功能包括:建立通信连接,通信数据的发送、接收及格式转换等。

(2) 原料计划数据管理。管理由三级系统自动下发或操作员手动录入的热轧原料卷数据(卷号、合金信息、原料尺寸和产品目标尺寸等)。

(3) 钢卷跟踪。根据轧机基础自动化上传的现场信息,维护从轧机入口到出口鞍座整条轧线上的钢卷物理位置、带钢数据记录及带钢状态等信息,并根据事件信号启动其他功能模块,触发数据采集与发送、轧机设定值下发和模型自适应等功能。

(4) 轧机预设定值计算。根据钢卷主数据和设备参数,制定合理的轧制规程;在轧制规程计算的基础上,计算出轧机生产过程中的设定和控制参数。

(5)模型自适应。过程自动化系统在轧制完成一卷后自动对轧制模型中的自适应系数进行修正,并用于下一钢卷的设定值计算,从而提高模型的计算精度。

(6)轧制仪器仪表数据记录。记录轧制过程中的实际数据,轧制完成后生成轧制趋势曲线,并提供历史轧制记录查询。

(7)换辊处理。过程自动系统根据基础自动化的换辊请求自动把新换上的轧辊数据校验完成后下发到基础自动化系统,同时把换下辊的历史记录存储到数据库中以便将来查询和统计。

(8)成品数据生成与管理。过程自动化系统根据现场出口剪切信号、断带确认信号来自动生成卷取机上轧制完成钢卷的成品信息,信息包括钢卷的原始信息和实际轧制数据等。

(9)系统监控及维护。通过过程控制系统平台对过程自动化系统中的所有进程进行监控和启停。

此外,过程控制系统还具有班组管理、运行日志管理、停机管理、报表打印和标签打印等功能。

10.2.3　人机界面系统

1. 过程自动化 HMI

采用 VB 6.0 开发过程自动化 HMI。过程自动化 HMI 为生产操作工、电气维护工程师和工艺质量工程师提供了良好的人机交互界面。生产人员可以通过人机界面查看或手动干预设定值,实时观察或修改生产线轧制计划、钢卷跟踪情况;技术人员通过人机界面系统查看过程控制系统产生的错误信息,分析影响钢卷产品质量的原因,查看机组的停机、设备开动效率、机组生产报表等信息。过程自动化 HMI 主界面如图 10.5 所示。

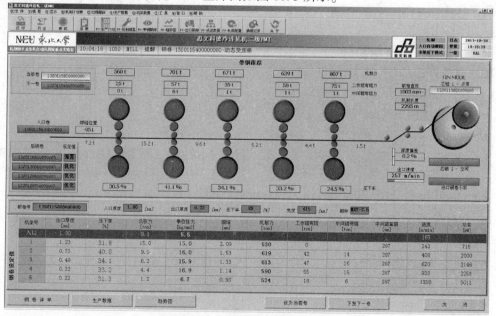

图 10.5　过程自动化 HMI 主界面

为便于分析模型的在线计算结果,在过程自动化 HMI 中开发了"轧制规程模拟计算器"。工艺人员使用该功能可以创建一个"虚拟卷"PDI 数据,并计算该卷的预设定值。这样在安排新的轧制计划之前,工艺人员可以预先确定钢卷是否可轧,提前分析计算设定值是否合理。设定值模拟计算界面如图 10.6 所示。

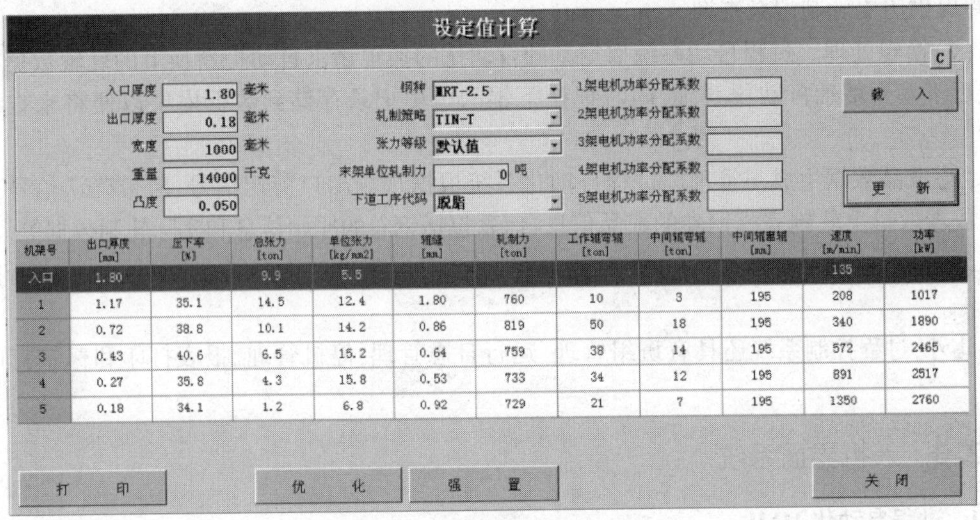

图 10.6 设定值模拟计算界面

在"设定值计算"界面中,操作人员可以方便地修改 PDI 数据、轧制策略等参数,并能选择采用何种模式来计算轧制规程。由于计算针对的是虚拟卷,因此并不会影响现场的生产。

2. 基础自动化 HMI

基础自动化 HMI 服务器选用 HP 的 DL580 系列 PC Server,操作系统为 Windows Server,开发和监控软件基于西门子 WINCC 6.0 开发。基础自动化 HMI 系统采用服务器/客户端的结构,通过千兆网络端口与工业以太网连接。

1)基础自动化 HMI 服务器

HMI 服务器的基本配置如下:

(1)硬件(选用高可靠性的工业标准 PC Server(DL580))配置为:

• CPU:Intel 四核 Xeon 7310 1.6 GHz;

• 内存:2 GB;

• 硬盘:支持 SAS 2.5 英寸热插拔硬盘,容量为 146 GB,采用 RAID5 技术实现数据的保护;

• 显示器:19 英寸(1 280×1 024 像素)液晶显示器。

(2)软件配置:

• Trend Micro Client/Server security for SMB;

• 最新版本,授权两年;

• 10/100/1 000 Mbit/s 以太网接口(TCP/IP 协议);

• Windows Server;

• WinCC 图形软件;

- SIMATIC WinCC Server(用于实现 HMI 客户机/服务器系统);
- 病毒防火墙(选用趋势科技服务器客户机版本)。

(3)HMI 服务器在系统中承担的功能如下:

- 利用可组态的用户接口对 PLC 进行数据采集并与它们进行数据交换;
- 作为 HMI 服务器接受来自基础自动化 HMI 客户机的访问。

2)基础自动化 HMI 客户端

HMI 客户通过 100 Mbit/s 电缆端口与放置在各操作台和主电室的边缘交换机连接。共配置了 12 台 HMI 终端,选用研华/DELL/HP PC。

每台 HMI 的终端基本配置如下:

(1)INTER CORE2 DUO CPU 1.80 GHz;

(2)2 GB 内存;

(3)250 GB 硬盘;

(4)DVD 刻录光驱,键盘和鼠标;

(5)10/100 Mbit/s 以太网接口(TCP/IP 协议);

(6)三星 19 英寸(1 280×1 024 像素)液晶显示器;

(7)Windows XP Professional;

(8)WinCC 图形软件。

3)HMI 开发及监控软件

采用 SIEMENS WinCC(windows control center,窗口控制中心)系统软件作为基础自动化 HMI 的开发及监控软件,具有实时监控、历史趋势图和报表、故障信息、良好的人机界面、丰富的图形库、过程控制功能块和数学函数、数据采集、监视和控制自动化过程的强大功能,是基于个人计算机的操作监视系统。其显著特点就是全面开放,在 Windows 标准环境中,它很容易结合标准的和用户的程序建立人机界面,精确地满足生产实际要求,确保安全可靠地控制生产过程。WinCC 还可提供成熟可靠的操作和高效的组态性能,同时具有灵活的伸缩能力。因此,无论简单或复杂任务,都能胜任。WinCC 采用服务器/客户端方案。服务器承担主要任务,为客户机进行程序连接和日志记录。客户机则利用服务器提供的服务,通过独立的终端总线与服务器通信,终端客户机可连接到生产线的各个操作室。客户机间的通信采用标准的 TCP/IP 协议,客户机可自动寻找分配给它们项目的服务器。

4)基础自动化 HMI 功能

基础自动化 HMI 系统的主要功能包括:

(1)完成对整个冷连轧机带钢焊缝跟踪、钢卷跟踪的监控;

(2)显示并记录轧制过程中重要轧制参数设定值和仪器仪表实际测量值,如轧制速度、辊缝、轧制力、张力等,并对数据进行归档,生成趋势记录;

(3)为生产操作人员、电气维护人员和机械维护人员提供对设备的启停操作和对设备的状态监控;

(4)能够及时迅速地产生整个生产线控制系统发送的报警信息,为保证机组连续生产提供强大支撑。

基础自动化 HMI 主界面如图 10.7 所示。

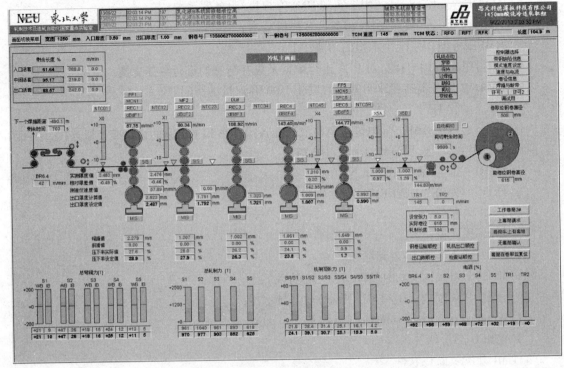

图 10.7　基础自动化 HMI 主界面

10.2.4　自动化网络系统

各级自动化控制系统间采用以太网通信,通过主交换机、以太网通信光缆或 RJ-45 电缆及分布式边缘交换机等高性能网络设备使整个生产线上的基础自动化系统、HMI 系统、特殊仪表计算机及过程自动化系统等连接起来,实现基础自动化之间、基础自动化与过程自动化、基础自动化与 HMI、基础自动化与特殊仪表之间的数据交换。

基础自动化与传动系统、现场 ET200M 及特殊仪表(部分)之间采用 Profibus-DP 网通信。为了防止 Profibus-DP 网络产生干扰,在 PLC 主站与第一个传动远程站或主从站之间距离较远时采用光纤传输,主站和从站的两端增加 Profibus 光电转换器。

基础自动化的 TDC 基架之间以及高速数据采集系统采用高速 GDM 网络通信。

另外,在具体的物理实现上,控制系统的设备选型与配置除了满足系统的功能要求以外,还需要考虑设备的安装环境与布线、用户使用操作等诸多因素。以太网主交换机预留与生产控制计算机系统相连的光纤接口,以方便将来实现生产计划和生产过程以及产品质量数据的在线传递;同时,还预留了与其他单体设备控制系统的光纤接口,通过以太网实现自动化系统与单体设备控制系统间的数据通信。

1. 以太网

自动化控制系统的人机界面与 PLC 之间通过以太网连接,实现彼此的信息交换。通过以太网,把工艺参数设定值和对电气设备的操作从人机界面传送到各 PLC,把各设备的状态和工艺、电气参数及故障由 PLC 收集送到人机界面的 HMI 显示。PLC 之间、PLC 与过程自动化间也通过以太网实现控制信息及数据的传送。

自动化控制系统采用光纤星状网络拓扑结构、采用 TCP/IP 协议。它可连接各 PLC、工作站,使之交换信息,并可通过以太网在线编辑程序。

以太网主要参数如下:

- 数据传输速率:10/100/1 000 Mbit/s;
- 协议:TCP/IP;
- 全双工防止冲突;
- 交换技术支持并行通信;
- 使用自动交叉功能;
- 自适应功能是网络接点自动地检测信号的数据传输速率;
- 传输介质为光纤及五类绞线。

网络中的交换机包括主交换机和边缘交换机,选用工业级模块化结构的以太网交换机。

主交换机是 PLC、服务器的资料交换中心。它所处的位置要求有快速大量的资料吞吐量、高层次的网络服务功能、安全可靠的运行状态。主交换机安装在轧区主电室。

(1)主交换机具体配置:

- 10/100/1 000 Mbit/s 自适应电缆端口;
- 4 个 100 Mbit/s 光缆端口。

(2)主交换机主要特点:

- 通过 LED 和信号触点进行设备诊断;
- 电源冗余;
- 借助于集成的自动跳线功能,可使用非交叉电缆;
- 数据传输速率的自动检测和协商可借助自动侦测来实现。

位于主电室和操作室的边缘交换机通过 100 Mbit/s 电缆端口连接 HMI 终端与各个区域的 PLC;边缘交换机通过 100 Mbit/s 光纤与主交换机连接。边缘交换机选用卡轨式模块化工业以太网交换机产品。

2. Profibus 网

PLC 与各自的远程 I/O 站之间、调速传动之间采用 Profibus-DP 总线通信网络,通过通信 PLC 把设定参数和控制指令传送到各调速传动系统,并收集各调速传动系统的状态和电气参数送到人机界面的 HMI 上显示。

为了防止 Profibus-DP 网络产生干扰,在主站与距离较远的第一个远程站之间采用光纤传输,在主站与第一个远程站的两端增加 Profibus 光电转换器。

Profibus-DP 网是一种实时、开放性工业现场总线网络。它的特点是:使用数字传输,易于正确接收和差错校验,保证了传输数据的可靠性和准确性,有利于降低工厂低层设备之间的电缆连接成本,易于安装、维修和扩充,能及时发现故障,便于及早处理。它的最大优点是能充分利用智能设备的能力。

Profibus-DP 网网卡的通信协议符合欧洲标准 Profibus-DP 协议,该标准允许少量数据的高速循环通信,因而总线的循环扫描时间是极小的,在一般环境下总线通信时间可小于 1 ms。

(1)Profibus-DP 网优点包括以下几方面:

- 一个优化的 Profibus-DP 信息服务于子集的构造和提高了数据传输速率;
- 高度的容错性;
- 数据的完整性;
- 标准信息帧结构;
- 在操作中可自由地访问每个站。

（2）Profibus-DP 网基本数据如下:

- 数据传输速率:1.5 Mbit/s,最高可达 12 Mbit/s;
- 网上工作站数:最多 32 个;
- 传输介质:光纤或双绞屏蔽电缆;
- 数据传输方式:主-从站令牌方式。

3. GDM 网络

GDM 网络设备采用 Siemens 公司产品。GDM 网络系统主要由全局数据存储专用基架、CP52M0 中央存储模块、CP52I0 网络接口模块以及 CP52A0 网络访问模块等组成。GDM 网络的特点在于采用星状拓扑结构,通信速率可达 640 Mbit/s。一个 GDM 网络最多可支持 44 个站点,可实现最多大 836 个 CPU 间的数据通信。GDM 网络各接口之间通过光缆连接。

10.2.5 在线检测仪表

轧线检测仪表是自动化系统的基础。所以,在目前冷连轧自动化水平及轧制速度越来越高的情况下,如不采用相应的自动化检测装置和控制技术,不但自动控制无法实现,而且人工操作很难进行。因此,在现代冷连轧机的轧线上应该配置比较齐全的各种检测仪表。这些仪表不仅检测生产过程中的各种必要的参数,而且输出检测结果到自动控制系统中进行工程控制。

冷连轧生产的特殊环境及特点对轧线检测仪表的要求包括:很高的检测精度;实时性强,反应速度快,良好的重复性和可靠性;能够抗击冶金震动、高温、潮湿及金属粉尘和雾气的干扰。对于某些检测仪表在输出时应采取隔离、屏蔽等措施以防干扰。

冷连轧线检测仪表沿轧制生产主轴线分布设置,用来检测轧材的关键参数。它为冷连轧实现生产过程自动化、加强生产管理、提高产品质量、保证设备安全提供重要的检测信息。这些轧线检测仪表可以将其检测信息送入 PLC 控制系统完成控制任务,并在画面上显示。这些仪表主要包括测厚仪、测速仪、板形仪、张力检测仪、位置传感器及速度编码器等检测元器件。图 10.8 给出了该冷连轧线的仪表配置情况。

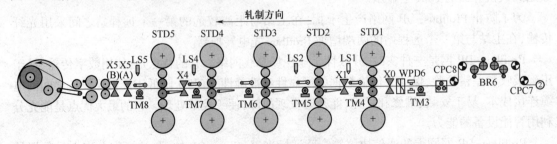

图 10.8　冷连轧线的仪表配置情况

1. 测厚仪

测厚仪生产厂家为比利时 IRM 公司。分别安装在第 1 号机架的出入口和 5 号机架的出入口,用于带钢的厚度检测。检测的厚度数据用于厚度控制和产品厚度质量的检验。

测厚仪共设 5 台。其编号、安装位置及用途见表 10.4。

表 10.4　测厚仪编号、安装位置及用途

序号	编号	安装位置	用途
1	X0	1 号机架前	测量原料厚度,用于 1 号机架前馈
2	X1	1 号机架后	测量 1 号机架出口厚度,用于 1 号机架监控和 2 号机架前馈
3	X4	4 号机架后	测量 4 号机架出口厚度,用于 4 号机架监控和 5 号机架前馈
4	X5A/X5B	5 号机架后	测量出口厚度,用于 5 号机架监控　采用双测厚互为备用

2. 激光测速仪

激光测速仪生产厂家为美国 BETA 公司。安装在 2 号机架的出入口和 5 号机架的出入口,用于带钢的速度检测。检测的速度数据用于前滑修正和秒流量 AGC 控制。

激光测速仪共设 4 台。其编号、安装位置及用途见表 10.5。

表 10.5　激光测速仪编号、安装位置及用途

序号	编号	安装位置	用途
1	LS1	1 号机架后	测量 1 号~2 号机架间带钢速度,用于前滑修正和 1 号~2 号机架秒流量 AGC 控制
2	LS2	2 号机架后	测量 2 号~3 号机架间带钢速度,用于前滑修正和 2 号机架秒流量 AGC 控制
3	LS4	4 号机架后	测量 4 号~5 号机架间带钢速度,用于前滑修正和 5 号机架秒流量 AGC 控制
4	LS5	5 号机架后	测量轧机出口带钢速度,用于前滑修正和 5 号机架秒流量 AGC 控制

3. 板形仪

板形仪生产厂家为瑞典 ABB 公司。安装在轧机的出口,用于带钢的平直度检测。检测的数据用于板形控制和产品板形质量的检验。

板形测量系统主要由压磁式板形辊、基本测量系统、板形计算机、通信系统及相应的计算机硬件系统组成。板形测量系统的组成如图 10.9 所示。

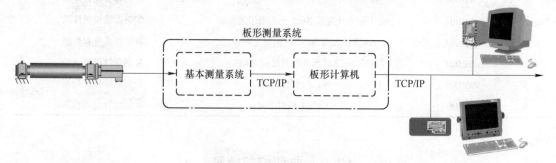

图 10.9　板形测量系统的组成

4. 张力计

张力计共设 8 台,用来检测生产线上的带钢张力,用于张力控制。其编号、安装位置及用途见表 10.6。

表 10.6 张力计编号、安装位置及用途

序号	编号	安装位置	用　途
1	TM01	No.1 转向辊	1 号活套张力
2	TM02	No.3 张力辊	拉伸破鳞机的前张力
3	TM03	入口 S 辊后	入口 S 辊与 1 号机架间张力
4	TM04	1 号机架后	1 号~2 号机架间张力
5	TM05	2 号机架后	2 号~3 号机架间张力
6	TM06	3 号机架后	3 号~4 号机架间张力
7	TM07	4 号机架后	4 号~5 号机架间张力
8	TM08	5 号机架后	轧机出口张力

冷连轧机组张力计安装参数见表 10.7。

表 10.7 冷连轧机组张力计安装参数

参数名称		轧机入口	1 号~2 号机架间	2 号~3 号机架间	3 号~4 号机架间	4 号~5 号机架间	轧机出口
包角	α/(°)	0.43	6.7	6.7	6.7	6.7	17.35
	β/(°)	2.36	0.7	0.7	0.7	0.7	0
测量范围/kN		0~290	0~550	0~500	0~480	0~460	0~100

5. 焊缝检测仪

焊缝检测仪共设 6 台,用来检测生产线上的带钢焊缝位置,完成带钢跟踪和功能触发。其编号、安装位置及用途见表 10.8。

表 10.8 焊缝检测仪编号、安装位置及用途

序号	编号	安装位置	用　途
1	WPD01	No.1 张力辊组后,No.1 纠偏辊前	带钢焊缝位置检测
2	WPD02	No.1 张力计辊及 No.2 张力辊组之间	带钢焊缝位置检测
3	WPD03	No.2 活套及 No.5 纠偏辊之间	带钢焊缝位置检测
4	WPD04	位于 No.2 转向辊及月牙剪之间	带钢焊缝位置检测
5	WPD05	位于 No.3 活套出口	带钢焊缝位置检测
6	WPD6	入口 S 辊与 1 机架之间	带钢焊缝位置检测

10.3　典型控制效果

本节将针对主令控制系统、液压伺服控制系统、张力控制系统和厚度控制系统在典型规格产品轧制的控制效果进行介绍,以考察先进的板带材冷轧控制技术在现代化冷轧机上的应用效果。

10.3.1　动态变规格控制效果

动态变规格是冷连轧机主令控制系统所特有的功能,是实现全连续轧制的关键技术。本小节对动态变规格的控制效果进行介绍。

以表 10.9 所示的变规格前后带钢轧制规程为例,介绍 1 号机架变规格过程。轧制产品均为 MRT-5 镀锡基板,变规格速度为 220 m/min,采样时间为 50 ms,轧制过程实测数据如图 10.10 所示,图中数据包括前一卷尾部和后一卷头部的过渡阶段实测值。图 10.10(a)为轧机主令系统计算的 1 号~2 号机架变规格斜坡;图 10.10(b)为 1 号机架变规格过程辊缝的实际变化;图 10.10(c)为变规格过程 1 号~2 号机架轧辊线速度的变化;图 10.10(d)为机架间张力的变化。

表 10.9　变规格两卷带钢轧制规程

		入口	1 号机架	2 号机架	3 号机架	4 号机架	5 号机架
	厚度/mm	2.00	1.25	0.72	0.45	0.30	0.20
规程 I	辊缝/mm	—	1.55	0.77	0.55	0.62	1.19
	张力/kN	100	197	117	81	63	12
	厚度/mm	2.00	1.24	0.71	0.43	0.29	0.19
规程 II	辊缝/mm	—	1.54	0.72	0.45	0.60	1.01
	张力/kN	100	196	114	78	60	12

如图 10.10 所示,当变规格点进入 1 号机架时,调整 1 号机架的辊缝值和辊速值到过渡时刻的设定值,此时应保证 1 号~2 号机架间带钢的张力不变以维持下游机架前一卷带钢轧制规程的稳定;当变规格点进入 2 号机架时,调整 2 号机架的辊缝值和辊速值过渡时刻的设定值,同时调整 1 号~2 号机架间带钢张力到新轧制规程的设定张力,此时应保证 2 号~3 号机架间张力不变以维持下游机架前一卷带钢轧制规程的稳定。这种动态变规格控制方式可以保证前一卷带钢各机架轧制厚度计张力的稳定,也保证了后一卷带钢的厚度精度和张力精度。

10.3.2　辊缝控制效果

液压辊缝控制系统是厚度控制系统的执行机构之一,它对辊缝的控制效果直接影响厚度控制效果。因此,在液压伺服控制系统中,对液压辊缝控制系统的响应速度和控制精度要求最高。本小节对液压辊缝控制系统的控制效果进行介绍。

在设备单体调试期间,对 5 个机架的液压辊缝控制系统进行了阶跃响应测试。测试条件需满足:液压系统工作压力达到 24 MPa;总轧制力达到最大轧制力一半左右;工作辊线速度达到 60 m/min。给定液压压上系统幅值为 20 μm 的阶跃信号,分别测试辊缝打开和闭合过程中的上升时间。抽取 2 号机架液压压上系统阶跃响应测试记录,辊缝闭合的阶跃响应曲线如图 10.11 所示,由图可知上升时间(从 10% 到 90% 所需的时间)为 25 ms;辊缝打开的阶跃响应曲线如图 10.12 所示,由图可知,上升时间为 23 ms。液压辊缝控制系统在辊缝打开和闭合时,上升时间均小于 30 ms,具有非常快的响应速度。

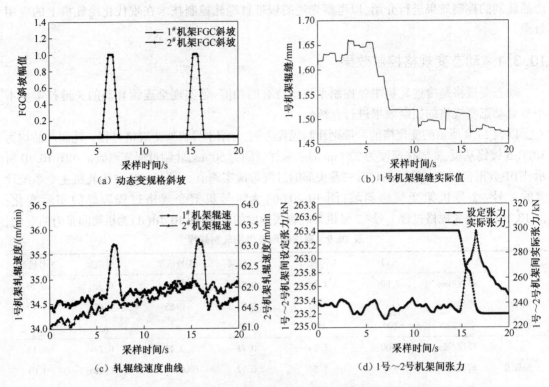

（a）动态变规格斜坡

（b）1号机架辊缝实际值

（c）轧辊线速度曲线

（d）1号～2号机架间张力

图 10.10　动态变规格 1 号机架控制效果

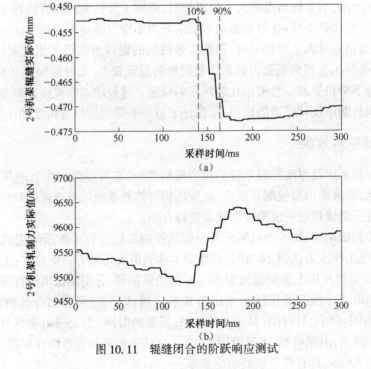

（a）

（b）

图 10.11　辊缝闭合的阶跃响应测试

某钢卷钢种为 SPCC,宽度为 1 000 mm,原料厚度为 3. 0 mm,成品厚度为 0. 57 mm。在轧制速度为 820 m/min 时,取得 60 s 之内的 2 号机架辊缝动态调节过程曲线如图 10.13 所示。由图可知,辊缝的动态定位精度为±1 μm,具有非常高的辊缝控制精度。

综合液压压上系统阶跃响应测试结果与动态辊缝控制效果,液压辊缝控制系统实现了高精度高响应的辊缝控制,为获得良好厚度控制效果奠定了基础。

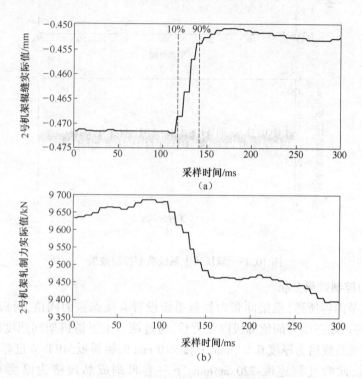

图 10.12　辊缝打开的阶跃响应测试

10. 3. 3　张力控制效果

高精度的机架间张力控制为厚度控制提供稳定的轧制环境。维持冷连轧机的张力恒定,对保证轧制过程顺利进行与提高成品带钢厚度精度十分重要。

1. 常规张力控制效果分析

根据前面章节内容所述,在稳态轧制阶段,采用调节下游机架辊缝的方式控制机架间张力。某钢卷钢种为 SPCC,宽度为 1 000 mm,原料厚度为 2. 75 mm,成品厚度为 0. 47 mm。在轧制速度为 900 m/min 时,取得 60 s 之内的各机架间张力控制效果曲线如图 10.14 所示。1 号~2 号机架间张力设定值为 324. 25 kN,1 号~2 号机架间张力偏差小于±2.5% ;2 号~3 号机架间张力设定值为 220. 2 kN,2 号~3 号机架间张力偏差小于±1.5% ;3 号~4 号机架间张力设定值为 154. 2 kN,3 号~4 号机架间张力偏差小于±1.0% ;4 号~5 号机架间张力设定值为 100. 22 kN,4 号~5 号机架间张力偏差小于±0.8%。机架间张力控制精度指标均小于 10. 0%（±5. 0%）。实现了高精度的机架间张力控制,为获得良好的厚度控制效果提供了保障。

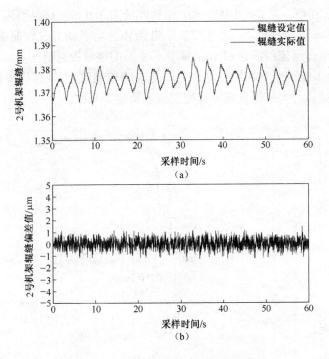

图 10.13 液压压上系统典型控制效果

2. 极限张力控制效果分析

根据前面章节内容所述,机架间张力控制系统设置有动态张力阈值,对极限张力进行监控,当实际张力超过动态张力阈值即极限张力后,通过调节上下游机架间速度比来控制张力。图 10.15 为轧制成品规格为厚度 0.23 mm、宽度 910 mm 的镀锡板 MRT-4 过焊缝时 1 号~2 号机架间张力曲线,此时轧制速度 220 m/min,下一卷带钢成品规格为厚度 0.23 mm、宽度 910 mm 的镀锡板 MRT-4。如图 10.15 所示,a 点为 2 号机架出口厚度随变规格斜坡变化的起始点,2 号机架出口厚度的改变导致 1 号~2 号机架之间期望速比改变,此时 1 号~2 号机架间速比的变化为从 a 点到 b 点,当 1 号~2 号机架之间实际张力反馈值超过极限张力时,1 号~2 号机架之间极限张力控制闭环投入使用,通过增大速比(从 b 点到 c 点)将张力控制在安全张力范围内,当焊缝进入到 2 号~3 号机架之间后,1 号~2 号机架之间张力回归到正常张力范围内,此时 1 号~2 号机架间速比自动调节到期望速比(从 c 点到 d 点)。

3. 动态张力补偿效果

冷连轧机组生产最薄 0.18 mm 的镀锡板过程中出现了低速过程轧制力增大现象,如图 10.16 所示,随着轧制速度的减小,5 号机架轧制力由 7 600 kN 增加到 10 100 kN,4 号~5 号机架间张力由 36 kN 增加到 58 kN,对 5 号机架的辊缝调节量由 0.2 mm 减小到 -0.5 mm;通过研究发现,通过附加动态张力的方法,可以有效缓解由于摩擦变化而引起的轧制力增大现象,各机架间动态张力增益系数如表 10.10 所示。投入动态附加张力后的控制效果如图 10.17 所示,轧制速度由 550 m/min 减小到 185 m/min,5 号机架轧制力由 7 950 kN 增加到 8 550 kN,4 号~5 号机架间设定张力随着轧制速度的减小而增加,对 5 号机架的辊缝调节量由 0.2 mm 减小到 -0.01 mm,从而避免了低速轧制阶段由于轧制力变化所引起轧制状态的波动。

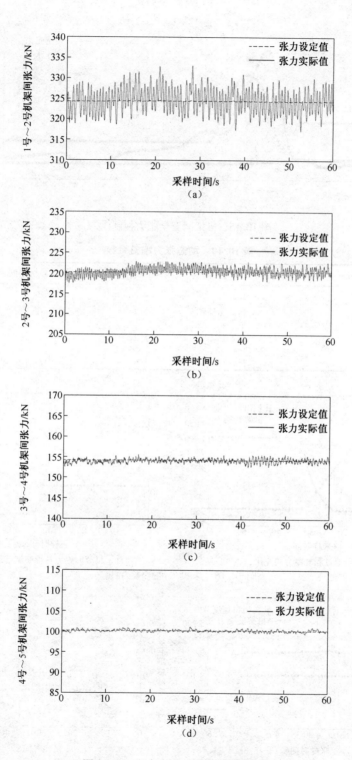

图 10.14 机架间张力典型控制效果

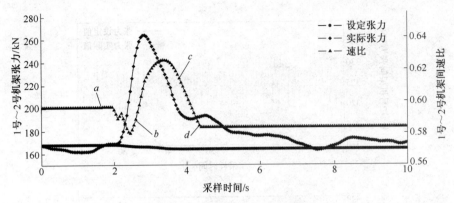

图 10.15　机架间安全张力控制效果

表 10.10　动态张力增益系数

厚度范围/mm	1 号~2 号机架间	2 号~3 号机架间	3 号~4 号机架间	4 号~5 号机架间
≤0.2	1.2	1.2	1.3	1.45
0.2~0.23	1.2	1.2	1.25	1.4
0.23~0.3	1.2	1.2	1.2	1.35
≥0.3	1.2	1.2	1.2	1.3

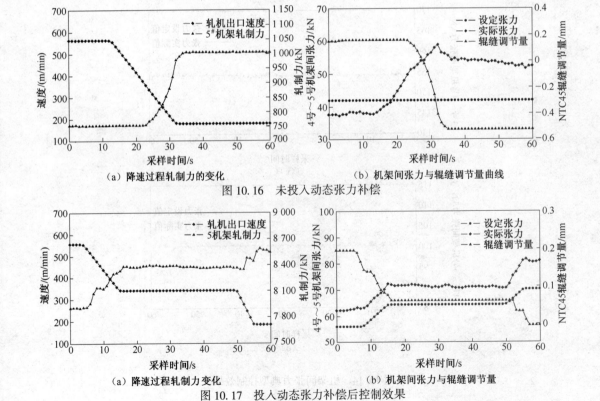

（a）降速过程轧制力的变化　　　　　　（b）机架间张力与辊缝调节量曲线

图 10.16　未投入动态张力补偿

（a）降速过程轧制力变化　　　　　　　（b）机架间张力与辊缝调节量

图 10.17　投入动态张力补偿后控制效果

10.3.4　厚度控制效果

厚度精度是冷连轧产品最重要的质量指标之一。确保厚度控制的精度需要过程自动化级模型设定系统精确的预设定和基础自动化级 AGC 功能来共同完成。对于高附加值冷连轧产品，其厚度精度指标一般如表 10.11 所示。

表 10.11　冷连轧带钢厚度精度指标

成品厚度	厚度精度指标（稳定轧制状态）		有效率/%
/mm	$v>300$ m/min	300 m/min$>v>$200 m/min	
0.18~0.30	±1.5%（不小于±4 μm）	±2.5%（不小于±6 μm）	95.45
0.31~0.50	±1.2%	±2.0%	95.45
0.51~0.80	±1.0%	±2.2%	95.45
0.81~1.80	±0.8%	±1.5%	95.45

1. 平整模式下的带钢厚度控制效果

选取轧制策略为末机架采用平整模式的钢卷：钢卷号 610203072700，轧制钢种 Q195，带钢宽度 1 220 mm，入口厚度 3.50 mm，成品厚度 1.22 mm。厚度控制效果如图 10.18 所示。由图 10.18可知，整条带钢的厚度偏差小于±0.5%，成品带钢的厚度合格率为 100%，该成品厚度控制精度高于表 10.11 的指标。

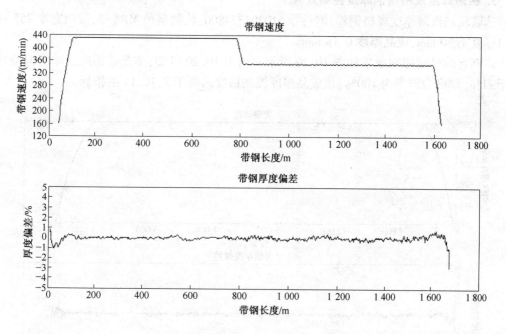

图 10.18　典型产品的厚度偏差曲线

2. 压下模式下的带钢厚度控制效果

选取轧制策略为 5 个机架全部为压下模式的钢卷：钢卷号 610203557700，轧制钢种 MRT-3，带钢宽度 875 mm，入口厚度 2.75 mm，成品厚度 0.35 mm。厚度控制效果如图 10.19 所示。

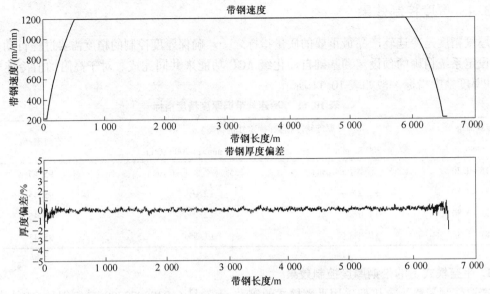

图 10.19　典型产品的厚度偏差曲线

由图 10.19 可知,厚度偏差全部控制在±1% 以内,厚度合格率为 100%,该成品厚度控制精度高于表 10.11 的指标。

3. 极薄厚度规格带钢厚度控制效果

选取轧制极薄厚度规格钢卷:钢卷号 610203374800,轧制钢种 MRT-3,带钢宽度 755 mm,入口厚度 1.80 mm,成品厚度 0.18 mm。

该钢卷的厚度控制效果如图 10.20 所示。由图 10.20 可知,整条带钢成品厚度偏差均远小于±1%,厚度合格率为 100%,该成品厚度控制精度远高于表 10.11 的指标。

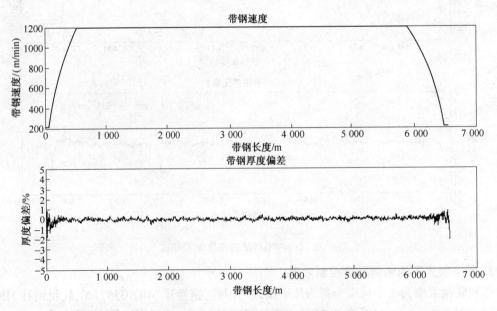

图 10.20　典型产品的厚度偏差曲线